DROEMER

ADRIAN OWEN

Zwischenwelten

Ein Neurowissenschaftler erforscht die Grauzone zwischen Leben und Tod

Aus dem Englischen von
Harald Stadler

DROEMER

Die amerikanische Originalausgabe erschien 2017 unter dem Titel
»Into the Gray Zone« bei Scribner, New York.

Besuchen Sie uns im Internet:
www.droemer.de

FSC
www.fsc.org
MIX
Papier aus verantwortungsvollen Quellen
FSC® C014496

Covergestaltung: © FAVORITBUERO, München
Coverabbildung: © BGSmith/Shutterstock.com
Satz: Adobe InDesign im Verlag
Druck und Bindung: GGP Media GmbH, Pößneck
ISBN 978-3-426-27694-5

2 4 5 3

Für Jackson

Für den Fall, dass ich nicht da bin,
um dir die Geschichte selbst zu erzählen

That you may see the meaning of within
It is being, it is being

John Lennon und Paul McCartney

Inhalt

Prolog

Ich hatte Amy fast eine Stunde lang beobachtet, bis sie sich endlich regte. Sie hatte geschlafen, als ich ihr Zimmer in einem kleinen kanadischen Krankenhaus unweit der Niagarafälle betrat. Es erschien unnötig, fast ein wenig unhöflich, sie aufzuwecken. Ich wusste, es war kaum sinnvoll, einen Wachkomapatienten beurteilen zu wollen, wenn er sich im Halbschlaf befand.

Die Bewegung war kaum der Rede wert. Amys Augen öffneten sich abrupt, und ihr Kopf hob sich vom Kissen. In dieser Haltung verharrte sie, starr und reglos, während ihr Blick über die Decke schweifte. Ihr dichtes dunkles Haar war kurz geschnitten, aber tadellos gestylt – so als hätte es gerade eben jemand zurechtgemacht. Rührte diese plötzliche Bewegung bloß von automatischen Impulsen des Nervenschaltkreises in ihrem Gehirn her?

Ich blickte in Amys Augen, sah darin aber nichts als Leere – genau jenen tiefen Brunnen der Unergründlichkeit, den ich schon zahllose Male bei Menschen gesehen hatte, die wie Amy als »wach, aber ohne Bewusstsein« galten. Amy gab nichts zurück. Sie öffnete den Mund weit zu einem Gähnen und ließ ein fast schwermütiges Seufzen vernehmen. Dann plumpste ihr Kopf wieder auf das Kissen.

Sieben Monate nach ihrem Unfall konnte man sich kaum noch vorstellen, was für ein Mensch Amy einmal gewesen sein muss – eine aufgeweckte Studentin, die in der Universitätsmannschaft Basketball spielte und der das ganze Leben offenstand. Eines Nachts kam sie mit einigen Freunden aus einer Bar. Ihr Boyfriend, von dem sie sich an jenem Abend getrennt hatte, wartete draußen. Plötzlich ging er auf sie zu und schubste sie, Amy stürzte und schlug mit dem Kopf gegen den Bordstein.

Jemand anderes wäre vielleicht mit einer Platzwunde oder einer Gehirnerschütterung davongekommen, doch Amy hatte Pech. Ihr Gehirn prallte so stark gegen die Schädelwand, dass es aus seinen Verankerungen gerissen wurde; Nervenfasern wurden überdehnt, Blutgefäße barsten. Dabei wurden auch wichtige Areale gequetscht und geschädigt, die nicht direkt am Aufprallpunkt lagen. Seither wurden Amy durch eine Magensonde lebensnotwendige Flüssigkeiten und Nährstoffe zugeführt. Die Blase wurde über einen Katheter geleert. Sie besaß keinerlei Stuhlkontrolle und trug deswegen Windeln.

Zwei Ärzte betraten das Zimmer. »Was meinen Sie?«, fragte der ältere, während er mich scharf fixierte.

»Ich kann erst etwas sagen, wenn wir die Scans gemacht haben«, erwiderte ich.

»Ich stehe nicht so auf Wetten, aber ich würde sagen, sie befindet sich in einem vegetativen Zustand!« Er klang optimistisch, fast heiter.

Ich sagte nichts.

Die beiden Ärzte wandten sich an Amys Eltern, Bill und Agnes, die geduldig dasaßen, während ich ihre Tochter beobachtete. Die beiden waren Ende vierzig, wirkten gepflegt, aber ausgelaugt. Agnes griff nach Bills Hand, als die Ärzte erklärten, Amy würde nichts Gesprochenes verstehen, keine Erinnerungen, Gedanken oder Gefühle haben und keinerlei Freude oder Schmerz empfinden können. Die Mediziner machten Bill und Agnes behutsam klar, dass ihre Tochter ihr Leben lang rund um die Uhr gepflegt werden müsse. Da keine anderslautende Patientenverfügung vorlag, sollten sie sich vielleicht überlegen, Amy nicht mehr künstlich am Leben zu halten, sondern sterben zu lassen. Hätte sie selbst das nicht auch so gewollt?

Amys Eltern waren noch nicht bereit zu diesem Schritt und willigten stattdessen per schriftlicher Einverständniserklärung ein, dass ich die Patientin mittels funktioneller Magnetresonanztomographie (fMRT) durchleuchte und nach Anzeichen dafür suche, dass irgendein Teil jener Amy, die sie liebten, noch existierte. Mit einem Krankenwagen brachte man Amy zur Western University in London im kanadischen Ontario, wo ich ein spezielles Labor betreibe, in dem Patienten begutachtet werden, die massive Hirnverletzungen erlitten haben beziehungsweise an den verheerenden Auswirkungen neurodegenerativer Erkrankungen wie Alzheimer oder Parkinson leiden. Mithilfe neuartiger Bildgebungsverfahren schließen wir uns mit diesen Gehirnen kurz, machen ihre Funktionen sichtbar und kartieren ihr gesamtes Inneres. Auf diese Weise lässt sich erkennen, wie der Betreffende denkt und fühlt. Man sieht gleichsam das Baugerüst des Bewusstseins und die Architektur des eigenen Ich-Erlebens. Im Scan wird deutlich, was es im Grunde heißt, ein lebender Mensch zu sein.

Fünf Tage später trat ich wieder in Amys Krankenzimmer, wo Bill und Agnes saßen. Sie blickten erwartungsvoll zu mir auf. Ich hielt kurz inne, holte tief Luft und teilte ihnen dann die Neuigkeit mit, die sie nicht einmal zu erhoffen gewagt hatten.

»Die Scans haben uns gezeigt, dass sich Amy doch nicht in einem ›vegetativen Zustand‹ befindet. Vielmehr nimmt sie alles bewusst wahr«, erklärte ich.

Nach fünf Tagen intensiver Untersuchung hatten wir festgestellt, dass Amy mehr als bloß noch vor sich hinvegetierte – sie war im vollen Besitz ihres Bewusstseins. Sie hatte jedes Gespräch mitbekommen, jeden Besucher erkannt und aufmerksam zugehört, wenn etwas über sie entschieden wurde. Aber sie war nicht in der Lage gewesen, einen Muskel zu bewegen, um der Welt mitzuteilen: »Ich bin noch hier. Ich bin noch nicht tot!«

In diesem Buch schildere ich unsere Bemühungen zu ergründen, wie man mit Menschen wie Amy Kontakt aufnimmt. Zugleich möchte ich aufzeigen, wie tiefgreifend sich ein neues und rasant wachsendes Forschungsgebiet auf Wissenschaft, Medizin, Philosophie und Rechtswesen auswirkt. Vielleicht am wichtigsten ist unsere Entdeckung, dass 15 bis 20 Prozent der Wachkomapatienten, die mutmaßlich kaum mehr Bewusstsein besitzen als ein Brokkoli-Kopf, tatsächlich über ein volles Bewusstsein verfügen, auch wenn sie auf keinerlei äußere Reize reagieren.[1] Sie öffnen vielleicht die Augen, knurren und stöhnen oder geben gelegentlich einzelne Worte von sich. Wie Zombies scheinen sie ausschließlich in ihrer eigenen Welt zu leben, ohne jegliche Gedanken oder Gefühle. Viele sind tatsächlich so selbstvergessen und unfähig zu denken, wie ihre Ärzte glauben. Eine beträchtliche Zahl erlebt jedoch etwas ganz anderes: Ihr intakter Geist driftet gleichsam in den Tiefen eines defekten Körpers und Gehirns.

Das Wachkoma ist ein Bezirk im Schattenreich der Zwischenwelten. Ein weiterer ist das Koma, also eine völlige Bewusstlosigkeit. Menschen im Koma öffnen die Augen nicht und wirken so, als hätten sie keinerlei Bewusstsein. In dem Disney-Film *Dornröschen* und auch im gleichnamigen Märchen der Brüder Grimm fällt die junge Prinzessin Aurora, nachdem sie sich an einer Spindel gestochen hat, durch eine Verwünschung in einen tiefen Schlaf, der einem Koma ähnelt. Im wirklichen Leben sieht die Sache viel weniger romantisch aus; entstellende Kopfverletzungen, verkrümmte Gliedmaßen, Knochenbrüche und aufzehrende Krankheiten sind die Regel.

Einige Menschen in der Grauzone *können* zu erkennen geben, dass sie ein Bewusstsein haben. Patienten mit »minimalem Bewusstsein« reagieren gelegentlich auf die Aufforderung, einen Finger zu bewegen oder mit den Augen einem Gegenstand zu folgen. Ihr Bewusstsein scheint sich ein- und auszublenden. Hin und wieder tauchen sie aus einem bodenlosen Teich der Besinnungslosigkeit auf, brechen an die Oberfläche durch und geben ihre Präsenz zu erkennen, bevor sie wieder in unergründliche Tiefen versinken.

Das Locked-in-Syndrom (Eingeschlossensein- bzw. Gefangensein-Syndrom) gehört genau genommen nicht ins Spektrum der Zwischenwelten, kommt dem aber so nah, dass es uns Aufschluss darüber gibt, wie sich das Leben einiger unserer Versuchspersonen anfühlen könnte. Querschnittsgelähmte mit Kommunikationsstörungen sind bei vollem Bewusstsein und können meist die Augen bewegen oder blinzeln.

Jean-Dominique Bauby, der ehemalige Chefredakteur der Frauenzeitschrift *Elle*, war ein berühmtes Beispiel für das Locked-in-Syndrom. Bauby war nach einem Schlaganfall zwar bei Bewusstsein, aber körperlich fast vollständig gelähmt und konnte sich weder sprachlich noch gestisch verständlich machen. Er war lediglich imstande, mit seinem linken Augenlid zu blinzeln. Mithilfe eines Assistenten und einer Buchstabentafel verfasste er den Memoirenband *Schmetterling und Taucherglocke*, wofür er mehr als 200 000 Mal blinzeln musste.

Bauby schilderte seine Erfahrung sehr anschaulich: »… der Geist kann wie ein Schmetterling umherflattern. Es gibt so viel zu tun. … Man kann die geliebte Frau besuchen, sich neben sie legen und ihr noch schlafendes Gesicht streicheln. Man kann Luftschlösser bauen, das goldene Vlies erkämpfen, Atlantis entdecken, seine Kinderträume und Erwachsenenphantasien verwirklichen.«[2]

Für Bauby ist das der »Schmetterling«: Ein ungehemmter Geist, frei von Körperlichkeit und Verantwortung, der hierhin und dorthin flattern kann. Bauby war aber zugleich gefangen – in der »Taucherglocke«, einer eisernen Kammer, aus der es kein Entrinnen gab und die immer tiefer in den Abgrund sank.

Als ich ein paar Tage nach Amys MRT-Scans wieder an ihrem Krankenbett saß, beobachtete ich sie nochmals ganz genau. Ich wollte unbedingt wissen, was sie dachte und fühlte. Was hatten all diese zuckenden Bewegungen und das krampfhafte Gurgeln zu bedeuten? Erlebte sie Ähnliches wie Bauby? War auch sie in eine imaginäre Sphäre der Freiheit und der offenen Möglichkeiten eingetreten? Oder glich ihre Innenwelt einem qualvollen Gefängnis, aus dem es kein Entrinnen gab?

Nach unseren Scans veränderte sich Amys Leben grundlegend. Agnes wich kaum noch von ihrer Seite und las ihr fast ununterbrochen vor. Bill schaute jeden Morgen herein, brachte die Tageszeitungen und berichtete seiner Tochter, was es in der Familie Neues gab. Ständig kamen Freunde und Verwandte zu Besuch. An den Wochenenden holte man Amy nach Hause. An ihrem Geburtstag wurde gefeiert. Man ging auch mit ihr ins Kino. Die Pflegemitarbeiter stellten sich ihr stets vor, wenn sie an ihr Bett traten, und erklärten ihr, dass man sie jetzt waschen oder umziehen werde. Jeder Eingriff, jede Medikamentengabe, jede Veränderung im Behandlungsprogramm wurde sorgfältig erläutert. Nach sieben Monaten in der Zwischenwelt wurde Amy wieder ein Mensch.

Als ich mich in dieses neue Wissensgebiet einarbeitete, hatte ich keine klare Vorstellung davon, was mir überhaupt vorschwebte.

Am Anfang stand eher so etwas wie ein Zufall, aber im Rückblick wird deutlich, dass mich jenes innere Gefüge faszinierte, das uns alle auf ungeheuer komplexe und unmöglich vorhersehbare Weise zusammenhält. Meine Erkundung der Zwischenwelt entsprang einer recht düsteren und seltsamen Begebenheit in einem vornehmen grünen Vorort von London, Ontario, an einem warmen Julitag vor 20 Jahren …

1

Der Dämon, der mich verfolgt

People don't live or die, people just float
She went with the man in the long black coat

Bob Dylan

Die Wissenschaft entwickelt sich auf rätselhafte Weise. Als ich an der Universität Cambridge die Beziehungen zwischen Verhalten und Gehirn studierte, verliebte ich mich in eine Schottin namens Maureen, die ebenfalls in Neuropsychologie eingeschrieben war. Wir lernten uns im Herbst 1988 in Newcastle-upon-Tyne kennen, einer Stadt im Nordosten Englands, 60 Meilen von der schottischen Grenze entfernt. Ich sollte an der Newcastle University ein Gemeinschaftsprojekt meines Chefs, Trevor Robbins, und Maureens Boss, Patrick Rabbitt, betreuen. Professor Rabbitt betrieb damals innovative Studien zum Altern des Gehirns. Maureen und ich verliebten uns Hals über Kopf. Von Anfang an faszinierten mich ihr trockener Humor, ihr unbändiger kastanienbrauner Haarschopf und ihre entzückenden Augen, die sie jedes Mal zusammenkniff, wenn sie lachte – was sie ständig tat. Schon bald kehrte ich aus weniger akademischen Gründen nach Newcastle-upon-Tyne zurück. In meinem uralten, verbeulten Ford Fiesta, den ich für wenig Geld gebraucht gekauft hatte, fuhr ich im nervtötenden Wochenendverkehr die sechs Stunden hinauf nach Newcastle und wieder zurück nach Cambridge.

Maureen machte mich mit Musik vertraut, die ich bisher nicht gekannt hatte. Sie stand nicht auf die Glam-Rocker der frühen Achtziger mit ihren schrillen Outfits, Haarspray-frisuren und Make-up, wie Adam and the Ants und Culture Club oder auch die Simple Minds, für die ich in meiner Jugend geschwärmt hatte, sondern auf jene Art von Musik, die ich auch heute noch schätze: leidenschaftliche Balladen über Menschen und ihre Geschichte, ihre Beziehungen und ihr sehnliches Verlangen. Dies war die gefühlvolle Musik, die sich an die keltische Tradition anlehnte, etwa von The Waterboys, Christy Moore und Dick Gaughan. Maureens Bruder Phil, der in St. Albans wohnte, ungefähr eine Autostunde von Cambridge, überzeugte mich schnell, dass eine Zukunft ohne eigene Gitarre überhaupt keine Zukunft sein konnte, und begleitete mich beim Kauf meines ersten Bretts, einer Yamaha, die ich immer noch besitze und nie hergeben werde.

Nachdem ich einige Monate zwischen Cambridge und Newcastle-upon-Tyne gependelt war, zog ich nach London, weil dort die Patienten, die ich untersuchte, behandelt wurden. Ich arbeitete weiterhin als Neuropsychologe im Auftrag meines Chefs in Cambridge. Dann wurde ich zusätzlich Doktorand am Institut für Psychiatrie an der University of London. Fortan fuhr ich mehrmals in der Woche zwischen den beiden Städten hin und her, um meine Verpflichtungen an beiden Stellen zu erfüllen. Der Terminplan war mörderisch, aber die Arbeit begeisterte mich. Maureen gab ihren Job in Newcastle auf und nahm eine Stellung in London an. Bald darauf kauften wir uns eine Wohnung, ein kleines Apartment nicht weit vom Maudsley Hospital und dem Institut für Psychiatrie im Süden von London, wo wir beide beschäftigt waren.

Als Gebäude wirkte das Institut absolut ernüchternd. Dem ausladenden, verschachtelten Baukomplex fehlte die physische Präsenz, die seinem beachtlichen Ruf entsprochen hätte. Mein Büro war ein Mietcontainer – eiskalt im Winter und brütend heiß im Sommer. Die Kiste bebte jedes Mal, wenn die Eingangstür zuknallte. Fortwährend wurden uns dauerhaftere Behausungen versprochen; die Container sollten ausrangiert werden. Als ich Jahrzehnte später wieder dort war, stellte ich zu meiner Überraschung und Erheiterung fest, dass die Container tatsächlich noch dort standen und wahrscheinlich nach wie vor aufstrebende Doktoranden beherbergten.

Die anfängliche Begeisterung und romantische Schwelgerei, die Maureen und ich empfunden hatten, als wir zusammenzogen, wich bald einer eintönigen Alltagsroutine, die darin bestand, durch ganz Südengland zu fahren und Patienten aufzusuchen. Und das bedeutete, meinen Fiesta morgens mit Starthilfe in Gang zu bringen, wenn er nicht von selbst ansprang, was so gut wie immer der Fall war, dann im zähen Londoner Straßenverkehr steckenzubleiben und abends vergeblich nach einem Parkplatz in der Nähe unserer Wohnung zu suchen.

Bei der Arbeit am Institut und im Maudsley Hospital war es unmöglich, ungerührt zu bleiben angesichts der zahllosen depressiven, schizophrenen, epileptischen und dementen Seelen, die auf den zugigen Gängen umherwandelten. Maureen, ein ausgesprochen einfühlsamer und fürsorglicher Mensch, war zutiefst bewegt vom Los der Patienten. Schon bald beschloss sie, sich zur Psychiatriepflegerin ausbilden zu lassen. Obwohl dieser Berufung zweifellos etwas Edles innewohnte, hatte ich den Eindruck, sie entsagte mit ihrer Entscheidung einer vermutlich glänzenden akademischen Laufbahn. Fortan ging sie häufig mit ihren neuen Kollegen aus und kam spät heim, während ich zu Hause blieb und an meinen ersten wissenschaftlichen Aufsätzen arbeitete, in denen ich die Verhaltensänderungen von Patienten beschrieb, bei denen als Maßnahme gegen Epilepsie oder aggressive Tumoren Teile des Gehirns entfernt worden waren.

Mich faszinierte, was mit diesen Patienten nach den Eingriffen in ihrem Gehirn geschah. Ein Patient, mit dem ich arbeitete, wies eine minimale Frontallappenschädigung auf, die eine wahnsinnige Enthemmung auslöste. Vor seiner Verletzung wurde er als »schüchterner und intelligenter junger Mann« beschrieben. Nach dem Trauma beschimpfte er Passanten auf der Straße und hatte immer einen Kanister mit Farbe dabei, mit der er alle möglichen öffentlichen und privaten Fassaden verschandelte. Er äußerte ständig Schimpfwörter und Flüche. Sein ungezügeltes Gebaren eskalierte: Er überredete einen Freund, ihn an den Fußgelenken festzuhalten, während er sich aus dem Fenster eines fahrenden Zuges lehnte – in jeder Hinsicht ein wahnwitziges Verhalten. Sein Schädel und fast der gesamte vordere Teil seines Cortex wurden zerquetscht, als er mit dem Kopf voraus gegen eine Brücke prallte. Durch eine kuriose Wendung des Schicksals führte seine minderschwere Frontallappenschädigung unmittelbar zu einer massiven Verletzung im selben Hirnareal.

In dem vielleicht bizarrsten Fall, der mir je unterkam, ging es um einen jungen Mann mit sogenannten »Automatismen«, kurzen unbewussten Handlungen, derer sich der Betreffende nicht gewahr ist. Solche Automatismen werden normalerweise durch epileptische Anfälle ausgelöst, die im Schläfen- oder Stirnlappen beginnen und sich rasch ausbreiten; eine Kaskade von Nervenimpulsen, die das gesamte Gehirn überflutet. Während solcher Episoden verharren die Patienten in einer Art Grauzone. Ihre Augen sind geöffnet; sie wirken sonderbar lebhaft, und ihr Handeln erscheint zielbewusst. Dabei führen sie in der Regel vertraute Tätigkeiten durch; sie kochen, duschen oder fahren auf bekannten Strecken. Nach dem Schub erlangt der Patient wieder sein Bewusstsein und fühlt sich häufig desorientiert, erinnert sich aber nicht an den Vorfall.

Mein Patient war ein schlaksiger junger Mann mit zerzaustem Haar, den ich auf Gedächtnisstörungen hin untersuchte, nachdem er aufgrund epileptischer Anfälle am Gehirn operiert worden war. Und er war des Mordes angeklagt. Das Opfer war seine eigene Mutter gewesen. Er hatte sie stranguliert, während sie ganz allein mit ihm im Haus war. In dem Gerichtsverfahren drehte es sich darum, dass der geübte Kampfsportler schon früher epileptische Automatismen aufwies und seine Mutter mit routinemäßigen Kampfsportgriffen getötet haben könnte, ohne sich dieser schrecklichen Tat überhaupt bewusst gewesen zu sein (wobei der ganze Fall nur auf Indizien beruhte).

Als ich sein Gedächtnis mit den damals modernsten Computertests untersuchte, saß ich nah an der Tür – diese Strategie hatte ich mir aus zahlreichen Fernsehkrimis abgeschaut. Ich fühlte mich nicht sicher. Ich brauchte eine Waffe. Heute erscheint mir das Ganze lächerlich, doch damals saß ich in einem geschlossenen Büroraum zusammen mit einem Mann, der beschuldigt wurde, seine eigene Mutter mit bloßen Händen getötet zu haben, ohne sich dessen überhaupt bewusst zu sein. Konnte man ihn – falls er es tatsächlich getan hatte – überhaupt für die Tat zur Verantwortung ziehen? Ich war mir nicht sicher. Damals ging man davon aus – und das gilt auch heute noch –, dass Automatismen nicht etwa unterbewusste Impulse zum Ausdruck bringen, sondern automatische Programme darstellen, die jenseits jeglicher Kontrolle im Gehirn aktiviert werden. Wäre der junge Mann Schreiner gewesen, hätte er vielleicht ein Stück Holz zersägt, anstatt seine Mutter mit Karatehieben zu zerlegen.

Konnte sein Gehirn ihn wieder zum Morden anstiften? Das war für mich die entscheidende Frage. Was konnte ich hernehmen, um mich zu verteidigen? Im Büro meines Kollegen stapelten sich ganze Berge von Büchern, Akten und anderweitige Forschungsutensilien – nicht gerade ein wirksames Waffenarsenal. Neben dem Schreibtisch entdeckte ich einen Squashschläger. Ich griff ihn mir und malte mir vage aus, wie ich eventuelle Hiebe abwehren konnte. Zum Glück überstanden wir beide die Sitzung ohne jegliche Zwischenfälle. Ich habe mir oft gedacht, was für ein befremdlicher Anblick das gewesen sein müsste: Ein Patient attackiert mich wie ein Ninja, und ich versuche, ihm mit einem Squashschläger eins überzuziehen.

Die Arbeit war spannend, doch während dieser Zeit drifteten Maureen und ich auseinander. Ein Jahr nachdem wir die Wohnung gekauft hatten, zerbrach unsere Beziehung. Wir entwickelten uns in unterschiedliche Richtungen; ich steuerte auf eine wissenschaftliche Laufbahn zu und sie auf eine Tätigkeit in der psychiatrischen Pflege. In unserer Beziehung hatte sich etwas verändert. Wir hatten uns beide derart intensiv mit den Funktionen des Gehirns und den Auswirkungen von Verletzungen und Krankheiten auf dieses wichtige Organ beschäftigt, und ich konnte nicht verstehen, weshalb sie dieses Interesse nun verloren hatte. Ich konnte nicht begreifen, welcher Reiz darin bestehen sollte, ein Problem scheinbar nur zu verwalten, anstatt zu versuchen, es zu lösen.

Ich hatte bereits einige Jahre zuvor beschlossen, nicht eine traditionelle medizinische Laufbahn einzuschlagen. Ich hatte nie Arzt werden wollen. Mir hatte nie vorgeschwebt, mir die Krankengeschichten von Leuten anzuhören und ihnen Standardmedikamente zu verabreichen. Ich wollte versuchen, die rätselhaften Funktionen des menschlichen Geistes zu *verstehen*, und vielleicht neue Ansätze zur Behandlung und Heilung entdecken. Genau das tun Neurowissenschaftler. Ich bildete mir ein, den größeren Zusammenhang im Blick zu haben, aber ich war wohl bloß unerträglich selbstgerecht und vom Ehrgeiz und Idealismus eines jungen Forschers getrieben. Ich glaubte, wir könnten Parkinson und Alzheimer vielleicht verstehen und dann *heilen*. In meiner Naivität war ich auch beeindruckt und geblendet von dem Glamour, den mir eine Karriere in den Neurowissenschaften zu verheißen schien. Mein Chef schickte mich an exotische Orte, um an seiner Stelle Vorträge zu halten. Bei einer wissenschaftlichen Konferenz in Phoenix, Arizona, aalte ich mich einmal mit zwei anderen englischen Hirnforschern mitten in der Wüste in einem Whirlpool. Kann man sich das vorstellen? Einen Tag zuvor hatten wir uns noch durch den ewigen Nieselregen und die Tristesse Englands geschleppt, und nun genossen wir puren Luxus unter Riesenkakteen.

Ich muss ein wenig eingebildet gewirkt haben, wenn ich von solchen Reisen zurückkehrte. Maureen und ich stritten uns ständig über die Pros und Kontras psychiatrischer Pflege, einer Forschung um der Forschung willen und die immanenten Spannungen zwischen wissenschaftlicher Erkenntnis und medizinischer Versorgung.

»Es ist ja gut und schön, diese Leute zu beobachten«, sagte Maureen einmal. »Aber wenn man ihnen hilft, ihre Probleme zu bewältigen, werden verfügbare Ressourcen viel besser genutzt.«

»Wenn wir nicht wissenschaftlich arbeiten, werden diese Probleme fortbestehen«, entgegnete ich.

»Die Forschung mag irgendwann einmal, in Jahren, jemandem nützen. Aber meistens führt sie zu nichts. Und sie kommt nicht jenen Patienten zugute, die ihre Zeit für deine Forschungsprojekte opfern und naiverweise glauben, dass du ihre Lebenssituation verbesserst.«

»Ich sage ihnen natürlich, dass meine Forschung ihnen persönlich nichts bringen wird.«

»Ach! Wie nett von dir.«

In unserem Dauerstreit schwang als Unterton der Konflikt

zwischen England und Schottland mit. Seit Urzeiten fühlen sich die Schotten von den Engländern ausgebeutet, die sie als kalte, blutleere Landsknechte ansehen, wogegen sie sich selbst für ehrlich, bodenständig und leidenschaftlich halten. Rückblickend hatte ich den Eindruck, dass in unserer Kontroverse – praktische Fürsorge versus reine Wissenschaft – dieser jahrhundertealte Zwist widerhallte.

Schließlich lernte ich eine andere Frau kennen und trennte mich von Maureen. Im Jahr 1990 zog ich aus, gerade als in Großbritannien die Wirtschaft und der Immobilienmarkt einbrachen. Unsere Wohnung war plötzlich nur noch die Hälfte wert. Das bedeutete einen gewaltigen Verlust. Der Zinssatz für unsere Hypothek verdoppelte sich, was kaum noch tragbar war, während Maureen allein dort wohnte. Die Lage verschlimmerte sich rapide, als auch sie mit jemand anderem zusammenzog. Um die Hypothek tilgen zu können, mussten wir die Wohnung vermieten, aber Maureen wollte nichts mehr damit zu tun haben. Ich kassierte die Miete, zahlte das Darlehen ab und kümmerte mich um die Steuern und Reparaturen. Zu dem Zeitpunkt redeten Maureen und ich längst nicht mehr miteinander; wir tauschten nur noch erboste Briefe aus. Zuletzt schlief ich auf dem Boden im Apartment eines Freundes im nördlichen London. Von dort brauchte ich im Stoßverkehr eine ganze Stunde zum Maudsley Hospital. Die Vormieter hatten ihre Katzen mitgenommen, die Flöhe aber dortgelassen. Es war eine schlimme Zeit.

In jenem Jahr, in dem ich im Londoner Süden Patienten mit Hirnverletzungen aufsuchte und deren Krankengeschichte dokumentierte, begann meine eigene Mutter, merkwürdige Symptome zu entwickeln. Sie bekam starke Kopfschmerzen, und ihr Verhalten veränderte sich auf sonderbare Weise. Eines Nachmittags verschwand sie für mehrere Stunden und erklärte später, sie habe sich im Kino einen Film angeschaut.

Seit Jahren war sie nicht ins Kino gegangen, und schon gar nicht allein und am helllichten Tag. Sie war gerade 50 Jahre alt geworden, und unser Hausarzt meinte, die Wechseljahre seien wohl schuld, sowohl an ihren Kopfschmerzen als auch an den ungewöhnlichen Ausflügen. Er hätte sich nicht gründlicher irren können. Als sie eines Abends mit meinem Vater vor dem Fernseher saß, wurde noch klarer, dass etwas nicht stimmte.

»Was sagst du zu dem Kleid der Frau?«, fragte mein Vater und deutete auf eine Frau am linken Rand des Bildschirms.

»Welche Frau?«, erwiderte meine Mutter. Sie konnte die Frau gar nicht sehen. Wie sich herausstellte, konnte sie in ihrem linken Gesichtsfeld überhaupt nichts erkennen.

Das, was ihre Kopfschmerzen und ihr merkwürdiges Verhalten auslöste, wirkte sich inzwischen auch auf ihr Sehvermögen aus. Einfache Aufgaben, etwa das Überqueren einer Straße, wurden nun viel zu gefährlich für sie allein. Man stelle sich das einmal vor: Plötzlich sehen Sie in einem Teil Ihres Blickfeldes nichts mehr. Das Problem ist, dass unser Gehirn bestens in der Lage ist, sich an Veränderungen anzupassen, und in solchen Fällen unsere Sicht der Außenwelt buchstäblich neu zu konfigurieren vermag – je nachdem, was gesehen werden kann, und völlig unabhängig davon, was nicht gesehen werden kann. Der fehlende Teil erscheint nicht als leerer Raum oder als schwarzes Loch, wie man vielleicht meinen könnte – er erscheint überhaupt nicht. Über die Straße zu gehen, ohne irgendetwas zu ihrer Linken wahrzunehmen, durfte meine Mutter fortan nicht mehr allein versuchen.

Eine Computertomographie zeigte schließlich, dass sich im Gehirn meiner Mutter ein Oligoastrozytom bildete, ein diffus wachsender Hirntumor (Gliom), der sich in die Falten ihres Cortex ausbreitete und auf diese Weise ihr Verhalten und ihre Stimmungen beeinflusste und ihre gesamte Weltsicht und ihr Lebensgefühl veränderte. Wir waren alle zutiefst erschüttert. Das Leben meiner Familie und mein Wahlberuf prallten plötzlich auf die denkbar diabolischste Weise aufeinander. Falls sich meine Mutter einer Operation unterziehen musste und dadurch einen Teil ihres Gehirns einbüßte, war es durchaus denkbar, dass sie als Patientin in einer meiner eigenen Forschungsstudien endete. Dieser Gedanke war ein Alptraum.

Nun stand ich auf der anderen Seite des Zauns. Ich war nicht mehr der unbeteiligte junge Wissenschaftler, sondern ein beunruhigter Angehöriger. Von außen hatte ich diese Situation schon viele Male erlebt, wenn ich Patienten und deren Familien im südlichen London aufgesucht hatte. Unglücklicherweise wurde der Tumor meiner Mutter, anders als in vielen der mir vertrauten Fälle, als inoperabel eingestuft. Und so musste sich meine Mutter einer ganzen Serie von Chemotherapien, Bestrahlungen und Steroidbehandlungen unterziehen. Schwellungen um einen Hirntumor üben Druck auf das umliegende Gewebe aus, was zu Kopfschmerzen führt. Steroide verringern die Schwellungen und lindern diese Symptome. Meine Mutter verlor ihre Haare und wurde massiv aufgeschwemmt – eine häufige Nebenwirkung der Steroide.

Es war ein Glück für meine Familie, dass meine Schwester seit 1990 examinierte Krankenpflegerin war und im Royal Marsden Hospital arbeitete, einem berühmten Londoner Institut, das auf die Diagnose, Behandlung und Erforschung von Krebs spezialisiert ist. Meine Schwester gab im Juli 1992 ihre Stelle auf, um meine Mutter zu Hause zu versorgen. Im selben Monat reichte ich meine Doktorarbeit ein, in der ich die Krankengeschichten von Patienten mit Hirnerkrankungen analysierte, darunter auch Tumoren wie der, der meiner Mutter zusetzte.

Bevor ich offiziell meinen Doktortitel erlangte, musste ich meine Dissertation verteidigen, und ein Termin dafür ließ sich erst in ein paar Monaten finden. Inzwischen war klar, dass meine Mutter bald sterben würde. Ich wollte unbedingt, dass sie noch erlebte, wie mir der Doktortitel verliehen wurde. Und so rief ich bei der Hauptverwaltung der University of London an und erläuterte die Umstände. Ohne zu zögern, willigte man ein, mir den Titel zu verleihen, auch wenn ich noch nicht alle Voraussetzungen dafür erfüllt hatte; das Rigorosum konnte später folgen. Wir haben das meiner Mutter nie gesagt. Sie war bei meiner Abschlussfeier dabei. Vielleicht war ihr bewusst, was da vor sich ging, vielleicht auch nicht. Ich erinnere mich noch sehr gut daran, wie mein Vater und ich sie aus ihrem Rollstuhl hoben und auf einen der Plätze in der Aula setzten. Ich trug einen wallenden Talar und sie die eleganteste ihr noch passende Garderobe, die wir finden konnten. Sie entglitt uns und fiel auf den Gang.

Dies sind die Folgen fortschreitender Hirnschädigungen, über die nie jemand spricht. Zwischen dem, was man einmal war, und dem, wozu man schließlich wird, liegt ein zermürbender Prozess der Anpassung an die stetige Verschlechterung der alltäglichen Aktivitäten, die immer schwieriger und irgendwann unmöglich werden.

Kurz nach meiner Abschlussfeier glitt meine Mutter in ihre eigene Zwischenwelt ab. Sie war nicht mehr ganz da, aber auch noch nicht ganz weg. Sie lebte noch zu Hause. Weil sie keine Treppen mehr steigen konnte, hatten wir ihr Bett, an das sie nun gefesselt war, unten im Esszimmer aufgestellt. Aufgrund der massiven Dosen an Schmerzmitteln und Sedativa, die ihr unser Hausarzt verordnete, verlor sie immer wieder für gewisse Zeit das Bewusstsein. Manchmal erkannte sie uns, manchmal nicht. Phasenweise äußerte sie sich klar und deutlich, dann war sie wieder völlig verwirrt. Mein Bruder reiste aus den Vereinigten Staaten an; er forschte in einem Postdoktoranden-Projekt am Goddard Space Flight Center der NASA in Maryland. Die letzten paar Tage im Leben meiner Mutter verbrachte die Familie zusammen. Sie starb in den frühen Morgenstunden des 15. November 1992. Wir waren alle an ihrem Bett, als sie schließlich zu atmen aufhörte.

Viele trübe Tage folgten, aber auf seltsame Weise bewirkte der Tod meiner Mutter auch etwas Gutes. Nachdem ich vier Jahre lang die Krankengeschichten von Menschen mit Hirnschädigungen dokumentiert hatte, stand ich nun auf der anderen Seite und erlebte, wie es ist, zusehen zu müssen, wie ein geliebter Mensch langsam in den Abgrund gezogen wird. Ich weiß nicht, ob diese Erfahrung mich in meinem Entschluss bestärkte, in der Hirnforschung tätig zu sein, aber es bereitete mich sicherlich auf die vielen künftigen Begegnungen mit hirngeschädigten Patienten und ihren Familien vor. Ich wusste aus erster Hand, was sie durchmachten, und ich konnte mit ihnen mitfühlen. Ich wollte ihnen in jeder nur erdenklichen Weise helfen.

Kurz bevor meine Mutter starb, war mir eine Postdoktorandenstelle im kanadischen Montreal angeboten worden, und nun ergriff ich diese Chance, ins Ausland zu gehen. Ich war mehr als bereit, das ruinöse Apartment und die gescheiterte Beziehung mit Maureen hinter mir zu lassen und Abstand vom Krebstod meiner Mutter zu gewinnen. Ich war fertig mit England und trat eine auf drei Jahre befristete Stelle am Neurologischen Institut von Montreal an.

Es war ein regelrechter Glücksfall, dort mit Michael Petrides, dem damaligen Leiter der Fakultät für Kognitive Neurowissenschaften, arbeiten zu können. Michael Petrides beschäftigte sich leidenschaftlich mit der Anatomie des Gehirns und war stets darauf erpicht, sich jeden methodischen Ansatz zu eigen zu machen, mit dem sich vielleicht noch besser erklären ließ, wie das Gehirn mentale Aktivitäten wie Erinnerung, Aufmerksamkeit und Planung vollzieht.

Im Lauf der nächsten drei Jahre saßen wir häufig über seinen Zeichnungen der Stirnlappen, machten Notizen darüber, was wohl jede einzelne Hirnregion leistete, und entwickelten neue Tests, die zeigen sollten, inwieweit verschiedene Teile des Gehirns zur Gedächtnisfunktion beitrugen.[1] Diese Tests programmierte ich auf meinem IBM-386, der nach damaligen Maßstäben das Allerneueste in der Computerwelt war.

1992 starteten am »Neuro« (wie wir es alle nannten) die »Aktivierungsstudien« mithilfe der sogenannten Positronen-Emissions-Tomographie (PET). Sie wurden sicher auch durch die Entwicklungen in der Computertechnologie mit angetrieben, die es ermöglichten, große Datensätze zu erfassen und digitale Bilder des Gehirns in Aktion zu erstellen. Computer revolutionierten damals jeden Bereich der wissenschaftlichen Forschung. Beispiele dafür waren etwa der Start des Hubble-Weltraumteleskops im Jahr 1990, das im selben Jahr gegründete Humangenomprojekt und die Planung des Teilchenbeschleunigers CERN in der Schweiz. Und wir Neurowissenschaftler waren ein Teil dieser Revolution.

Den freiwilligen Probanden der PET-Aktivierungsstudien wurden kleine Mengen einer schwach radioaktiv markierten Substanz injiziert, dann schob man sie in den Scanner und forderte sie auf, eine bestimmte Aufgabe auszuführen; beispielweise sollten sie sich ein unbekanntes Gesicht einprägen, das wir ihnen auf einem Bildschirm kurz zeigten. Das Prinzip war erfreulich einfach: Jene Bereiche des Gehirns, die am intensivsten arbeiten, brauchen mehr Sauerstoff; dieser wird im Blut transportiert. In Regionen, die an einer Aktivität beteiligt sind, erhöht sich die Durchblutung. Mit dem PET-Scanner ließ sich der Blutfluss im Gehirn buchstäblich abbilden.

Damit war der Traum eines Neuropsychologen wahr geworden. Wir mussten nicht mehr warten, bis ein Patient mit einer Schädigung eines bestimmten Hirnareals hereinspazierte, um ableiten zu können, was diese Region leistete. Nun konnten wir einfach gesunde Menschen in den Scanner schieben und auffordern, unsere Kognitionstests auszuführen, während wir zusahen, wie ihr Gehirn ansprang, und damit die gleichen Schlussfolgerungen ziehen konnten.

In der Anfangszeit wurden zunächst viele bestehende Annahmen bestätigt, doch das verstärkte nur die Begeisterung. So war zum Beispiel seit einigen Jahren bekannt, dass ein Areal an der Unterseite des Gehirns, wo der Temporallappen und der Okzipitallappen aneinandergrenzen, an der Gesichtserkennung beteiligt ist.[2] Dieses Areal wird als Gyrus fusiformis, auch »Spindelwindung«, bezeichnet. Patienten mit Schädigungen dieses Teils können selbst bekannte Menschen nicht erkennen; man spricht von Prosopagnosie oder »Gesichtsblindheit«. Es war jedoch erstaunlich, dies letztendlich bestätigt zu sehen, als der Gyrus fusiformis bei einer Gruppe gesunder Probanden auf dem Bildschirm aufleuchtete, während sie eine Reihe vertrauter Gesichter anschauten.

Naiverweise glaubten wir, sämtliche Geheimnisse des Gehirns rasch entschlüsseln zu können, PET-Scan für PET-Scan. Aber schon bald stießen wir an die Grenzen einer anfangs grenzenlos erscheinenden Technologie. Die erste Schranke bildete die sogenannte Strahlenbelastung. Für jeden Scan verabreichte man dem Probanden eine zwar unbedenkliche, aber signifikante Dosis radioaktiver Strahlung. Dies begrenzte die Zahl der Screenings, der man eine Einzelperson unterziehen konnte, und damit wurde die Zahl an wissenschaftlichen Fragen, die man in einer bestimmten Studie stellen konnte, erheblich eingeschränkt.

Das zweite Problem mit PET-Scans bestand darin, dass die beobachteten Veränderungen im Blutfluss so gering ausfielen, dass sie sich mit einem einzigen Scan praktisch unmöglich bestimmen ließen. Wir mussten Scans wiederholen, um ein klares Bild dessen zu erhalten, was im Gehirn vor sich ging. Damit erreichten wir die Strahlenbelastungsgrenze bisweilen zwangsläufig schon bevor wir eine einzige wissenschaftliche Frage befriedigend beantwortet hatten. Die Lösung des Problems bestand darin, Durchschnittswerte der Daten mehrerer Probanden zu bilden. Im Grunde waren die Signale des Gehirns meist so minimal, dass wir fast immer so vorgehen mussten.

Dies warf ein drittes Problem auf: Unsere wissenschaftlichen Schlussfolgerungen bezogen sich nicht auf Einzelpersonen, sondern auf Gruppen. Selten konnten wir sagen, was ein bestimmter Teil des Gehirns bei einer bestimmten Person leistete. Stattdessen enthielten unsere Befunde in der Regel Formulierungen wie »im Durchschnitt« oder »im Gruppenmittel«.

Eine vierte Beschränkung bestand im Zeitfaktor. Ein einzelner Scan dauerte zwischen 60 und 90 Sekunden. Am Ende sah man die Gesamtsumme all dessen, was in dieser Zeitspanne vor sich gegangen war. Einzelne »Ereignisse« wurden nicht erfasst. Ein Beispiel: Wir forderten Probanden auf, sich während eines 90 Sekunden langen Scans eine Reihe von Gesichtern anzusehen und einzuprägen. Am Ende ließ sich schwer sagen, worauf die farbigen Flecken, die bei der Analyse Hirnaktivitäten anzeigten, genau zurückzuführen waren – auf das bloße Betrachten von Gesichtern, auf das Sicheinprägen dieser Gesichter, auf das Registrieren nur einiger weniger Gesichter … Die Liste der unbekannten Variablen war fast endlos. Trotz all dieser Einschränkungen dachten die Hirnforscher, all ihre Wünsche seien auf einmal erfüllt worden.

Von dem Moment an, als ich das Institut erstmals betrat und anfing, PET-Aktivierungsstudien zu entwickeln, war ich Feuer und Flamme.

Bei einer meiner ersten erfolgreichen Analysen zeigte sich, dass ein bestimmter Bereich des Frontallappens entscheidend für das Organisieren von Erinnerungen ist.[3] Dies war nicht der Bereich des Gehirns, in dem Erinnerungen gespeichert werden, beziehungsweise der Bereich, der Informationen an das Gedächtnis übermittelt. Er bestimmt vielmehr, »wie« das Gedächtnis organisiert werden soll.

Versuchen Sie einmal, sich in bildlicher Vorstellung daran zu erinnern, wo Sie heute früh Ihren Wagen auf einem Parkplatz abgestellt haben, auf dem Sie jeden Tag parken. Wie erinnern Sie sich an den heutigen Stellplatz, ohne ihn mit dem von gestern oder vorgestern oder von letzter Woche zu verwechseln? Sie könnten sich eine Orientierungshilfe einprägen, etwa einen Baum oder ein nahestehendes Gebäude, aber inzwischen haben Sie all diese Orientierungspunkte wohl schon einmal benutzt und laufen Gefahr, sie durcheinanderzubringen.

Im Grunde müssen Sie eine bestimmte Erinnerungs*entscheidung* treffen: Sie müssen entscheiden, dass unter all den Stellplätzen, die Sie sich bereits früher schon eingeprägt haben, es einen ganz bestimmten gibt, den Sie sich heute einprägen müssen. Sie müssen diesen speziellen Standplatz als besonders relevant *für heute* kennzeichnen. Dieser Prozess ist ein Beispiel dafür, was wir als »Arbeitsgedächtnis« bezeichnen. Dies ist eine besondere Art von Gedächtnis, das nur für eine begrenzte Zeitspanne aufrechterhalten werden muss, nämlich bis die betreffende Information abgerufen worden ist – in diesem Fall bis zu dem Zeitpunkt, an dem Sie Ihr Auto wiedergefunden haben.[4] Am nächsten Tag beginnt das ganze Spiel wieder von neuem.

Das Arbeitsgedächtnis schaltet sich ein, egal ob es sich um eine Telefonnummer handelt, die man sich gerade lange genug gemerkt hat, um sie einzutippen, oder um das Gesicht einer unbekannten Frau in einer Menge, das man sich lange genug gemerkt hat, um ihr den ausgeliehenen Stift wiederzugeben, oder um den Parkplatz, auf dem der Wagen abgestellt wurde. Niemand weiß, was mit diesen flüchtigen Erinnerungsfetzen geschieht. Lösen sie sich einfach in Luft auf? Einiges deutet darauf hin, dass sie von späteren »Arbeitserinnerungen« sozusagen »überschrieben« werden. Der Mensch scheint eine begrenzte Kapazität für diese Art von Hirnfunktion zu besitzen, was dazu führt, dass eine Erinnerung zugunsten einer anderen gelöscht wird, wenn die Kapazität überschritten wird.

Diese Studienformen ließen sich leicht auf andere Bereiche übertragen. Wir fingen an, Parkinson-Patienten zu untersuchen, um zu verstehen, warum gerade sie Probleme mit dem Arbeitsgedächtnis haben.[5] Zeigt man einem Parkinson-Patienten ein Bild, das er noch nie gesehen hat, wird er es, anders als ein Alzheimer-Patient, später ohne große Schwierigkeiten wiedererkennen. Zeigt man ihm aber eine ganze Reihe von Bildern und fordert ihn dann auf, sich nur ein ganz bestimmtes einzuprägen, so fällt ihm dies viel schwerer. Warum? Es bereitet ihm keine Mühe, Erinnerungen zu speichern, aber es überfordert ihn, das Gedächtnis so zu organisieren, dass ein Abruf des Erinnerten auch angesichts umfangreicher Datenmengen möglich ist.

Während meiner drei Jahre in Montreal konnte ich die Londoner Wohnung irgendwie halten. Maureen und ich kommunizierten kaum miteinander. Wenn wir uns gelegentlich austauschten, dann klang es kurz angebunden und unterschwellig zornerfüllt.

Im Jahr 1995 erhielt ich völlig unerwartet einen Anruf von Trevor Robbins, meinem ehemaligen Chef in Cambridge. Im Addenbrooke's Hospital, einem der Universität Cambridge angeschlossenen Lehrkrankenhaus, sollte ein neues Hirn-Scan-Zentrum – das Wolfson Brain Imaging Centre – eingerichtet werden, und man suchte jemanden mit meiner Erfahrung. Als wissenschaftlicher Mitarbeiter in der Fakultät für Psychiatrie sollte ich dafür verantwortlich sein, die ersten PET-Aktivierungsstudien in Cambridge durchzuführen, Studenten zu betreuen und ein eigenes Labor aufzubauen. Das Zentrum verfügte über einen PET-Scanner, und Trevor überzeugte mich, dass sich vielleicht eine dauerhafte Stellung in Cambridge eröffnen würde, sobald ich einen Fuß in der Tür hatte. In Montreal standen keine dauerhaften Posten in Aussicht.

Und so kam es, dass ich 1996 nach Großbritannien zurückkehrte. Dort hatte sich viel verändert, seit ich weggegangen war; vor allem Gehirnscans hatten sich etabliert. Wer keine Gehirnscans durchführte, galt nichts, und Großbritannien war führend in dem Bereich.

Was sich nicht geändert hatte, war mein belastetes Verhältnis zu Maureen. Wir empfanden es beide als zu schmerzlich, uns zu sehen, und vermieden es, uns zu begegnen. Seit unserer Trennung waren vier Jahre vergangen, und immer, wenn ich an unsere Wohnung und unsere gescheiterte Beziehung dachte, war ich frustriert und verwirrt. Wie hatte es sein können, dass wir einst so verliebt waren und ein gemeinsames Leben aufbauen wollten? Und warum hatte sich all das so verändert? Was war nur in ihrem Kopf vorgegangen? Das ergab alles keinen Sinn. Sie war ein absolutes Rätsel für mich.

Eines Morgens im Juli 1996 rief ein Kollege an. Man hatte Maureen auf einem steilen Hügel unweit des Maudsley

Hospital bewusstlos neben ihrem Fahrrad liegend gefunden. Anfangs wurde vermutet, sie sei gegen einen Baum geknallt und habe sich gleichsam k. o. geschlagen. Wie sich herausstellte, war es jedoch schlimmer – viel schlimmer. Untersuchungen ergaben, dass sie aufgrund einer geplatzten Arterienerweiterung (Aneurysma) im Gehirn eine Subarachnoidalblutung erlitten hatte. Durch eine Schwachstelle in einer Arterienwand war Blut in ihr Gehirn gedrungen. Für solche Aneurysmen können vielerlei Faktoren ursächlich sein: Vererbung, Geschlecht (bei Frauen treten sie häufiger auf), Bluthochdruck und Rauchen.

Abermals prallten mein Privatleben und mein Berufsleben auf tückischste Weise aufeinander. Ich hatte viele Patienten begutachtet, die wie Maureen eine Subarachnoidalblutung erlitten hatten. Viele hatten Probleme mit dem Gedächtnis, der Konzentration und der Planung. Die Blutung und der erforderliche chirurgische Eingriff veränderten ihr Leben grundlegend: Ihr Denk- und Erinnerungsvermögen wurden gestört, und ihre Persönlichkeit veränderte sich auf unvorhersehbare Weise.

Genau wie bei meiner Mutter bestand die Möglichkeit, dass Maureen in einer meiner eigenen Forschungsstudien landete. Unglücklicherweise richtete das Aneurysma bei Maureen weit mehr Schaden an als bei den meisten meiner Patienten, und schon bald lautete ihre Diagnose »Wachkoma«. Man sagte mir, es bestünden kaum Chancen, dass sie wieder aufwache. Es war zwar nicht das erste Mal, dass ich den Begriff »Wachkoma« und dessen Synonym »vegetativer Zustand« hörte, doch es war das erste Mal, dass mir dessen Bedeutung so richtig klar wurde.

Was für ein Schock. Was war mit Maureen geschehen? Was hieß »Wachkoma« genau? War sie tot oder lebte sie? Wusste sie, wo und wer sie war? Sie war nicht mehr da, aber auch nicht weg. Wie konnte sie noch leben und atmen, wach sein und schlafen, und trotzdem irgendwie vollkommen abwesend sein? Noch verwirrender wurde das Ganze durch meine Gefühle für sie. Was empfindet man, wenn jemand, der einem so nahe und dann wieder so fremd gewesen war, plötzlich in einem Zustand reaktionsloser Wachheit endet? Es fühlt sich äußerst sonderbar an.

Bei richtiger Pflege können Wachkomapatienten lange Zeit leben. Maureen wurde einige Monate nach ihrer Hirnverletzung wieder nach Schottland gebracht, damit sie näher bei ihren Eltern war. Sie wurde, scheinbar ohne jedes Bewusstsein, am Leben gehalten – durch die Menschen und Maschinen, die sie mit Nahrung und Flüssigkeiten versorgten. Damit sie sich nicht wundlag, wurde sie von dem Pflegepersonal, das sich rund um die Uhr um sie kümmerte, regelmäßig umgedreht. Man wusch sie mit warmen Schwämmen, wusch ihr die Haare und schnitt ihr die Nägel. Man bezog ihr Bett frisch und wechselte ihre Kleidung. Die Pfleger sprachen sie an; am Morgen fragten sie munter und fidel: »Und wie geht es uns heute, Maureen?« An den Wochenenden zog man sie an und brachte sie im Rollstuhl ins Haus ihrer Eltern, wo liebende Angehörige auf sie warteten.

Ich kam damals nicht bewusst auf den Gedanken, dass die Gehirnaktivität von Menschen wie Maureen, die überhaupt keine äußerlich sichtbaren Reaktionen zeigten, vielleicht doch noch irgendeine Form von Bewusstsein aufweisen könnte. Aber vielleicht wurde der Keim zu solch einer Idee gelegt, die damals absolut abstrus erschien. Möglicherweise hat dieses Erlebnis etwas ausgelöst. Vielleicht war es ein Aufruf, mit der Erfahrung, die ich gesammelt hatte, etwas Sinnvolleres anzufangen und diese unglaublich neuartige Technologie zu nutzen, um die Funktionen des Gehirns offenzulegen.

Maureen hätte dem sicherlich beigepflichtet. Sie war so leidenschaftlich davon überzeugt gewesen, dass man keine »Forschung um der Forschung willen« betreiben sollte. Die Wissenschaft sollte vielmehr dem Menschen helfen. Vielleicht war dies eine Chance für mich, genau das zu tun.

2
Der erste Kontakt

Ich kann nicht länger schweigend zuhören.
Ich muss mit den Mitteln zu dir sprechen,
die mir zu Gebote stehen.

Jane Austen, *Überredung*

Auftritt Kate. Alter 26, Beruf Kindergärtnerin, Wohnort Cambridge, England. Sie wohnte mit ihrem Freund und einer Katze in einem kleinen Haus. Unsere Wege sollten sich bald kreuzen.

Ich hatte etwas nördlich des Stadtzentrums von Cambridge eine günstige Zweizimmerwohnung gemietet. Wenn ich mit dem Fahrrad die drei Meilen zu meiner Arbeitsstelle fuhr, war es immer feucht und häufig nasskalt. Mein fensterloses Büro lag in den Tiefen der Gebäudekomplexe, die zum Addenbrooke's Hospital der University of Cambridge gehörten. Ich war wissenschaftlicher Mitarbeiter in der Fakultät für Psychiatrie, ohne Lehrauftrag und Verwaltungsaufgaben. Ich sollte reine Forschung betreiben, und zwar hauptsächlich im neu gegründeten Wolfson Brain Imaging Centre. Vom Büro bis dort brauchte ich fünf Minuten durch ein Labyrinth von Korridoren.

Das Wolfson-Zentrum, wie wir es alle nannten, war einzigartig; der PET-Scanner stand direkt neben der Neurologischen Intensivstation. Die Patienten konnten in ihren Krankenbetten durch zwei Schwingtüren geradewegs in den Scanner geschoben werden. In jenen Anfangsjahren hörte man ständig den Spruch: »Liegendpatienten können nicht zum

Scanner gehen, also muss der Scanner zum Patienten kommen.« Patienten in der Neurologischen Intensivstation hatten in der Regel schlimme Autounfälle, massive Infarkte oder anhaltenden Sauerstoffentzug infolge von Herzstillstand oder sogenanntem Beinahe-Ertrinken erlitten. Durch die unmittelbare Nähe und den leichten Zugang von der Station aus bot die PET zahlreiche neue Möglichkeiten, ans Bett gefesselte Patienten mit ernsthaften Hirnverletzungen zu scannen.

Die Verhältnisse hier unterschieden sich deutlich vom »Neuro« in Montreal. Allerdings hatten beide Einrichtungen Vor- und Nachteile. In Cambridge lag der Schwerpunkt meiner Forschung auf Gehirnverletzungen. Ich war nicht damit befasst, Patienten zu *behandeln*, so wie es meine Kollegen taten, die überwiegend Ärzte waren. Deren alltägliche Aufgabe bestand darin, Leben zu retten, Behandlungen vorzunehmen und die Patienten wieder gesund zu machen. Ich hingegen scannte sie, um herauszufinden, wie und warum sich ihre Hirnschädigung auf ihr Verhalten auswirkte. Ich betrieb Forschung, wenn auch sehr klinisch ausgerichtet. In Montreal war es mehr um Grundlagenforschung gegangen; wir wollten verstehen, wie das gesunde Gehirn funktioniert, und neue Untersuchungsmethoden entwickeln. Auf eigentümliche Weise hatte mich meine Erfahrung am »Neuro« also gut darauf vorbereitet, im hochgradig klinischen Ambiente des Wolfson-Zentrums die Theorie in die Praxis umzusetzen.

Im »Neuro« war es mir sogar möglich gewesen, ein lebendes menschliches Gehirn zu berühren. Bei den Neurochirurgen in Montreal war es gängige Praxis, uns Wissenschaftler zu OPs einzuladen, um zuzusehen, wie die Operateure das Leben eines Menschen in den Händen hielten – wie sie die Kopfhaut abzogen, den Schädelknochen aufsägten und die Hirnhaut zurückzogen, um die Trophäe im Inneren freizulegen. Etwas so Verletzliches wie jene lebende, pulsierende Masse wird man sonst wohl selten zu sehen bekommen.

Meine erste Gelegenheit, einen neurochirurgischen Eingriff aus nächster Nähe zu verfolgen, ergab sich schlicht und einfach dadurch, dass ich mich eines Tages in der Kantine neben einen der jüngeren Hirnoperateure gesetzt hatte.

»Sie haben noch nie bei einer Hirn-OP zugesehen?«, fragte er, verwundert darüber, dass ein junger Neurowissenschaftler, der tagein, tagaus auf Hirnscans starrte, noch nie ein Gehirn erblickt hatte. »Kommen Sie morgen rüber, dann zeige ich es Ihnen.«

Was ich im Operationssaal in Montreal erlebte, lehrte mich viel mehr als meine jahrelangen Auswertungen von Hirnscans. Die wichtigste Lektion, die ich lernte, war die: Dein Gehirn bestimmt, wer und was du bist. Es birgt jeden Plan, den du je gefasst hast, die Erinnerung an jeden Menschen, in den du dich je verliebt hast, und jede Reue, die du je empfunden hast. Dein Gehirn ist dein Ein und Alles. Es ist der pulsierende Wesenskern des Menschen. Ohne Gehirn wird unser Ich-Erleben auf nichts reduziert.

Ohne Herz können wir mithilfe von Maschinen weiterleben. Ein Patient mit einem künstlichen Herz ist immer noch derselbe Mensch. Auch ohne Leber oder Nieren können wir überleben, mit unveränderter Persönlichkeit, bis durch den Tod einer anderen Menschenseele ein Transplantat verfügbar wird, das es uns ermöglicht, fast genauso wie zuvor weiterzuleben. Ein Mensch kann seine Arme, Beine, Augen oder andere Organe verlieren und bleibt trotzdem derselbe Mensch, zwar verändert, aber im Wesen gleich. Ohne Gehirn sind wir jedoch nichts weiter als eine Erinnerung für andere. Wir sind nicht einmal ein Schatten unseres früheren Selbst. Wir sind erloschen. In den Operationssälen in Montreal hatte ich die wichtigste Lektion der Neurowissenschaft gelernt – wir sind das, was unser Gehirn ist.

In Cambridge wurde ich nie zu einer OP eingeladen, aber etwas anderes passierte. In Montreal hatten wir uns mit reiner Grundlagenforschung auseinandergesetzt. Es ging darum: Wir haben die und die Ausstattung, das und das wissen wir bereits, also bringen wir alles zusammen und stellen die nächste dringliche Frage in Bezug darauf, wie das Gehirn funktioniert. Wir entwarfen Schablonen, stellten Hypothesen auf und entwickelten entsprechende Scans. In Cambridge hingegen herrschte Ungewissheit. Wir mussten in alle Richtungen denken. Wir konnten nicht im Voraus Experimente planen. Wir hatten Patienten mit Formen von Hirnschädigungen, die noch nie zuvor gescannt worden waren. Es gab keinen ausgetretenen Pfad, keine Bedienungsanleitung, kein verfügbares Vorwissen, keine systematische Landkarte. Genau darin lagen die Chancen und Möglichkeiten. Und genau hier kam Kate ins Spiel.

Im Juni 1997 erfuhr ich durch meinen Kollegen und Freund, Dr. David Menon, einen schlaksigen indischen Arzt auf der Neurologischen Intensivstation, von Kate. Eine schlimme Erkältung hatte sich bei ihr zu einer viel ernsthafteren Virusinfektion entwickelt, eine sogenannte akute disseminierte Enzephalomyelitis (ADEM). Bei anfälligen Patienten können im Rahmen dieser Erkrankung auch neurologische Symptome auftreten, etwa Benommenheit, Verwirrtheit und sogar ein Koma. Kate war eine dieser Patienten.

ADEM geht mit einer ausgedehnten Entzündung des Gehirns und des Rückenmarkgewebes einher und zerstört die sogenannte weiße Substanz, die nicht annähernd so bekannt ist wie die graue Substanz, aber genauso wichtig. Als graue Substanz bezeichnet man die äußerste Schicht der Großhirnrinde. Dort finden wichtige Prozesse statt. Dort werden Gedanken, Pläne und Handlungen initiiert sowie Erinnerungen abgespeichert. Graue Materie besteht aus unzähligen Neuronen – spezialisierten Zellen, die Nervenimpulse weiterleiten.

Die weiße Substanz bildet das Kommunikationsnetzwerk zwischen den unterschiedlichen Regionen der grauen Substanz. Weiße Substanz besteht hauptsächlich aus Axonen – dichten Strängen stark isolierter Nervenfasern, einer Art komplexer Verkabelung. Die weiße Färbung entsteht durch die umhüllende Fettmembran, das sogenannte Myelin. Die weiße Substanz dient als Verbindungssystem zwischen Bereichen der grauen Substanz. Die Übertragung von Impulsen zwischen den Neuronen geht viel schneller vonstatten, wenn die Axone isoliert sind. Ohne Isolation würden die elektrischen Signale buchstäblich aus den Leitungen sickern und verlorengehen.

Bei Kate wurde das Kommunikationsnetzwerk des Gehirns durch die geschädigte weiße Substanz beeinträchtigt. Sie fiel ins Koma und wurde in der Neurologischen Intensivstation des Addenbrooke's Hospital aufgenommen. Binnen weniger Wochen ging es ihr schon wieder besser. Sie hatte Schlaf-Wach-Phasen, ihre Augen gingen auf und zu, und sie schien sich flüchtig in ihrem Krankenzimmer umzuschauen. Aber sie zeigte keine Anzeichen eines Seelenlebens. Sie reagierte nicht auf Reize seitens ihrer Angehörigen oder Ärzte. Man ging davon aus, dass sie aufgrund der Infektion überhaupt nicht mehr wusste, wo und wer sie war und was sie durchgemacht hatte. Die Ärzte erklärten, sie verfüge über keinerlei höhere Hirnfunktionen.

Ich weiß nicht, warum David und ich beschlossen, Kate in diesem »vegetativen«, d.h. reaktionslosen Zustand zu scannen, aber ich kann mich nicht des Gefühls erwehren, dass Maureen etwas damit zu tun gehabt haben könnte. Es war weniger als ein Jahr her, seit sie zur Wachkomapatientin erklärt worden war, und ich versuchte immer noch, mit ihrem Unfall klarzukommen. Insgeheim fragte ich mich immer wieder, was in Maureens Gehirn vorgehen mochte, wenn überhaupt etwas darin vorging. Es hieß, sie verfüge über keine höheren Hirnfunktionen, genau wie Kate, aber was hatte das überhaupt zu bedeuten? Vielleicht konnte mir Kate dabei helfen, dies herauszufinden.

David und ich diskutierten, was wir mit Kate machen könnten. Wir kamen auf die Idee, ihr Bilder ihrer Freunde und Angehörigen zu zeigen, während sie im PET-Scanner lag. Von meinen PET-Aktivierungsstudien in Montreal wusste ich bestens darüber Bescheid, welche Teile des Gehirns auf vertraute Gesichter reagieren. Wir wandten uns an Kates überaus freundliche Eltern und baten sie um zehn Fotos von Personen aus ihrem Familien- und Freundeskreis. Wir erklärten ihnen, wir wollten eine neue Art von Scan ausprobieren, um dahinterzukommen, was in Kates Gehirn vorging.

Kates Eltern gaben uns zehn Fotos von Leuten, die mir alle unbekannt waren. Ich scannte sie ein und wandelte sie in Computerdateien um. Dann radelte ich nach Hause und verbrachte den ganzen Abend in meiner klammen Wohnung damit, ein einfaches Programm zu schreiben, mit dem ich ein Bild nach dem anderen zehn Sekunden lang auf einem Monitor zeigen konnte. Ich brauchte auch »Kontrollbilder« – Fotos, die visuell genauso stimulierend waren wie die eigentlichen, aber keine Gesichter erkennen ließen. Ich erstellte von jedem Foto eine Kopie und machte diese mit einem der damals verfügbaren Bildbearbeitungsprogramme unscharf. Das war sicherlich kein wissenschaftlich einwandfreies Experiment, aber es erfüllte seinen Zweck. Verschwommene Fotos menschlicher Gesichter genügen eigentlich nicht als angemessene Kontrolldaten für richtige Fotos von Gesichtern.

Aber ich hatte nicht viel Zeit und keine technischen Apparaturen, um etwas Aufwendigeres auszuarbeiten.

David und ich zeigten Kate die digitalisierten Bilder ihrer Freunde und Angehörigen sowie die unscharfen Versionen der gleichen Bilder und versuchten, unterschiedliche Muster von Gehirnaktivitäten zu erfassen. Wenn wir unterschiedliche Aktivitäten in den Teilen des Gehirns ausmachten, die Informationen über Gesichter verarbeiten, war klar, dass wir etwas sehr Wichtiges entdeckt hatten – dass Kate, oder zumindest ihr Gehirn, nach wie vor vertraute Gesichter wahrnehmen konnte.

Der Versuch, das Gehirn eines Wachkomapatienten zu aktivieren, war zu der Zeit etwas gänzlich Neues. Würde Kates Gehirn nach wie vor auf Gesichter von Menschen reagieren, die sie gekannt und geliebt hatte? So einfach war im Grunde unsere Frage. Eines hatten wir jedoch vergessen: Vor unserem Experiment mussten wir abklären, ob die visuelle Information, die auf Kates Netzhaut traf, überhaupt in ihr Gehirn drang. Was wäre, wenn die Verbindung zwischen ihrem Sehnerv und dem Cortex unterbrochen war oder wenn der Informationsfluss auf dem Übertragungsweg abriss. Es wäre kaum verwunderlich, dass ihr Gehirn nicht auf die Gesichter bekannter Menschen reagierte, wenn sie diese gar nicht sehen könnte.

Wir brauchten eine rasche Lösung. Es war damit zu rechnen, dass Kate starb oder – weniger wahrscheinlich – Besserung erfuhr. In beiden Fällen bestand keine Gelegenheit mehr, ihr Gehirn zu scannen.

Während wir noch überlegten, hatte sich auf dem Monitor, auf dem wir Kate die Bilder ihrer Freunde zeigen wollten, in der Zwischenzeit der Bildschirmschoner eingeschaltet. Es war das Jahr 1997, und fliegende Fenster waren damals groß in Mode. Rote, blaue, grüne und gelbe Fenster schwirrten über die Scheibe und flogen einem entgegen – ein intergalaktisches Hirngespinst aus der Phantasiewelt eines Microsoft-Ingenieurs. Ja, wir konnten Kate den Bildschirmschoner zeigen! Das bunte, bewegungsreiche Display eignete sich ideal dafür zu überprüfen, ob Informationen von Kates Augen an das Gehirn geleitet wurden.

Während Kate im Scanner lag, ließen wir den Bildschirmschoner seine Arbeit tun: Die dynamischen Muster trafen auf ihre Netzhaut, schickten Reize über ihren Sehstrang (Tractus opticus) und aktivierten ihre Sehrinde (den visuellen Cortex). Dann stellten wir den Bildschirmschoner ab, ließen Kate ausruhen und legten ihr ein Tuch über das Gesicht, um jeglichen Lichteinfall auszuschalten, und scannten ihr Gehirn erneut. Diese Prozedur wiederholten wir einige Male. Bildschirmschoner, Tuch, Bildschirmschoner, Tuch. Am Ende der Sitzung hatten wir gefunden, wonach wir gesucht hatten. Kates visueller Cortex wurde jedes Mal wach, wenn wir ihr den Bildschirmschoner zeigten, und fiel zurück in einen Zustand relativer Inaktivität, sobald das Tuch ihr Gesicht bedeckte. Visuelle Information drang also in Kates Gehirn. Ihr Gehirn war zumindest in der Lage zu »sehen«.

Nun war es an der Zeit, die große Frage zu stellen. Auf einem Monitor über der Scannerliege ließen wir die beiden Bildreihen laufen, klare Gesichter und verschwommene Gesichter. Nach Abschluss der Scanaufnahmen wurde Kate wieder auf ihre Station gebracht, und wir machten uns daran, die Daten auszuwerten. Wir wussten überhaupt nicht, was wir erwarten sollten, aber als wir die Ergebnisse in der Hand hielten, waren wir erstaunt. Kates Gehirn hatte auf die Gesichter reagiert und vor Aktivität nur so geknistert. Darüber hinaus zeigte das Aktivitätsmuster eine verblüffende Ähnlichkeit mit dem, was wir und andere bei gesunden Menschen mit vollem Bewusstsein beobachtet hatten.

Wir fühlten uns wie Astronomen, die nach außerirdischem Leben Ausschau gehalten und ein Signal in die Tiefen des Alls gesendet hatten. In unserem Fall war es jedoch ein Signal in die Tiefen des menschlichen Gehirns. Und es war ein Signal zurückgekommen! Wir hatten einen ersten Kontakt hergestellt. Aber was hatte das zu bedeuten? Verfügte Kate trotz ihres äußeren Erscheinungsbildes über ein Bewusstsein? Diese Frage sollte uns noch fast ein weiteres Jahrzehnt Kopfzerbrechen bereiten.

Es gab keine einfachen Antworten. Im Allgemeinen weist das Bewusstsein zwei Facetten auf, *Wachsein* und *Gewahrsein*. Wer mit einem normalen Narkosemittel betäubt wird, sinkt in Schlaf – verlässt also seinen Wachzustand. Er verliert aber auch jedes Gefühl dafür, wer und wo er ist. Er ist sich seiner selbst und seiner Umgebung nicht mehr gewahr.

Der am Bewusstsein beteiligte Aspekt des Wachseins lässt sich relativ leicht erklären und auch messen – wenn deine Augen offen sind, bist du wach. Das mit dem Gewahrsein ist viel komplexer. Wie soll man es messen? Wachkomapatienten wie Kate veranschaulichen dies recht deutlich: Kate war wach, daran bestand kein Zweifel, denn ihre Augen waren weit geöffnet. Aber war sie auch gewärtig?

Weil Kate nicht auf die visuellen und akustischen Signale um sie herum reagierte – auch nicht auf die zahlreichen Versuche, ihre Aufmerksamkeit zu gewinnen –, lautete die klinische Schlussfolgerung, dass sie keinerlei Bewusstsein besitze. Ihr Ich-Erleben war erloschen. Es war fast wie bei einem Alzheimer-Patienten im fortgeschrittenen Stadium der Erkrankung, der nicht mehr weiß, wer oder wo er ist. Kate schien aber in einer noch schlimmeren Verfassung zu sein. Alzheimer-Patienten bewahren (zumindest bis zu den letzten Krankheitsstadien, in denen sie in eine Form von Wachkoma verfallen können) immer noch ein Gefühl, *etwas zu sein*, auch wenn das Gefühl, *jemand* beziehungsweise *irgendwo* zu sein, längst nicht mehr da ist. Es besteht noch eine Verbindung mit der Außenwelt, auch wenn diese betrüblich schwach und verzerrt ist. Wir hatten vermutet, bei Kate seien diese Verbindungen ganz und gar abgeschnitten und sie habe kein Gefühl mehr, *irgendetwas zu sein*.

Nun stellte sich der Fall ganz anders dar. Unser unvollkommenes kleines Experiment ließ etwas Wichtiges erkennen. Wenn man Kate Bilder von vertrauten Menschen zeigte, reagierte ihr Gehirn genau so, wie wenn sie wach und gewahr, also ganz und gar gesund wäre. Wie sollten wir diese Hirnreaktion verstehen? Konnten wir sie mit der Erfahrung gleichsetzen, die Kate in jenem Moment vielleicht als Person machte? Erlebte Kate die Erinnerungen und Emotionen, die wir alle normalerweise erleben, wenn wir das Foto eines vertrauten und geliebten Menschen zu sehen bekommen? *Wusste* sie, dass sie in einem PET-Scanner lag und sich Bilder von Freunden und Angehörigen ansah? Oder reagierte ihr Gehirn bloß automatisch, quasi per »Autopilot«, während sie so dalag – wach, aber in seliger Unwissenheit?

Viele Arten von Stimuli – darunter Gesichter, Sprache und Schmerzen – lösen automatische Gehirnreaktionen aus, gleichsam Echos, die anzeigen, dass die Information eingegangen ist, auch wenn sie nicht unbedingt bewusst wahrgenommen wurde. Auf einer lauten Party kann es sein, dass ich ein Gespräch hinter meinem Rücken überhaupt nicht mitbekomme, bis ich meinen Namen höre. Das erregt meine Aufmerksamkeit. Und die Tatsache, dass ich meinen Namen überhaupt höre, muss bedeuten, dass mein Gehirn dieses Gespräch verfolgt hat, auch wenn mir dies nicht bewusst ist – nur für den Fall, dass etwas Wichtiges wie beispielsweise mein Name auftaucht. Das heißt nicht, dass mein Gehirn sich an das Gespräch erinnert, nur weil mein Name darin vorkam.

Erinnerung und Wahrnehmung sind zweierlei. Ein Gespräch zu hören bedeutet nicht, sich dieses auch einzuprägen. Wozu auch? Zu welchem Zweck? Das Gehirn stellt gleichsam die Antennen auf und fischt nach relevanten Informationen. Es versucht gar nicht, alles zu speichern.

Dasselbe geschieht mit Gesichtern. Wenn ich durch eine belebte Straße gehe, nehmen die vertrauten Gesichter von Freunden und Bekannten buchstäblich mein Bewusstsein in Beschlag, egal woran ich gerade denken mag. Ich lenke meine Aufmerksamkeit um und nehme das Vertraute wahr. Die Tatsache, dass dies passiert, lässt erkennen, dass mein Gehirn all die anderen Gesichter sichten muss und entscheidet, welches meine Aufmerksamkeit verdient und welches ignoriert werden kann. Ich bin mir all dessen aber nicht bewusst. Es geschieht einfach. Mein Gehirn sondiert die Menge unbewusst und macht mich nur auf jene Menschen aufmerksam, die mich etwas angehen, die ich wiedererkenne. Wenn ich versuchen würde, diesen Prozess zu steuern, würde ich scheitern; ich kann nicht beschließen, ein vertrautes Gesicht *nicht* zu erkennen, ebenso wenig wie ich beschließen kann, auf einer Party meinen eigenen Namen nicht zu hören.

Dieses Phänomen hängt davon ab, wo ich bin und was ich tue. Auf einer Straße voller Fremder erregt das Gesicht eines Freundes meine Aufmerksamkeit. Aber auf einer Party mit vielen Freunden wird mir das *unvertraute* Gesicht eines Fremden auffallen. Dies hängt mit dem Kontext und der Erwartung zusammen und ist wahrscheinlich durch den evolutionären Vorteil bedingt, der darin liegt, aus der Informationsflut, die unentwegt auf die Netzhaut trifft, das Wichtige herauszufiltern. Auf einer belebten Straße erwarte ich nicht, einen Bekannten zu treffen. Wenn ich dennoch einem begegne, bricht das die Erwartung und lässt etwas in meinem Gehirn anspringen. Und das ist gut so: Es ist günstig, unter Fremden auf

Bekannte zu stoßen. Diese Erfahrung ist adaptiv. Es könnte zu einer Unterhaltung, einer Verabredung, einer Liebesbeziehung oder einer Partnerschaft fürs Leben führen.

Umgekehrt ist es auf einer Party mit vielen vertrauten Gesichtern der Fremde, der am interessantesten wirkt. Ich erwarte, meine Freunde dort zu sehen; ein unbekanntes Gesicht bricht diese Erwartung. Meine Freunde kenne ich bestens. Aber wer ist dieser Fremde? Diese Begegnung könnte zu etwas Neuem führen. Auch hier liegt eine adaptive Erfahrung vor. In jeder Umgebung ist es wichtig, das Andersartige und Unerwartete zu erkennen. Das menschliche Gehirn versteht sich bestens darauf, das Ungewohnte auszumachen, und meistens bekommt der Betreffende gar nichts davon mit.

Viele der komplexesten Prozesse des menschlichen Gehirns vollziehen sich auf diese Weise. Als Erwachsener kann ich nicht beschließen, etwas Gesagtes nicht zu verstehen. Ich kann nicht entscheiden, den Nachhauseweg von der Arbeit nicht zu »lernen«, wenn ich die Route jeden Tag zurücklege. Und ich kann nicht beschließen, ein bestimmtes Musikstück oder Kunstwerk nicht zu mögen. Ich kann mir vornehmen, nicht zu *sagen*, dass es mir gefällt, oder gar zu behaupten, dass es mir missfällt. Aber das ändert nichts an dem zugrundeliegenden Gefühl. Und dieses Gefühl zu empfinden kann ich nicht frei wählen.

Anders gesagt: Vieles von dem, was und wie wir denken und fühlen, vollzieht sich, obwohl es uns überhaupt nicht bewusst ist. Umgekehrt bedeuten »normale« Nervenreaktionen im Wachkoma nicht unbedingt, dass der betreffende Patient irgendetwas im Zusammenhang mit diesen Ereignissen *bewusst* erlebt. Ebenso wenig heißt das natürlich, dass sie unbewusst bleiben; auch Menschen mit Bewusstsein zeigen diese Reaktionen. Es heißt lediglich, dass wir nichts Genaues darüber sagen können. Und im Fall von Kate konnten wir dies auch nicht, so revolutionär und aufregend ihre Reaktion im PET-Scanner auch gewesen sein mochte.

Nichts von alldem hielt uns davon ab, darüber nachzudenken und zu sprechen. Als unser Aufsatz über Kates ungewöhnlichen Fall in *The Lancet* erschien, einer der ältesten (1823 gegründet) und renommiertesten medizinischen Fachzeitschriften, gab es einigen Medienrummel.[1] Mein Kollege David Menon und ich traten im BBC-Morgenfernsehen auf. Ich saß nervös im Studio, deutete auf das lebensgroße Plastikmodell eines menschlichen Gehirns und erklärte die Funktion des Gyrus fusiformis. David fügte hinzu: »Stellen Sie sich einmal vor, was passieren würde, wenn aufgrund einer Hirnverletzung oder Gehirnerkrankung nicht einmal Augenbewegungen möglich wären. Wenn wir keine Reaktion seitens des Patienten erhielten, wüssten wir nicht, ob er nicht reagiert oder nicht reagieren kann. Es ist wahrlich ein Schreckensszenario.«

Wenn ich mir heute das körnige Videomaterial von damals anschaue, wird mir klar, welche seltsamen Zufälle und günstigen Umstände uns bis dahin gebracht hatten. Hätte Maureen nicht ihren Unfall erlitten, wäre vielleicht mein Interesse am Wachkoma nicht geweckt worden; vielleicht hätte ich überhaupt nicht mitbekommen, was das wirklich bedeutet. Aber das Nachdenken über die Frage, was im Gehirn von Menschen wie Maureen vor sich geht, hatte einen Keim gelegt; und Kate bot mir die Gelegenheit zu experimentieren. Was aber wäre geschehen, wenn Kates Gehirn nicht reagiert hätte? Was, wenn sie einfach eingeschlafen wäre? Unsere Reaktion auf dieses ergebnisoffene Experiment hätte auch so ausfallen können: »Ach nein, es lohnt sich nicht, das zu wiederholen. Wenden wir uns etwas anderem zu.« Es war ein erstaunlich glücklicher Umstand, dass Kate eine Patientin war, bei der sich im Innersten tatsächlich noch etwas regte.

Sie war es, die uns den Anstoß gab, nach anderen Fällen wie dem ihren zu suchen. Ich fragte mich ständig, ob sich vielleicht auch bei Maureen noch etwas regte.

Einige Monate später begann Kate zu genesen, und man verlegte sie in eine spezialisierte Reha-Klinik in einem Dorf unweit von Cambridge. Ich wurde laufend über ihren Fortschritt unterrichtet. Kate fing allmählich an, auf Fragen zu antworten, Bücher zu lesen und fernzusehen. Ihr Denk- und Urteilsvermögen bewegten sich im Normalbereich, allerdings blieb sie körperlich schwer behindert. Teile ihres Gehirns, die das Gehen und Sprechen steuerten, waren geschädigt worden.

Warum erholte sich Kate wieder?[2] Die Ärzte gingen zu jener Zeit davon aus, dass Patienten in monatelangem Wachkoma *nie* wieder gesund werden. Hatte Kates Pflegepersonal angesichts unserer Scanergebnisse seine Einstellung und sein Verhalten gegenüber der Patientin geändert? Schenkte man ihr mehr Aufmerksamkeit? Investierte man mehr Zeit in ihre Rehabilitation und trieb man sie stärker an? Trug all das zu ihrer Genesung bei?

Aus psychologischen Studien geht hervor, welch verheerende Auswirkungen eine soziale Isolation auf das Gehirn haben kann. Stellen Sie sich vor, Sie würden tagelang, wochenlang, ja monatelang wie ein Gegenstand behandelt oder vollkommen ignoriert. Das ist wohl die schlimmste Form gesellschaftlicher Ausgrenzung. Wie sollte jemand so etwas überwinden können? Welche Erleichterung muss es für Kate gewesen sein, dass man mit ihr redete, ihr vorlas und sie in jedes Gespräch einbezog. Wir wissen nicht, wie sich solche Zuwendung auf das Gehirn auswirkt, aber es steht wohl außer Zweifel, dass es mental aufbaut.

Kates Erinnerungen an ihr Wachkoma klingen erschütternd. »Die Ärzte sagten, ich könne keinen Schmerz empfinden«, schrieb sie über ihr Martyrium. »Sie irrten sich gewaltig.«

Sie litt grauenvoll, wenn aus ihrer Lunge Schleim abgesaugt wurde. »Ich kann gar nicht sagen, wie beängstigend das war, besonders das Absaugen durch den Mund.« Häufig überkam sie ein heftiges Durstgefühl, das sie nicht mitteilen konnte. Manchmal schrie sie laut auf. Die Pfleger dachten, es sei ein Reflex. Sie erklärten ihr nie, was sie jeweils mit ihr machten.

Kate versuchte, sich das Leben zu nehmen, indem sie die Luft anhielt – eine allzu häufige Vorgehensweise bei Menschen in der Grauzone, die über ein Bewusstsein verfügen. »Ich konnte meine Nase nicht daran hindern zu atmen. Mein Körper schien nicht sterben zu wollen.«

Durch den ersten Kontakt mit Kate und ihre anschließende Genesung wurden mehr Fragen aufgeworfen als beantwortet. Wann kam sie zu Bewusstsein? Welche Teile des Gehirns sind für diesen Prozess entscheidend? Welche helfen zusätzlich? Ich kam mir vor, als wäre ich in die Unterwelt vorgedrungen und hätte dort jemanden überredet, mir wieder nach draußen zu folgen. Kate schien Ähnliches zu empfinden. Einige Jahre, nachdem wir sie gescannt hatten, lebte sie wieder bei ihren Eltern in Cambridge und schrieb mir:

Lieber Adrian,
bitte nutzen Sie meinen Fall, um den Menschen zu zeigen, wie wichtig die Scans sind. Ich möchte, dass mehr Menschen davon erfahren. Ich bin inzwischen ein großer Fan davon. Ich reagierte nicht mehr und schien ein hoffnungsloser Fall zu sein, aber das Scannen zeigte, dass sich in mir noch etwas regte.
Es wirkte wie Magie. Es hat mich gefunden.
Herzliche Grüße

Kate

Kate und ich blieben über die Jahre in Kontakt, meist per E-Mail. Bisweilen schrieb sie vier oder fünf Mal in der Woche, manchmal hörte ich monatelang gar nichts. Ich fühlte mich dauerhaft und eng mit Kate verbunden, und dies wirkte sich tiefgreifend auf mich und meine Arbeit aus. Sie war und blieb Patient Nr. 1 – die Person, auf die ich verwies, wenn ich in Vorträgen schilderte, wie diese Reise begann. Ein enges Band vereinte uns. Jeder von uns hatte das Leben des anderen verändert.

Wenn ich mir jetzt diese E-Mails anschaue, wird mir klar, dass Kates Leben trotz ihrer wundersamen »Genesung« alles andere als einfach war. »Hatte ein schlimmes Jahr. Es war überhaupt nicht schön. Beide großen Zehen wurden amputiert. Ein schrecklicher Krankenhausaufenthalt«, schrieb sie einmal. Ich war erschüttert, als ich das las. Dann mailte sie: »Tut mir leid, dass ich in meiner letzten Mail so niedergeschlagen klang. Die Weihnachtszeit war sehr schlimm für mich, daher fühlte ich mich nicht gut.«

Die E-Mails offenbarten ihre Stimmungsschwankungen. Zwischen Anflügen von Verzweiflung kam jedoch eine absolute Willensstärke zum Vorschein. Kate ließ sich nicht unterkriegen, trotz all dem, was sie durchgemacht hatte. »Ich glaube, meine Willenskraft hat mir am meisten geholfen. Ich war immer resolut.«

Im Juni 2016, fast auf den Tag genau 20 Jahre nach ihrer Hirnverletzung, besuchte ich Kate in Cambridge. Ich flog von Kanada nach Heathrow und fuhr mit dem Zug nach Cambridge. Es regnete in Strömen, als ich ausstieg. In Cambridge schien es immer stark zu regnen. Und es war ein kühler Regen, die Plage britischer Sommer. Ich fühlte mich an meine Jugendzeit und verregnete Familienurlaube an den Stränden Südenglands erinnert. Mein Gepäck war in Toronto hängengeblieben, und so hatte ich nur meine alte Canon-

Kamera und die Kleidung, die ich trug – nicht einmal einen Mantel.

Während sich das Taxi durch die engen Landsträßchen schlängelte, war ich ziemlich angespannt. Es war mehr als sieben Jahre her, seit ich Kate zuletzt gesehen hatte – etwa ein Jahr bevor ich dauerhaft von Großbritannien nach Kanada gezogen war. Damals wohnte Kate bei ihren Eltern, Gill und Bill. Wir saßen zusammen und tranken Tee. Ich stellte ihr Fragen zu ihrem Leben, und sie antwortete, langsam und systematisch, indem sie auf Buchstaben auf einer Tafel deutete. So bemerkenswert ihre Genesung auch gewesen war, ihr Sprechvermögen war immer noch recht eingeschränkt geblieben, und ich hatte kaum etwas von dem verstanden, was sie sagte. So war es damals gewesen. Bei diesem Besuch freute ich mich nicht unbedingt darauf, das Ganze abermals durchzuspielen – Buchstabe für Buchstabe, Satz für Satz zu kommunizieren –, und ich war mir ziemlich sicher, dass Kate auch keine große Lust darauf hatte. Aber sie hatte zugestimmt, sich mit mir zu treffen, und dafür war ich dankbar und bereit, alles zu tun, um es ihr leicht zu machen. Es wäre ein guter Einstieg, sich noch mehr Mühe zu geben, ihre gebrochenen Äußerungen zu verstehen, dachte ich.

Meine Stimmung hellte sich auf, als das Taxi in einem ruhigen, heimeligen Viertel außerhalb von Cambridge in Kates Straße bog und es plötzlich zu regnen aufhörte. Die Sonne brach durch die Wolken. Ein gutes Zeichen? Mir fiel auf, dass Kates Haus, genau wie die ringsumher, nur ein Stockwerk hatte. Rollstühle und Treppen vertragen sich nicht. Dies war eine Siedlung von Sozialwohnungen, die vom Staat betrieben wurde. Kate wohnte hier, weil sie kein Einkommen hatte und Behindertenfürsorge erhielt; sie musste keine Miete bezahlen, und auch für ihre Lebenshaltungskosten kam der Staat auf.

Ich klingelte. Eine gut gelaunte Hauspflegerin öffnete die Tür und stellte sich als Maria vor. Sie schüttelte mir herzlich die Hand und führte mich hinein. Der staatliche Gesundheitsdienst kam für Kates Rundumversorgung auf.

Maria führte mich in das gemütliche Wohnzimmer. Dort saß Kate behaglich in ihrem elektrischen Rollstuhl.

»Schönen guten Tag!«, sagte ich und umfasste ihre beiden Hände. »Ich habe Blumen mitgebracht.«

»Ich danke Ihnen vielmals«, antwortete Kate, ohne jegliches Stocken. »Die sind wirklich hübsch.«

Die sind wirklich hübsch. Ich war verblüfft. Kate hatte gerade frei gesprochen. Ohne Buchstabentafel, fließend und deutlich. *Kate konnte sprechen!*

»Sie können ja erstaunlich gut sprechen!«, platzte ich heraus.

»Ich habe mir das Sprechen wieder beigebracht!«, erwiderte sie und zeigte dabei ein einnehmendes Lächeln, das genau verriet, wie zufrieden sie mit sich war. »Ich rede nun mal gern.«

»Macht es Ihnen etwas aus, wenn ich unsere Unterhaltung aufzeichne?«

Sie schaute mich verdrießlich an. »Ich mag es nicht, meine eigene Stimme zu hören.«

Nach einigem scherzhaften Hin und Her willigte sie schließlich ein.

»Wie fühlte es sich an, als Sie nach Ihrer Phase ohne Bewusstsein zum ersten Mal wieder aufwachten?«, wollte ich wissen.

»Ich kam mir vor wie im Gefängnis. Ich hatte keine Ahnung, wo ich war.«

»Was war das Letzte, an das Sie sich erinnern?«

»Ich war in der Schule, wo ich als Lehrerin arbeitete; ich war beim Mittagessen. Als ich aufwachte, hatte ich nicht das Gefühl, ich hätte geschlafen. Ich war plötzlich einfach *da*.«

»Ich hatte den Eindruck, Sie erlangten Ihr Bewusstsein ganz allmählich wieder.«

»So war es – anfangs nur für kurze Zeit und dann jeden Tag ein klein wenig mehr. Das Bewusstsein kehrte langsam wieder zurück. Beim allerersten Mal, als das Bewusstsein den ganzen Tag über anhielt, war eine Beschäftigungstherapeutin bei mir. Sie hieß Jackie. Sie war die einzige Person in jener Anfangszeit, die mir sagte, wie sie heißt und was sie macht. Nur sehr wenige Menschen sagten mir ihren Namen.«

»Warum, glauben Sie, war das so?«

»Die dachten, ich sei nicht ich. Sie dachten, ich sei bloß ein Körper. Es war schrecklich. Ich konnte immer noch etwas fühlen. Ich war immer noch ein menschliches Wesen. Ich war unglaublich wütend im Inneren. Entscheidend war, dass ich nicht wusste, wo ich war und warum ich dort war. Ich dachte, ich hätte das Gehen verlernt.«

»Niemand sagte Ihnen, wo Sie waren?«

»Ich konnte ohnehin nicht hören. Nur Lärm konnte ich hören. Nichts was gesprochen wurde.«

Kates Schilderung entsetzte mich. Ich dachte zurück an die Zeit, als wir sie gescannt hatten, als wir den ersten Kontakt aufgenommen hatten. Im Nachhinein war es nun offensichtlich, dass wir vor all diesen Jahren auf etwas unglaublich Wichtiges gestoßen waren. Ein Teil von Kate war noch präsent gewesen, und das war in unseren anfänglichen Scans vielleicht widergespiegelt worden. In den Wochen und Monaten, die folgten, musste sie so viel Schreckliches durchmachen, dass sich der Gedanke aufdrängte, wir hätten mehr für sie tun können. Hätten wir uns stärker dafür einsetzen sollen, dass *jeder* sie als menschliches Wesen behandelte? Hätten wir mit mehr Nachdruck Anweisungen an die Pfleger und Betreuer aller Patienten dieser Art erteilen sollen? In

Wahrheit wussten wir damals einfach nicht, was wir heute wissen, und auf diese Weise »Alarm zu schlagen« wäre voreilig gewesen. Es hätte vielleicht dazu geführt, dass bei unzähligen Familien wie der von Kate unberechtigte Hoffnungen und Erwartungen geweckt worden wären. Damals hatten wir nur einen winzig kleinen Hinweis darauf, dass ein Teil von Kates Gehirn noch genauso funktionierte wie vor ihrer Hirnschädigung. Ob das hieß, dass sie über ein Bewusstsein verfügte, konnten wir nicht sagen, und dies anzunehmen wäre sowohl unbegründet als auch unwissenschaftlich gewesen. Trotzdem bekümmerte mich 20 Jahre später der Gedanke, dass wir mehr hätten tun können, um Kates Leiden zu verringern.

Kate sprach über die Krankheit, die sie in die Zwischenwelt verbannt hatte. »Ich wüsste gern, warum mir das passiert ist. Man sagt mir, das werde ich nie herausfinden. Manchmal denke ich, es muss meine Schuld sein. Gott bestrafte mich.«

»Sind Sie gläubig?«

»Nein, nicht im Sinne von religiös. Aber ich glaube an etwas. Ich glaube an meinen Kopf. Ich gehe nicht in die Kirche. Auch früher ging ich nicht in die Kirche. Ich war nie religiös. Aber ich kam dahinter, dass mir mein Glaube sehr geholfen hat. Es ist schwer, nicht aufzugeben. Ich brauche einen Beweggrund. Mein Gehirn wird nicht aufgeben. Ich kann nicht weinen. Mir sind die Tränen ausgegangen. Es ist schrecklich. Wirklich schrecklich. Es gibt kaum etwas Schlimmeres.«

Ich fragte sie, was sie mit einer Äußerung in einer ihrer ersten E-Mails an mich gemeint hatte – dass der Scan sie »gefunden« habe.

»Der Scan hat mich im Inneren ausfindig gemacht. Ich hatte kein Bewusstsein. Ich denke, ich wollte einfach nur schlafen, weil mein Gehirn sich so extrem anstrengen musste, um zu sehen.« Ich vermutete, Kate meinte meine damalige

Anweisung, im Scanner Fotos zu betrachten, und ich wollte schon nachfragen, aber ich wollte ihren Gedankengang nicht unterbrechen. »Selbst jetzt fällt es mir sehr schwer, Filme anzuschauen. Ich kann die erste Stunde oder eine halbe Stunde zuschauen, und dann schlafe ich ein. Ich kann den neuen Bridget-Jones-Film kaum erwarten. Ich bin ganz verrückt nach meinem E-Book-Reader. Ich habe jede Menge Bücher gelesen. Moderne Bücher lese ich nicht. Ich lese alte Bücher. Ich mag Jane Austen. Ihre Helden sind toll. Moderne Bücher erinnern mich an das, was mir verlorengegangen ist. Mein Gehirn arbeitet immer weiter. Meine Genesung verdanke ich meinem Gehirn. Ich dachte, ich würde einfach aufgeben, aber mein Gehirn gibt nicht auf. Ich kämpfe jeden Tag gegen mein Gehirn an. Es macht nicht, was ich will.«

»Was meinen Sie damit?«

»Mein Gehirn zwingt meinen Körper, Dinge zu tun, die ich nicht tun will. Etwa wenn mein Bein sich verkrampft. Es mag mich nicht. Mein Gehirn mag mich nicht. Es gibt nicht auf. Es ist über Kreuz mit mir. Früher fühlte ich mich wie *eine* Person, jetzt fühle ich mich wie zwei. Das alte Ich, vor meiner Erkrankung, war ein ganz anderer Mensch. Es kommt mir so vor, als wäre ich gestorben. Und nun bin ich wieder am Leben.«

Kate erzählte mir ausführlich über dieses seltsame Gefühl der Gespaltenheit – ihr Gefühl, dass sie jetzt nicht mehr der Mensch sei, der sie früher war. In einer Hinsicht hatte sie durchaus recht: Viele Aspekte ihres Lebens hatten sich vollkommen verändert; dies waren jedoch weitgehend körperliche Veränderungen. Ich wollte von ihr hören, dass ihr Geist – jener Teil von ihr, der letztlich ihr Wesen bestimmte – gleich geblieben war; dass sie vielleicht etwas lädiert, aber überwiegend unversehrt aus der Zwischenwelt zurückgekehrt sei. Aber für Kate schien genau das Gegenteil der Fall zu sein.

Sie hatte das Gefühl, dass selbst ihr eigenes Gehirn gegen sie arbeitete. Etwas in Kate hatte sich verändert, etwas in ihr war in der Grauzone verlorengegangen.

Ich fragte Kate, ob sie mir etwas sagen wollte, wonach ich nicht gefragt hatte. »Eines darf nicht vergessen werden: Ich bin ein menschliches Wesen, genau wie Sie, und ich habe Gefühle, genau wie Sie.«

Ich verabschiedete mich von Kate und ging zu meinem wartenden Taxi. Als wir aus ihrer ruhigen Vorortgegend in das Stadtgewühl von Cambridge zurückkehrten, fing es wieder an zu schütten. Ich musste an all das denken, was ich von Kate erfahren hatte. Die Zwischenwelt ist eine düstere Sphäre, aber Kate hatte mir gezeigt, dass es möglich ist, aus ihr zurückzukehren. Das menschliche Gehirn verfügt über erstaunliche Selbstheilungskräfte. Kate hatte mir zudem klargemacht, dass der innerste Wesenskern eines Menschen, das eigene »Ich«, die schlimmsten Traumata überstehen kann. Ihr Geist war nicht erloschen, trotz ihrer schweren Schicksalsprüfungen.

3

Die Abteilung

König Artus: »Einen Baum mit einem Hering fällen? Das geht nicht.«

Monty Python and the Holy Grail
(Der Ritter der Kokosnuss)

Kurz nachdem ich von Montreal nach Cambridge zurückgekehrt war, gründete ich mit ein paar Freunden von der Universität eine Band namens *You Jump First*. Wir traten meist in Pubs in der näheren Umgebung auf. Ich sang und spielte gleichzeitig E-Bass, aber das war keine gute Idee. Nur sehr wenige Musiker haben das geschafft (Sting, Paul McCartney und ein paar andere). Ich wechselte schon bald zur akustischen Gitarre, und wir fanden unseren Sound – keltisch angehauchten Pop-Rock mit einer Prise Bruce Springsteen. Wir nahmen an Wettbewerben teil, sowohl vor Ort als auch überregional. Einer dieser Wettbewerbe fand in Hertford statt, einer kleinen Stadt im Süden Englands, nicht weit von St. Albans, wo Maureens Bruder Phil wohnte, ein Informatiker, der für den Netzwerkausrüster 3Com Software entwickelte. Phil war groß und schlank und erinnerte mich an Maureen; die beiden hatten genau die gleichen Zähne. Ich lud ihn zu unserem Auftritt ein, und er kam und feuerte uns an. Anschließend fragte ich ihn nach Maureen.

Sie lebte noch immer in Schottland, nicht weit von ihrem Heimatort Dalkeith nahe Edinburgh. Ihre Eltern hofften, sie in den kommenden Monaten in ein nähergelegenes Pflegeheim verlegen zu können. Abgesehen davon, so Phil, gebe es nichts Neues zu berichten. Seit Maureens Hirnverletzung waren fast zwei Jahre vergangen, und ich fragte mich, ob sie sich je erholen werde. Ich erzählte Phil von Kate, ihren überraschenden Scan-Ergebnissen und den Chancen, die sich damit für Patienten wie Maureen eröffneten. Wir versprachen einander, in Kontakt zu bleiben.

Der Artikel über den Fall Kate, der 1998 in *The Lancet* erschien, war ein Meilenstein für Cambridge und markierte einen entscheidenden Richtungswechsel in meiner wissenschaftlichen Laufbahn. Ich war mir damals überhaupt nicht sicher, wie es weitergehen sollte. Ich verfügte über keinerlei Gelder, abgesehen von meinem eigenen Gehalt, und hatte kein Labor im eigentlichen Sinn, lediglich ein Büro mit einem Computer. Ich war gänzlich auf das Wohlwollen und die Forschungsstipendien meiner Kollegen angewiesen.

Dann spielte mir ein glücklicher Zufall eine Karte zu, die alles veränderte. Man offerierte mir eine Stelle an der Abteilung für Angewandte Psychologie (AAP, *Applied Psychology Unit*) beim *Medical Research Council* (MRC, einer staatlichen Einrichtung, die medizinische Forschung in Großbritannien fördert); diese Medizinforschung hat inzwischen dreißig Nobelpreisträger hervorgebracht. Meine Tätigkeit am Addenbrooke's Hospital und die Finanzierung meines Gehalts war auf drei Jahre beschränkt. Der Job bei der AAP war unbefristet und die Aussicht auf eine Festanstellung und eine mögliche Professur war zu verlockend.

Die AAP war 1944 in Cambridge gegründet worden und hatte der Psychologie mehr als ein halbes Jahrhundert lang ein ausgesprochen britisches Gepräge verliehen. Hier glückten zahlreiche Durchbrüche im Verständnis von Gedächtnis, Aufmerksamkeit, Emotion und Sprachfähigkeit. Der Arbeitsalltag der Forscher wurde zweimal am Tag durch eine

Teezeremonie im Gemeinschaftsraum und, wenn es das Wetter erlaubte, eine Partie Krocket auf dem Rasen unterbrochen. Auf der Gehaltsliste der Abteilung stand auch ein älterer, etwas gebückt gehender Gentleman mit schütterem weißem Haar; er hieß Brian und hatte vor allem die Aufgabe, Tee und Kaffee zuzubereiten und auf einem ebenso altertümlichen Teewagen feierlich zu kredenzen. Zu besonderen Anlässen, etwa wenn jemand Geburtstag hatte, bekamen wir auch Gebäck, aber zumeist nur Tee und Kaffee, einmal am Vormittag und einmal am Nachmittag. Uns war nie klar, was Brian zwischen diesen Serviergängen machte, und es kam mir nie in den Sinn zu fragen. Der Gemeinschaftsraum erinnerte noch immer an den vornehmen Salon, der er früher vermutlich gewesen war; der große Kamin wurde allerdings nicht mehr benutzt, und der Kronleuchter war wohl schon vor einem halben Jahrhundert von der Stuckdecke genommen worden. Das weihnachtliche Pantomimenspiel der Abteilung war legendär – eine ausgesprochen britische Tradition, bei der Männer gern die Gelegenheit ergreifen, sich mit Frauenkleidung, Lippenstift und Perücke herauszuputzen und sich in die Femme fatale ihrer Wahl zu verwandeln. Da ich meine prägenden Jahre am Knabengymnasium von Gravesend verbracht hatte, an dem solche Events alltäglich waren, kamen mir die Verhältnisse an der AAP kein bisschen seltsam vor.

Die AAP residierte in einem riesigen Herrenhaus aus der Zeit Edwards VII. an der Chaucer Road, einer ruhigen Straße mit viel Grün etwas südlich des Stadtzentrums von Cambridge. Ursprünglich war sie ein Teil der Psychologischen Fakultät gewesen. Im Jahr 1952 war der dritte Direktor, Norman Mackworth, jedoch der Meinung, die Abteilung sei über den verfügbaren Raum innerhalb der Fakultät hinausgewachsen. Als er von einem hübschen alten Herrenhaus am Rand der Innenstadt mit einem sehr großen Garten und einem herrlichen Krocketrasen hörte, kaufte er das Anwesen aus eigenen Mitteln und teilte dem Medical Research Council mit, dies sollten die neuen Räumlichkeiten der AAP sein. Ich bin mir sicher, so etwas kommt nur in Cambridge vor.

Mitte der 1960er Jahre bestand das Personal aus adretten Wissenschaftlern, natürlich fast alle männlichen Geschlechts, die in Tweedjacken und mit Ascot-Krawatten herumstolzierten, Pfeife rauchten, an Knöpfen drehten und gelegentlich ein Glas Sherry schlürften. Dies war eine sehr britische Art, Forschung zu betreiben, und etwas Britischeres als Cambridge in den 1960er Jahren war kaum denkbar. Es überrascht kaum, dass am Ende des Jahrzehnts die Hälfte des Monty-Python-Teams aus Cambridge hervorgegangen war.

Die Arbeit an der AAP ähnelte nicht selten einem Monty-Python-Sketch. Ein Test, den ich organisierte, sollte die »Beharrungstendenz« messen; bei diesem psychischen Phänomen zeigt sich der starke Einfluss des ersten Eindrucks, der einen dazu zwingt, unwillkürlich immer wieder das Gleiche zu tun. Mein Patient litt unter einer Schädigung des Frontallappens. Ich forderte ihn auf, so viele Wörter mit dem Anfangsbuchstaben F aufzuzählen, wie ihm einfielen, dann Wörter mit A und schließlich mit S. Die meisten Menschen ohne Hirnschäden nennen Wörter wie »Fach, Feld, Fuchs, Falke, Frost …«, bis ihnen keines mehr einfällt. Mein Patient begann mit »Fünf, fünfzehn, fünfzig, fünfhundert«. Ich stellte mich auf einen langen Testtag ein, als er fortfuhr: »Fünfhunderteins, fünfhundertzwei, fünfhundertdrei …«.

»Stopp!«, sagte ich. »Versuchen wir es mit einem anderen Buchstaben. Nehmen Sie ›S‹.«

Flink wie ein Wiesel rief er: »Das ist leicht! Sechs, sechzehn, sechsundsechzig …«

Im Jahr 1997 herrschte eine klare Trennung – und eine Art Spannung – zwischen der Abteilung für Angewandte Psychologie und der Fakultät für Experimentelle Psychologie, in der ich 1988/89 als wissenschaftlicher Mitarbeiter tätig gewesen war. Beides waren angesehene Einrichtungen in Cambridge, doch sie waren ganz verschieden ausgerichtet. In der AAP konnte man beispielsweise analysieren, wie sich der Mensch an Zahlenreihen erinnert. Die meisten von uns können Sequenzen von fünf oder sechs Zahlen, die ihnen vorgesagt werden, richtig wiederholen. Wir schaffen auch längere Sequenzen, wenn wir diese aufteilen; die Zahl 362785 beispielsweise lässt sich einprägen, wenn man sich 362 gefolgt von 785 merkt.[1]

Und entsprechend einfacher ist es, sich eine lange Zahlenreihe zu merken, wenn darin Wiederholungen vorkommen. Wir können problemlos eine zwölfstellige Zahl memorieren, wenn sie etwa folgende Form hat: 497497497497. Man muss sich nur einprägen, dass sich die Abfolge 497 viermal wiederholt. Das menschliche Gehirn ist bestens in der Lage, Wiederholungen zu erkennen und Informationen in einprägsame Einheiten aufzuteilen, und häufig ist uns gar nicht richtig bewusst, wie dies vonstattengeht. Wir sind uns bewusst, dass es geschieht, doch zumeist läuft dies automatisch ab, als unbewusster Prozess, der uns bewusst werden kann, aber häufig erst im Nachhinein.

In einer ausgeklügelten Studienreihe in der AAP wies mein ehemaliger Student Daniel Bor nach, dass dieser Prozess der Erinnerungsspeicherung, durch den Informationen so umgepackt und angeordnet werden, dass sie später leichter wieder abrufbar sind, von Gehirnregionen ausgeführt wird, die mit dem Generalfaktor der Intelligenz (g-Faktor, messbar mithilfe von IQ-Tests) in Verbindung gebracht werden.[2] Dies alles erscheint sehr sinnvoll, wenn man darüber nachdenkt.

»Intelligenz« hängt von viel mehr ab als nur von Memorieren. Sie hängt davon ab, was wir mit dem Erinnerten anfangen, welchen unterschiedlichen Nutzen wir daraus ziehen. Und das hat damit zu tun, wie wir Erinnerungen abspeichern, ordnen und katalogisieren, damit sie später leicht abrufbar sind. Kurzum: Die Art, wie wir unsere Erinnerungen organisieren, beeinflusst fast jeden Aspekt der kognitiven Funktionen und gewährt manchen Menschen einen Wettbewerbsvorteil in fast jedem Lebensbereich, der davon abhängig ist. Das Aufspalten von Zahlen- und Buchstabenreihen ist die einfachste Form dieses Prozesses. Wer dies lernt, kann sich Telefonnummern, Adressen, Autokennzeichen und vieles mehr besser merken. Wie Ella Fitzgerald einst sang: »Es zählt nicht, was du tust, sondern wie du es tust.«

Sowohl in der AAP als auch an der Psychologischen Fakultät untersuchte man, wie das menschliche Gehirn Gedächtnisprozesse organisiert, allerdings mit unterschiedlichen Ansätzen. An der Fakultät analysierte man eher das Arbeitsgedächtnis und Phänomene wie das »Aufspalten« aus einer bestimmten Perspektive und ging etwa der Frage nach, warum der Verlust an Dopamin in den Basalganglien bei Parkinson-Patienten das Arbeitsgedächtnis beeinträchtigt oder warum Medikamente wie Ritalin das Arbeitsgedächtnis von Gesunden optimieren kann.

Diese beiden konträren Bereiche – der *psychologische* und der *neurowissenschaftliche* – wurden 1997, als ich zur AAP kam, zusammengeführt und vereint. Die Kognitive Neurowissenschaft, in der sich Aspekte von Psychologie, Neurowissenschaft, Physiologie, Computerwissenschaft und Philosophie verbanden, war total angesagt. Sie bot Nichtmedizinern (wie mir) eine legitime Plattform, um auf der Suche nach neuen Erkenntnissen viele verschiedene Patiententypen zu studieren.

Ich wurde aufgrund meiner bestehenden Verbindungen zum Wolfson-Hirn-Scan-Zentrum in der AAP eingestellt, um den geplanten Vorstoß in den Bereich Gehirn-Scanning zu leiten. Die AAP besaß keinen eigenen Scanner; der Scanner befand sich im Wolfson-Zentrum am Addenbrooke's Hospital. Er war sehr begehrt bei der neuen Generation kognitiver Neurowissenschaftler, die darauf versessen war, das menschliche Gehirn unter die Lupe zu nehmen. Ein Deal wurde vereinbart: Die AAP mietete den Wolfson-Scanner zeitweise, und ich war dafür verantwortlich, Nutzeranträge zu prüfen, die Zeitfenster zu vergeben und die ganze Einrichtung am Laufen zu halten. Und so kam es, dass ich im Juli 1997 in das Herrenhaus an der Chaucer Road umzog und sofort Zugang zu Forschungsmitteln bekam. Alle fünf Jahre wurden bis zu 25 Millionen Pfund vergeben; sämtliche Gehälter, Betriebskosten, Sonderausgaben und nicht zuletzt Brian und das kleine Heer von Gärtnern, die den Krocketrasen pflegten, wurden aus diesem Topf bezahlt.

Schon bald war ich von Menschen umgeben, die mit ähnlich großem Eifer zu verstehen suchten, wie das Gehirn funktioniert, und vor allem jede verfügbare neue Apparatur nutzen wollten, um die Grenzen der Neurowissenschaft zu sprengen. Wir waren wie berauscht von der Macht, die diese neuen Gehirn-Scanner uns verliehen. Wir dachten, es wäre nur eine Frage der Zeit, bis wir aller Welt verkünden konnten, was jeden Einzelnen von uns ausmacht – was den Menschen zum Menschen macht. Die Abteilung mit dem trockenen britischen Humor und den Verschrobenheiten, die dort herrschten, bot mir die ideale wissenschaftliche Umgebung, um herauszufinden, wie es in der Zeit nach Kate weitergehen sollte.

Da trat Debbie auf den Plan.

4

Halbwertszeit

Jeder deiner Gedanken ist ein Geist, der tanzt.

Alan Moore

Debbie, eine dreißigjährige Bankfilialleiterin, wurde nach einem Frontalzusammenstoß in ihrem Auto eingequetscht, und dabei erlitt ihr Gehirn akuten Sauerstoffmangel. Diese fatale Sachlage tritt überraschend häufig auf und ist mir seither schon viele Male begegnet. Auf der Intensivstation des Addenbrooke's Hospital zeigte Debbie keinerlei Pupillenreaktion, ein sehr schlechtes Zeichen, das auf eine Verletzung oder Stauchung des dritten Hirnnervs und des oberen Teils des Hirnstammes hindeutet.

Selbst die geringste Schädigung des Hirnstammes kann sich katastrophal auswirken; sie stört den Schlaf-Wach-Rhythmus, die Herzfrequenz, die Atmung und sogar das Bewusstsein. Sensorische Signale an den Thalamus, eine wichtige Schaltzentrale des Gehirns, werden unterbrochen; dies betrifft Signale, die sich auf das Hören, Schmecken, den Tastsinn und das Schmerzempfinden beziehen. Schon die kleinste Verletzung des Hirnstammes kann ein Koma hervorrufen. Bei vielen Patienten in der Neurochirurgie, denen ich als Doktorand begegnet war, hatte man große Teile des Cortex – manchmal von der Größe einer Mandarine – chirurgisch entfernt, um einen Tumor zu beseitigen oder Epilepsie zu unterbinden. Ihre geistigen Fähigkeiten waren dadurch nur geringfügig beeinträchtigt worden. Sehr große Teile des Gehirns können beschädigt sein oder vollkommen entfernt werden, ohne dass dies größere Störungen hervorruft, wohingegen eine winzige Läsion in einem wichtigen Knotenpunkt wie dem Hirnstamm oder dem Thalamus verheerende Folgen nach sich ziehen kann.

Vierzehn Wochen nach Debbies Unfall waren ihre Pupillen immer noch geweitet und ohne Reaktion. Sie war doppelt inkontinent (konnte also weder Blase noch Darm kontrollieren), wurde durch eine Magensonde ernährt, musste rund um die Uhr versorgt werden und zeigte keinerlei Reaktionen. Die Diagnose lautete »Syndrom reaktionsloser Wachheit«. Ihre Angehörigen meinten allerdings, Debbie würde gelegentlich auf sie ansprechen, besonders wenn sie entspannt sei. An ihrem Krankenbett fanden wir keine Anzeichen einer Reaktion. Bei schmerzhaften Stimuli zuckte sie zusammen, etwa wenn man Druck auf einen Fingernagel ausübte. Solch eine Antwort erfolgt jedoch rein reflexartig und zeigt sich häufig bei Wachkomapatienten; es deutet nicht unbedingt auf ein Bewusstsein hin.

Berührt man versehentlich eine heiße Herdplatte und zieht blitzschnell die Hand zurück, so geschieht dies automatisch; an dieser unmittelbaren Reaktion sind nur die Nervenzellen des Rückenmarks beteiligt, nicht das Gehirn. Es würde viel zu lang dauern, wenn die Meldung »heiß!« durch den ganzen Arm zum Rückenmark und dann weiter bis zum Gehirn übertragen werden müsste, um zu *beschließen*, die Hand zurückzuziehen, und erst dann das entsprechende Signal zurück an Arm und Hand zu senden. Schmerzhafte Reize wie der Druck auf einen Fingernagel oder das Fühlen einer heißen Herdplatte lösen eine gleichsam festverdrahtete, automatische Reaktion aus, die uns sehr wenig über einen Patienten in der Grauzone verrät. Diese Reaktionen treten auf, egal ob das Gehirn irreparabel geschädigt ist oder nicht.

Wir scannten Debbie im Jahr 2000 insgesamt zwölfmal.

Jeder Scan dauerte 90 Sekunden; dies ist die optimale Zeitspanne, um die besten Bilder des Gehirns in Funktion zu erhalten, bevor die radioaktive Markierungssubstanz ^{15}O (Sauerstoff-15) so stark zerfällt, dass sie nicht mehr messbar ist.

Wie die meisten radioaktiven Materialien, die bei der medizinischen Behandlung und Forschung zum Einsatz kommen, wird Sauerstoff-15 in einem Zyklotron (einer Art Teilchenbeschleuniger) erzeugt. Solch ein Kreisbeschleuniger stand im Keller des Addenbrooke's Hospital, abgeschottet hinter dicken Betonmauern, um die Strahlung abzuschirmen. Von dort wurde das Radioisotop nach oben in das Scan-Zentrum gepumpt und dem Patienten, der im Scanner lag, per Infusion in den Arm geleitet.

Wenn ^{15}O in den Blutstrom gelangt, dringt es in die rechte Herzkammer ein, dann in die Lunge, von dort in die linke Herzkammer und schließlich ins Gehirn. Dieser Prozess dauert 15 bis 30 Sekunden.

Sauerstoff-15 hat eine Halbwertszeit von 122,23 Sekunden.[1] Das ist nicht viel länger als die Dauer eines PET-Scans. Aber mit dieser Methode liefert jeder Scan ein Abbild des Blutflusses. Ab dem Zeitpunkt, da der Marker in das Gehirn strömt, wird über einen Zeitraum von 90 Sekunden ein Durchschnittswert ermittelt. So offenbart ein konstant zerfallender Fluss von Radioaktivität die Geheimnisse des Gehirns.

Damit wandten wir genau die Methodik an, die wir in Montreal entwickelt hatten. Manche Bereiche des Gehirns arbeiten intensiver als andere, je nachdem was der Betreffende denkt, macht oder fühlt. Besonders aktive Hirnareale verbrauchen rasch Energie in Form von Glucose; dieser Nährstoff muss nachgeliefert werden, damit sich die betreffenden Hirnregionen weiterhin betätigen können. Über das Blut wird vermehrt Glucose in diese Areale befördert. »Aktive« Bereiche nehmen also mehr Blut auf, und weil das Blut mit

Radioaktivität »markiert« wurde, erkennt man mithilfe des PET-Scanners, wohin es fließt.

Über eine grundlegende Frage grübelten wir mehrere Wochen lang nach: Was sollten wir mit Debbie machen, während wir sie scannten? Wie sollten wir versuchen, ihr Gehirn zu aktivieren? Ich dachte zurück an die Zeit, in der David Menon und ich Kate gescannt hatten; und ich wusste noch, bei drei der zwölf Scans durch das Fenster des benachbarten Kontrollraums konnten wir sehen, dass ihre Augen geschlossen waren und sie eingeschlafen zu sein schien. Sie konnte die Fotos ihrer Angehörigen und Freunde gar nicht gesehen haben. Die übrigen neun Scans lieferten zum Glück überzeugende Hinweise auf eine Hirnreaktion. Was aber, wenn Kate über weite Strecken der Scandauer eingeschlafen wäre? Wenn sie absichtlich oder ungewollt die Augen geschlossen hätte? Wir hatten drei Jahre lang auf eine weitere Gelegenheit gewartet, einen Patienten wie Kate zu scannen. Drei Jahre lang fragten wir uns, ob Kate ein Einzelfall gewesen war. Die neue Chance war spannend und beängstigend zugleich. Wir durften sie nicht vertun.

Man mag sich fragen, warum es drei Jahre lang gedauert hatte, bis schließlich wieder ein Wachkomapatient gescannt werden konnte. Zum einen entwickelten wir erst langsam unsere Methoden zur Erforschung der Grauzone. Dabei suchten wir Antworten auf Fragen wie diese: Welche Aufgabe sollte dem Probanden im Scanner gestellt werden, und sollte diese für jeden gleich sein? Weil ich keine Fördermittel für diese Art von Arbeit hatte, beschäftigte ich mich die meiste Zeit mit anderen Projekten; es ging darum, wie die Frontallappen funktionieren und warum Parkinson-Patienten kognitive Defizite aufweisen. Und es bestand noch kein festes »System« zur Überweisung von Patienten aus anderen Kliniken; somit mussten geeignete Kandidaten erst einmal im Addenbrooke's Hospital landen, damit wir überhaupt von ihnen erfuhren. Und selbst wenn etwas über Patienten in anderen Kliniken bekannt geworden wäre, hätte die Frage der Transportkosten geklärt werden müssen.

Während wir uns klar zu werden versuchten, welche Art von Experiment wir mit Debbie durchführen sollten, wussten wir, dass wir uns beeilen mussten. Debbie konnte sterben, wieder ins Koma fallen oder an Apparate angeschlossen werden, die ein Scannen unmöglich machten. Debbies Gehirn über ihr Sehsystem aktivieren zu wollen, so wie wir es mit Kate gemacht hatten, erschien uns riskant. Und so kamen wir auf die Idee, akustische Signale einzusetzen. Die Augen kann man schließen, die Ohren aber nicht. Wir planten, Debbie bei sechs der 90 Sekunden langen Scans über Kopfhörer eine Reihe von Wörtern vorzuspielen.

Dies waren nicht irgendwelche beliebigen Wörter. In der AAP war ich von Psycholinguisten umgeben – Sprachexperten, die wussten, welche Wörter wir verwenden mussten, um eine Gehirnaktivität auszulösen, die wir zweifelsfrei deuten konnten. Wir brauchten sorgfältig festgelegte Wörter, die nicht zu abstrakt waren, aber abstrakt genug, um ein geistiges Bild hervorzurufen – nicht zu vertraut, aber vertraut genug, um Erinnerungen wachzurufen, die sich auf den Inhalt der Wörter bezogen.

Meine Kollegen von der Psycholinguistik kannten sich mit der Beziehung zwischen Sprache und Gehirn aus; sie wussten, welche Hirnareale für welche Sprachaspekte zuständig sind und welche sprachlichen Impulse bestimmte Hirnaktivitätsmuster hervorrufen. Wie klingt es, wenn jemand in einer fremden Sprache spricht, die man noch nie gehört hat? Hört es sich wie irgendein Geräusch an? Wie ein Rasenmäher? Natürlich nicht. Es klingt wie Äußerungen in einer unverständlichen Sprache. Wie aber weiß das Gehirn, dass es sich um gesprochene Sprache handelt und nicht bloß um ein Störgeräusch?

Hier die Antwort: Unser Gehirn verfügt über spezialisierte Module im Temporallappen, die sehr gut unterscheiden können, welche Laute Sprache sind und welche nicht, selbst wenn das Gehörte vollkommen fremd klingt. Deswegen können wir die künstlichen Sprachen in Fernsehsendungen wie *Game of Thrones* und echte Sprachen, die wir noch nie gehört haben, nicht unterscheiden. Beides klingt nach einer Sprache, ist aber gleichermaßen unverständlich, und unser Gehirn ordnet sie auf dieselbe Weise ein. Aber beide klingen nicht wie ein Rasenmäher. Das Gehirn weiß dies aufgrund des spezialisierten »Spracherkennungsmoduls« über den Schläfenlappen (Temporallappen), ausgedehnten kortikalen Regionen zu beiden Seiten und im unteren Bereich des Gehirns. Der obere Teil dieser Lappen verarbeitet akustische Signale, weswegen er häufig als »auditiver Cortex« (Hörrinde) bezeichnet wird. Und ein bestimmter Teil des auditiven Cortex, das Planum temporale, ist speziell dafür zuständig, Sprachlaute zu verarbeiten. Er erkennt Sprachlaute und teilt dem Rest des Gehirns mit, dass er gesprochene Sprache wahrnimmt.

Die Wörter, die wir Debbie vorspielten, wurden auf einer Tonbandkassette aufgenommen. Es handelte sich durchweg um zweisilbige Substantive (beispielsweise »Sofa«), die nach bestimmten Kriterien ausgewählt worden waren: wie häufig sie in der regulären Sprache auftraten, wie hoch ihr Abstraktionsgrad war und wie leicht man sich die bezeichneten Gegenstände vorstellen konnte.

So ist es beispielsweise einfach, sich ein »Sofa« vorzustellen, aber viel schwieriger, sich »Unsicherheit« bildlich vorzustellen, obwohl beides häufig gebrauchte Substantive sind. Absolut alles wurde minutiös festgelegt – die Wahl jedes einzelnen Wortes, seine Platzierung in der Abfolge und die

Lautstärke, in der es geäußert wurde. Im Grunde wollte ich nur wissen, ob in Debbies Gehirn etwas aufleuchtete, wenn man ihr Sprachlaute vorspielte. War es entscheidend, dass die verwendeten Wörter ausschließlich zweisilbige Substantive waren und mit genau derselben Häufigkeit in der englischen Sprache vorkamen?

Man sagte mir, all diese Dinge seien wichtige »Kontrollfaktoren« bei unserem Experiment. Die Frequenz, in der die Wörter wiedergegeben wurden, musste sogar mit einem Metronom festgelegt werden. Meine Kollegen waren Kontrollfreaks, und mein Experiment kam mir allmählich wie ein weiterer Monty-Python-Sketch vor. Zum Glück war ich nach etlichen Jahren in der AAP an all das gewöhnt. Und es waren nicht nur gesprochene Wörter, die akribisch festgelegt werden mussten. Bei sechs der zwölf Scans wurden Debbie kurze Intervalle mit Geräuschen vorgespielt. Auch hier handelte es sich nicht um x-beliebige Geräusche, sondern um exakt ausgewählte, präzise gesteuerte Resonanz, sogenannter »signalkorrelierter Schall«, der wie das Rauschen eines alten Radios bei der Sendersuchwahl klang. Signalkorrelierter Schall verändert sich, genau wie gesprochene Sprache, in Bezug auf seine Amplitude (Lautstärke) und sein Spektralprofil, also der Kombination von Frequenzen, die zu einem bestimmten Zeitpunkt hörbar sind. Es klingt fast so, als spräche das Radiorauschen zu einem, allerdings lässt sich dem Gehörten keinerlei Sinn entnehmen.

Endlich waren wir so weit. Debbie wurde in den Scanner gelegt. Der Sauerstoff-15-Marker wurde ihr in den Arm injiziert und begann zu zirkulieren. Die Techniker schalteten den nahezu geräuschlosen Scanner an. Debbie bewegte sich nicht. Nichts rührte sich. Nur die langsame, eindringliche Stimme vom Tonband war zu hören: »Sofa … Kerze … Tafel … Birne …« Zwei Sekunden zwischen jedem Wort, dann sorgfältig kalibrierte Geräusche. Anschließend wurde Debbie in die Neurologische Intensivstation zurückgefahren, und wir machten uns an den Versuch, die Daten zu deuten.

Damals konnte es bis zu einer Woche dauern, PET-Scans auszuwerten. Während man geduldig auf die Resultate wartete, blieb genügend Zeit für Spekulation und Krocket. Wir ließen uns auf dem Rasen des Herrenhauses in der Chaucer Road nieder, tranken Tee und fragten uns, ob es uns gelungen war, Debbies Gehirn wieder zum Leben zu erwecken, und, wenn ja, was das bedeutete. Die Woche, die verging, bis der Befund vorlag, kam uns wie ein Jahr vor.

Als die Ergebnisse schließlich auf meinem Computerbildschirm auftauchten, war ich verblüfft. Obwohl Debbies Diagnose »Syndrom reaktionsloser Wachheit« lautete, reagierte ihr Gehirn genauso auf Sprachlaute und Geräusche wie jedes gesunde Gehirn. Es war fast zu schön, um wahr zu sein. Zuerst Kate und jetzt Debbie. Beide reagierten so, als wären sie normale, unversehrte Probanden in einer unserer Studien. Doch beide befanden sich offensichtlich in einem »vegetativen Zustand«. Konnte es sein, dass sie nicht aller höheren Hirnfunktionen beraubt waren, sondern im Inneren eingeschlossen waren und darum rangen herauszukommen? Und wenn ja, was hatte dies für jene Menschen weltweit zu bedeuten, die sich im gleichen Zustand befanden?

Wir konnten zwar nicht mit Sicherheit sagen, dass Debbie über ein Bewusstsein verfügte, doch wir hatten nachgewiesen, dass sich das Gehirn eines Wachkomapatienten mit menschlicher Sprache aktivieren ließ. Dies war ein aufregendes Ergebnis, und die Abteilung war ganz aus dem Häuschen, während wir über die Auswirkungen nachdachten.

Mein enger Freund und Kollege John Duncan war völlig verblüfft. »Ich dachte, das funktioniert nie!«, gestand er.

»Wer weiß?«, erwiderte ich. »Vielleicht kriegt sie alles mit, was um sie herum geschieht.«

William Marslen-Wilson, der Direktor der Abteilung, war weniger optimistisch. »Es kann auch einfach nur eine automatische Reaktion sein«, erklärte er.

Er hatte recht, aber trotzdem hatten wir sehr viel zum Nachdenken, während das allsommerliche Krocketturnier seinen fiebrigen Höhepunkt erreichte. Eines wussten wir ganz sicher: Wir fingen an, die Geheimnisse von Gehirnen zu lüften, die kein noch so kluger und erfahrener Neurologe mit klinischen Standarduntersuchungen jemals aufzudecken vermochte. Wir hatten das Gefühl, ganz am Anfang einer völlig neuen Schnittstelle zwischen Wissenschaft und Medizin zu stehen.

Als wir den Fall Debbie am Ende jenes Jahres in der Fachzeitschrift *Neurocase* beschrieben, konnten wir noch nichts Endgültiges sagen.[2] Zu viele Fragen waren nach wie vor offen.

Es war durchaus möglich, so betonten wir, dass sich Debbie zum Zeitpunkt der Scans gar nicht im Wachkoma befand, sondern dass sich ihr Zustand besserte – nicht so weit, dass dies am Krankenbett zu bemerken gewesen wäre, aber genügend, um ihr Gehirn während unserer PET-Scans zu aktivieren. Vielleicht verfügte Debbie trotz ihrer Wachkoma-Diagnose zumindest teilweise über ein Bewusstsein. Wir erörterten auch eine zweite Möglichkeit: Debbie konnte ein weiteres Beispiel für einen Wachkomapatienten sein, der eingeschränkte Bruchstücke von Gehirnfunktionen, aber keine offensichtlichen Anzeichen eines Bewusstseins aufwies.

Wir bezogen uns in unserem Aufsatz teilweise auf die Ergebnisse eines wissenschaftlichen Beitrags im *Journal of Cognitive Neuroscience*, der etwa ein Jahr vor unserer Abhandlung über Kate erschienen war.[3] Autor war Dr. Nicholas

Schiff vom renommierten Weill-Cornell Medical College in New York.

Ein paar Wochen bevor unser Artikel 1998 in *The Lancet* veröffentlicht wurde, begleitete Dr. Schiff seinen Mentor Fred Plum nach Cambridge. Plum war eine Koryphäe im Bereich Hirntrauma.[4] Als wir uns begegneten, war klar, dass Plum und Schiff die gleichen Interessen verfolgten wie wir. Sie berichteten uns von eigenen Fällen, die in mancher Hinsicht Kate ähnelten, aber dann wiederum völlig anders gelagert waren. Es ist ein merkwürdiges Paradox in der Wachkomaforschung, dass Patienten in Kategorien wie »Syndrom reaktionsloser Wachheit« zusammengeworfen werden, was den falschen Eindruck erweckt, sie ähnelten sich irgendwie, während in Wirklichkeit jeder Patient gesondert gesehen werden muss.

Schiff und Plum erzählten uns von einer 49-jährigen Amerikanerin, die nach drei Blutungen aufgrund einer zerebralen arteriovenösen Malformation (einer Fehlbildung der Blutgefäße im Gehirn) 20 Jahre lang bewusstlos gewesen war. Von Zeit zu Zeit ließ die Patientin (anders als Kate) Bruchstücke von Verhalten erkennen; so äußerte sie etwa vereinzelte Wörter, die aber nichts mit dem zu tun hatten, was um sie herum geschah. Bei einem PET-Scan zeigten sich Inseln von geringfügig höherem Metabolismus als bei einem Bewusstlosen zu erwarten wäre, besonders in den Hirnarealen, die bekanntermaßen mit Sprache zu tun haben. Die Wissenschaftler kamen zu der Schlussfolgerung: »Das Auftreten isolierter Verarbeitungsmodule bei Wachkomapatienten kann für sich genommen nicht als Hinweis auf irgendeinen Grad von Ich-Bewusstsein angesehen werden.«

Die Autoren drückten sich vorsichtig aus, genau wie wir. All das war noch sehr neu. Der Titel ihres Aufsatzes, *Words without Mind* (Worte ohne Geist), vermittelte jedoch eine deutlich skeptischere Sicht auf jene frühen Scan-Erkenntnisse, als wir sie auf unserer Seite des großen Teichs hegten. Vielleicht lag das nicht nur an den Ergebnissen der Scans mit Kate, sondern auch an der nachfolgenden Publicity und der überraschenden Genesung unserer Patientin – all das hatte uns mit Hoffnung und Staunen erfüllt. Und Debbie hatte unser prickelndes Gefühl, alles Mögliche erwarten zu können, noch verstärkt.

Schiff, Plum und ihre Kollegen am Weill-Cornell Medical College waren nicht die einzigen, die gleichauf mit unserer skurrilen kleinen Gruppe in Cambridge lagen. Wichtige Beiträge zur Wachkomaforschung kamen auch aus der belgischen Universitätsstadt Lüttich. Ein junger Neurologe namens Steven Laureys erforschte dort die Einsatzmöglichkeiten des PET-Scanners für die Untersuchung von Gehirnfunktionen im Wachkoma. In einem ihrer ersten Aufsätze beschrieben Laureys und sein Team die Scans von vier Wachkomapatienten. Deren Gehirne schienen weniger eng »verschaltet« zu sein als die von gesunden Kontrollprobanden; ihre Gesamtaktivitäten wirkten ungeordnet und bruchstückhaft.[5]

Doch dies lieferte weitere Anhaltspunkte – anders gelagerte Hinweise, aber dennoch Hinweise. In Cambridge beobachteten wir Wachkomapatienten, die im Scanner normal reagierten, obwohl sie keine äußeren Anzeichen von Bewusstsein erkennen ließen. In New York und Belgien traten im Wachkoma Verhaltensbruchstücke und Muster von Gehirnaktivitäten auf. Die Wachkomaforschung war im Begriff, sich als Disziplin zu etablieren. Und im selben Jahr, in dem unser Aufsatz über Debbie erschien, veröffentlichten Dr. Joe Giacino und Kollegen einen bahnbrechenden Artikel, in dem erstmals der Zustand eines erhaltenen Minimalbewusstseins *(minimally conscious state)* beschrieben wurde.[6] Diesem Bericht zufolge könnten sich viele Patienten, die scheinbar im Wachkoma liegen, im Grunde im Zustand eines Minimalbewusstseins befinden, das heißt, sie sind manchmal da und manchmal nicht und können gelegentlich ihr vermindertes Bewusstsein zu erkennen geben, ohne aber diese Bewusstseinsbruchstücke nutzen zu können, um erfolgreich mit der Außenwelt zu kommunizieren.

Wenn Sie halb wach oder halb eingeschlafen sind und jemand sagt, »drücken Sie meine Hand«, folgen Sie dieser Aufforderung vielleicht oder auch nicht. Es kann sein, dass Sie die Instruktion hören, aber einschlafen, bevor Sie ihr Folge leisten können. Oder vielleicht reagieren Sie entsprechend, aber beim nächsten Mal bekommen Sie die Anweisung nicht mit, weil Sie schon längst weggedöst sind.

Wir wissen nicht, wie sich ein Zustand minimalen Bewusstseins anfühlt, aber klinisch betrachtet verhalten sich manche Patienten entsprechend: Sie sind manchmal präsent, manchmal nicht. Dieser seltsame Zustand unterscheidet sich vom Syndrom reaktionsloser Wachheit. Es handelt sich um eine weniger konstante, unklarere Verfassung mit Flecken von Licht und Dunkel. Aufgrund von Giacinos Erkenntnis verfügten wir nun über eine gänzlich neue Kategorie. Ein Patient muss nicht unbedingt entweder bewusst oder aber reaktionslos sein, sondern kann irgendwo dazwischen festsitzen, im Zustand minimalen Bewusstseins.

Ein weiterer Scan war erforderlich, um Debbies Verfassung zu beurteilen, doch leider hatte sie ihre Strahlenbelastungsgrenze erreicht. Wenn wir nicht starke Argumente dafür liefern konnten, dass ein weiterer PET-Scan Debbie unmittelbar zugutekäme, würde unsere Ethikkommission, die letztlich bei jeder wissenschaftlichen Studie über solche Fragen entscheidet, nicht zustimmen. Und wir konnten solche Argumente nicht vorbringen. Wir wussten zwar, dass wir eine heiße Spur verfolgten, aber wir konnten kaum geltend machen, dass diese Experimente Debbie direkt zugutekämen. Dies war die Anfangsphase einer wissenschaftlichen Erforschung. Von einem klinischen Nutzen waren wir meilenweit entfernt.

Erstaunlicherweise zeichnete sich bei Debbie einige Monate nach den Scans, genau wie bei Kate, eine Besserung ab. Recht schnell erhielt sie die neue Diagnose »minimales Bewusstsein«, die Joe Giacino und seine Kollegen eingeführt hatten. Als ich sie etwa ein Jahr nach den Scans sah, litt sie unter ernsten Behinderungen, erholte sich aber rapide; sie fing wieder an zu sprechen, bewegte ihre Gliedmaßen und kehrte aus der Grauzone zurück. Sie richtete sich in ihrem Sessel auf und lachte, wenn sie sich über ihre Lieblingssendung im Fernsehen amüsierte, schaute uns an, wenn wir mit ihr sprachen, und reagierte mit abgehackten Äußerungen, die allmählich immer verständlicher wurden. Zu diesem Zeitpunkt verlor ich den Kontakt mit ihr. Sie wurde zu einer Langzeit-Reha in eine Einrichtung in der Nähe ihrer Familie verlegt. Von da an konnte ich ihre Entwicklung nicht mehr verfolgen.

Oft mache ich mir Gedanken über Debbie. Fanden wir einen Weg, um sie in unsere Welt zurückzuholen? Haben unsere Scans und die Woge der Aufmerksamkeit, die jene vor Ort erzeugten, irgendwie zu ihrer Genesung beigetragen? Sorgten unsere Scans bei Kate wie auch bei Debbie dafür, dass ihr Umfeld sie anders behandelte und sie in irgendeiner Weise, die uns nicht bewusst war, bei ihrer Genesung unterstützte? Wir hatten nicht genügend Indizien, um uns in irgendeiner Hinsicht sicher zu sein. Doch die bemerkenswerte Besserung der beiden Patientinnen kam uns allmählich mehr als nur ein Zufall vor.

5
Grundbausteine des Bewusstseins

Leicht steigst du hinab zum Avernus,
Tag und Nacht steht offen das Tor zum finsteren Pluto.
Aber den Schritt zurück zu den himmlischen Lüften zu wenden,
Das ist die schwierigste Kunst.
Nur wenige … haben's vermocht.

Vergil, *Aeneis*, 6. Buch

Ende 2002, Anfang 2003 bereitete mir einiges Sorgen. Zum einen war es frustrierend, nicht genau zu wissen, was es mit Debbies Hirnaktivität auf sich hatte. Wir hatten ihr eine Liste von Wörtern vorgespielt, und ihr Gehirn hatte genauso reagiert wie jedes andere. Es hatte Sprache erkannt und nicht mit anderen Geräuschen verwechselt. Ich wollte unbedingt wissen, ob ihr Gehirn auch *verstand*, was diese Wörter bedeuteten. Ein geschädigtes Gehirn ohne Bewusstsein mag durchaus den Klang von Sprachäußerungen registrieren, ohne aber etwas mit dem Inhalt anfangen zu können. Konnte ein Mensch ohne Bewusstsein das gesprochene Wort dennoch verstehen? Und was hatte »verstehen« in diesem Zusammenhang überhaupt zu bedeuten?

Das ist eine komplexe Frage. Auf welcher Stufe von Gehirnaktivität verfügt man über ein Bewusstsein? Diese Frage stand gedanklich im Vordergrund auf meiner Exkursion in die Zwischenwelten, während das Interesse an dem Gebiet im Lauf der nächsten Jahre ungeheuer zunahm. Ein Teil des Problems besteht darin, dass Fragen zum Bewusstsein genauso viel mit persönlichen Vorlieben zu tun haben wie mit wissenschaftlichen Fakten.

Nehmen wir als Beispiel ein kleines Kind. Die meisten Menschen werden beipflichten, dass gesunde zehnjährige Kinder ein Bewusstsein von sich selbst und ihrer Umwelt haben, auf ziemlich gleiche Weise wie Erwachsene. Sie verstehen Sprache, treffen Entscheidungen, antworten auf Fragen, speichern Erinnerungen, handeln nach gespeicherten Erinnerungen und besitzen die meisten der anderen kognitiven Fähigkeiten eines Erwachsenen, wenn auch in einfacherer Form.

Wie steht es mit Zweijährigen? Haben sie ein Bewusstsein? Die meisten Menschen würden sagen, ja. Zweijährige verstehen Sprache und fällen Entscheidungen, vielleicht nicht gerade sehr komplexe, aber wenn es darum geht, ob mit der Eisenbahn gespielt oder ein Bilderbuch angeschaut wird, muss eine Entscheidung getroffen werden. Sie äußern Wörter und manchmal ganze Sätze, speichern Erinnerungen und handeln gelegentlich auch danach (zu wissen, wo ein bestimmtes Spielzeug zu finden ist, bedeutet, von einer zuvor gespeicherten Erinnerung auszugehen). Sie verfügen über viele Grundzüge des Erwachsenenbewusstseins.

Betrachten wir nun einen Säugling im Alter von einem Monat. Natürlich hat er ein Bewusstsein, würden Sie sagen. Aber denken Sie noch einmal darüber nach. Einmonatige Kleinkinder scheinen nicht zu verstehen, was ihnen gesagt wird, auch wenn es möglich sein mag, mit einem »Oh« oder »Ah« für einen Augenblick ihre Aufmerksamkeit zu wecken. Wenn man sie anschreit (was man allerdings nicht tun sollte), fangen sie vielleicht an zu brüllen; wenn man leise singt, beruhigen sie sich und gurren etwa. Aber das war's dann auch schon.

Die meisten dieser »Reaktionen« erfolgen zweifellos automatisch; sie sind von Geburt an oder sogar schon früher fest im System verdrahtet. Sie sind nicht besonders komplex, sondern eher starr und festgelegt; wenn man leise singt, beruhigt man ein Kleinkind, ganz egal wovon man singt. Säuglinge reagieren auf Anweisungen nicht mit angemessenen Handlungen, aber das ist auch nicht verwunderlich, denn sie verstehen ja noch keine Sprachäußerungen. Es ist denkbar, dass sie Erinnerungen abspeichern (obwohl die wenigsten Menschen behaupten, sich an ihren ersten Lebensmonat zu erinnern), aber sie handeln offensichtlich nicht nach gespeicherten Informationen, so wie ein zweijähriges Kind es tut. Sie wenden sich vielleicht einem neuen Spielzeug zu, aber wenn dieses aus dem Blickfeld verschwindet, kommt es in ihrer Welt nicht mehr vor. Also, haben Kleinkinder im Alter von einem Monat ein Bewusstsein? *Wissen* sie, dass sie als Individuum existieren und dass eine Welt um sie herum besteht, mit der sie in Austausch treten können, die sie beeinflussen können und von der sie beeinflusst werden können? Wenn ja, welche Form nimmt dieses Wissen an?

Kurzum, es ist viel schwieriger zu befinden, ob einmonatige Säuglinge ein Bewusstsein haben oder nicht, und so verwundert es kaum, dass die Meinungen hier auseinandergehen. Ich erörterte dieses Thema im Jahr 2010 in Brasilien mit dem Dalai Lama, und er gab die gleiche Antwort wie meine Kollegen in der Neurowissenschaft: »Es hängt davon ab, was man unter Bewusstsein versteht.« Darin liegt das Problem. Welche geistigen Fähigkeiten begründen ein Bewusstsein? Debbie konnte Sprachäußerungen erkennen, aber daraus ließ sich noch nicht gesichert folgern, dass sie ein Bewusstsein hatte – zumindest aus meiner Sicht.

Nicht jeder wird dieser Logik folgen wollen. Hört man sich unter Freunden um, findet man schnell jemanden, der sich vollkommen sicher ist, dass ein einmonatiges Kleinkind über ein Bewusstsein verfügt. (Vielleicht sind Sie selbst dieser Ansicht.) Dann sollte man folgendermaßen nachhaken: Wie steht es mit einem Fötus? Hat er ein Bewusstsein? Selbst bei den hartnäckigsten Bewusstseinsverfechtern dürften hier gewisse Zweifel aufkommen. Aber treiben wir es noch weiter. Was ist mit einer Zygote, einer befruchteten Eizelle, die neun Monate nach der Verbindung von Spermium und Eizelle zur Geburt eines Kindes führt? Hat eine Eizelle Bewusstsein? Die meisten Menschen würden dies verneinen, vor allem weil die Zygote keine der Fähigkeiten eines Kleinkindes aufweist; es ist nicht plausibel anzunehmen, dass ein einzelliger Organismus über ein Bewusstsein verfügen könnte.

Dies wirft eine interessante Frage auf. Zu welchem Zeitpunkt in diesem Entwicklungsverlauf von Zygote über Fötus und Neugeborenem zu Kleinkind und Erwachsenem tritt Bewusstsein auf? Es spielt eigentlich keine Rolle, ob Sie einem Einmonatigen (oder sogar einem Fötus) ein Bewusstsein zuschreiben oder nicht. Wenn Sie zustimmen, dass bei einer befruchteten Eizelle wahrscheinlich kein Bewusstsein vorliegt, bei einem gesunden Erwachsenen aber durchaus, dann muss sich das Bewusstsein irgendwo zwischen diesen beiden Stadien entwickeln. Aber wann? Die Geburt ist ein offenkundiger und einschneidender Wendepunkt, doch es dürfte sehr unwahrscheinlich sein, dass ein frisch entbundenes Kind über mehr Bewusstsein verfügt als ein neun Monate alter Fötus kurz vor der Geburt.

In Wahrheit gibt es keinen allgemein anerkannten Zeitpunkt, ab dem ein sich entwickelnder Organismus, in diesem Fall ein Mensch, als bewusst gelten kann. Es ist leicht zu befinden, dass eine Zehnjährige ein Bewusstsein hat und eine Zygote nicht. Wie aber sieht es dazwischen aus? Ein einmonatiger Säugling zeigt einige Hinweise, eine *Befähigung* zu

»Bewusstsein«. Viele wichtige Faktoren fehlen jedoch. Und genau diesen Befund hatten wir bei Debbie und zuvor bei Kate. Bestimmte Funktionen eines normalen Bewusstseins waren gegeben – Sprachwahrnehmung bei Debbie, Gesichtserkennung bei Kate. Aber das reichte nicht, um zu folgern, dass die eine oder die andere über ein Bewusstsein verfügte. Dies war, gelinde gesagt, frustrierend.

Die Frage, wann Bewusstsein einsetzt, betrifft uns alle in irgendeiner Weise. Nehmen wir als Beispiel die Bedenken, die häufig gegen Abtreibung vorgebracht werden. Allzu oft sind Föten den Launen der Gesetzgeber ausgeliefert, die sich häufig eher von politischen Lobbyisten und religiösen Eiferern beeinflussen zu lassen scheinen als von wissenschaftlichen Fakten.

Für all jene, die davon ausgehen, menschliches Leben beginne im Augenblick der Zeugung und sei von da an heilig und unantastbar, ist die Frage, wann Bewusstsein einsetzt, wahrscheinlich überflüssig. Für die Übrigen hat viel von dem ideologischen Ballast der Abtreibungsfrage damit zu tun, ob ein Fötus zu einem bestimmten Entwicklungszeitpunkt sich seiner selbst und seines Schicksals möglicherweise »bewusst« sein könnte. Damit hängt folgende Überlegung zusammen: Wenn ein Fötus Bewusstsein besitzt, könnte er auch imstande sein, Schmerz zu »fühlen«. Schmerzempfindung ist eine subjektive Erfahrung, es ist keine physikalische Eigenschaft der Außenwelt wie Temperatur, sondern ein persönliches Erleben eines Individuums infolge eines entsprechenden Reizes.

Jeder Mensch empfindet etwas anderes, wenn er sich an einem Dorn sticht oder eine heiße Herdplatte anfasst. Es hängt von der früheren Schmerzerfahrung, der Gemütsverfassung und der inneren Chemie von Körper und Gehirn ab. Schmerz ist ein bewusstes Erleben: Um Schmerz zu spüren, muss ein Bewusstsein da sein. Wäre es anders, ließen sich nicht mithilfe von Narkotika die Schmerzen bei chirurgischen Eingriffen überstehen. Der Auslöser (in diesem Fall das Skalpell des Chirurgen) bleibt identisch, aber das Bewusstsein verändert sich glücklicherweise.

Das Gehirn des Fötus beginnt überhaupt erst drei bis vier Wochen nach der Zeugung sich zu entwickeln; davor existieren die grundlegendsten Bestandteile der Schmerzwahrnehmung, die Grundbausteine des Bewusstseins, also gar nicht. Die wesentlichen Unterteilungen des Erwachsenengehirns bilden sich ab der vierten bis achten Schwangerschaftswoche heraus, doch erst nach etwa acht Wochen teilt sich die Großhirnrinde in zwei verschiedene Hirnhälften auf. Nach zwölf Wochen treten rudimentäre Nervenverbindungen zwischen einzelnen Teilen des Gehirns auf, diese reichen aber für ein bewusstes Wahrnehmen nicht aus.

Wie Daniel Bor 2012 in seinem brillanten Buch *The Ravenous Brain* darlegte, werden jene Hirnregionen, die intakt und miteinander verbunden sein müssen, damit ein Bewusstsein entsteht, eigentlich erst ab der 29. Schwangerschaftswoche richtig ausgebildet, und es dauert einen weiteren Monat, bis diese Areale wirksam miteinander kommunizieren.[1] Ausgehend von den wissenschaftlichen Fakten ist es daher höchst unwahrscheinlich, dass ein Bewusstsein in irgendeiner Form, einschließlich der Schmerzempfindung, vor der 33. Schwangerschaftswoche entsteht.

Gegner dieser Position weisen darauf hin, dass bereits ein sechzehn Wochen alter Fötus auf niederfrequente Geräusche und Licht reagiert. In der Tat kann ein Fötus nach neunzehn Wochen auf einen schmerzhaften Reiz reagieren, indem er zusammenzuckt oder ein Glied einzieht. Dies sind überzeugende Hinweise, und es ist verständlich, dass sie häufig als Anzeichen für entstehendes Bewusstsein gewertet werden. Doch wie Daniel Bor in seinem Buch darlegt, werden diese

Reaktionen von den primitivsten Teilen des Gehirns ausgelöst, die nichts mit Bewusstsein zu tun haben, und daher in keiner Weise darauf schließen lassen, dass der Fötus ein Bewusstsein hat. Wir haben es mit frühen Reflexen auf verschiedene äußerliche Umstände zu tun – Reflexe, die wohl ausschließlich durch einen unausgereiften Hirnstamm und das Rückenmark gesteuert werden. Ein gläubiger Mensch könnte – mit einer gewissen Berechtigung – darauf verweisen, dass diese Sichtweise längst nicht erklärt, *wodurch Bewusstsein entsteht*. Es scheint fast so, als würde ein mysteriöser Schalter angeknipst. Und eben weil wir nicht genau wissen, wie oder wann dieser Schalter umgelegt wird, führt so mancher den Willen Gottes beziehungsweise seinen großen »Schöpfungsplan« als Erklärung ins Feld.

Als Wissenschaftler, der seit Jahrzehnten zu ergründen versucht, ob bei Menschen an der Schwelle zum Tod ein Bewusstsein existiert oder nicht, halte ich solche Argumente für völlig unbegründet. Die Tatsache, dass wir noch nicht sagen können, wodurch Bewusstsein entsteht, hat nichts mit der Frage zu tun, ob es physikalisch erklärt werden kann oder nicht.

Für mich steht außer Zweifel, dass diese Sachverhalte *in naher Zukunft* verstanden und erklärt werden können, so wie viele der großen Geheimnisse des Universums in den vergangenen Jahren durch die Physik entschlüsselt werden konnten. Als Wissenschaftler sammeln wir Daten, stellen Hypothesen auf und testen diese. Manchmal lösen wir ein bestimmtes Problem und finden eine Erklärung, manchmal auch nicht. Aber ob wir die Frage heute beantworten können oder nicht, hat nichts damit zu tun, ob sie überhaupt lösbar ist. Auf alte metaphysische Deutungen zurückzugreifen, nur weil wir die physikalische Antwort noch nicht gefunden haben, ist antiwissenschaftlich, unlogisch und meiner Meinung nach irrational. Hätte der Mensch immer so gedacht und gehandelt, hätten wir immer noch Angst, von der Erdscheibe zu fallen.

Während wir in Cambridge mit der Frage rangen, ob Debbie über ein Bewusstsein verfügte und wann das menschliche Bewusstsein einsetzt, schien auf der anderen Seite des Atlantiks eine ganze Nation darüber zu streiten, wann das Bewusstsein endet. Die Grauzone war plötzlich Aufmacher und Dauerthema der amerikanischen Abendnachrichten. Irgendwie war ein »perfekter Sturm« losgebrochen. Alles war da – der richtige Patient, die geeignete Familie, der passende Dissens und das richtige Maß an öffentlichem Interesse an einem Thema, das bis dahin ziemlich wenig Medienaufmerksamkeit erlangt hatte. Zwei Bewegungen mit konträren Parolen – das *Recht auf Leben* und das *Recht zu sterben* – ereiferten sich über eine einzige Frau, die für hirntot erklärt worden war und reglos in ihrem Krankenhausbett lag und anscheinend nicht mitbekam, dass die halbe Nation sich für sie einsetzte.

Theresa Marie »Terri« Schiavo hatte 1990 in ihrer Wohnung in Florida einen Herzstillstand und aufgrund längeren Sauerstoffentzugs eine massive Hirnschädigung erlitten. Ihr Ehemann, Michael, versuchte 1998 gerichtlich durchzusetzen, dass ihre Magensonde entfernt werde, damit sie sterben könne. Terris Eltern, Robert und Mary Schindler, waren jedoch dagegen und argumentierten, ihre Tochter verfüge über ein Bewusstsein.

Die Nachrichtenflut schwappte auch über den Teich nach England. In Cambridge verfolgte man den Fall gespannt. In Amerika unterzeichnete man Buchverträge, drehte Dokumentarfilme und reichte Klagen ein. Terris Angehörige traten im Reality-TV auf, und Fürsprecher beider Lager gingen auf die Straße. Die Presse kochte förmlich über. Der Fall spaltete das Land, und die ganze Welt sah zu, gleichzeitig bestürzt und entsetzt. Für uns Briten war das Ganze einfach absurd. Man kann sich gut vorstellen, wie bei Tee und Krocket geredet wurde.

»Na ja, zumindest der Präsident ist nicht darin verwickelt.«

»Von wegen. Der Präsident *ist* darin verwickelt!«

Nach dem Clinton-Lewinsky-Debakel und dem Prozess um O. J. Simpson hatten wir uns mit dem Gedanken vertraut gemacht, dass das amerikanische Justizsystem bestenfalls unberechenbar und bisweilen völlig absurd war.

Wie um den Gegensatz hervorzuheben, erlebte Großbritannien sein eigenes Schiavo-Drama, das zwar ohne den Zirkusrummel des Falls in Florida auskam, aber trotzdem herzzerreißend war. Anthony Bland, ein 22-jähriger Anhänger des FC Liverpool, wurde im April 1989 während eines Massengedränges im Hillsborough-Stadium in Sheffield, bei dem 96 Menschen ums Leben kamen, schwer verletzt. Blands Fall beschäftige die Öffentlichkeit über Monate und die Gerichte über Jahre. Die Fans gaben der Polizei die Schuld, die Polizei gab den Fans die Schuld. Aufgrund einer schweren Hirnverletzung fiel Bland ins Koma. Die Klinik beantragte mit Unterstützung der Eltern einen Gerichtsbeschluss, um ihn »in Würde sterben« zu lassen.

Der Richter, Sir Stephen Brown, entschied – erstmals an einem englischen Gericht –, dass künstliche Ernährung mittels Sonde eine medizinische Behandlung darstelle und dass der Abbruch der Maßnahme mit den ethischen Normen ärztlicher Praxis vereinbar sei. Es gab sofort Einwände und Proteste, allerdings von einer sehr britischen Art. Der Anwalt, der Bland vor Gericht zu vertreten hatte, legte Berufung gegen das Urteil ein und argumentierte, der Entzug von Nahrung komme einem Tötungsdelikt gleich. Der Einspruch wurde vom House of Lords als letzter juristischer Instanz abgelehnt.

Im Jahr 1993 war Anthony Bland der erste Patient in der

englischen Rechtsgeschichte, der per Gerichtsbeschluss sterben durfte, indem lebensverlängernde Maßnahmen, einschließlich der Versorgung mit Nahrung und Flüssigkeit, eingestellt wurden. Es gab relativ wenig Widerstand und kein großes Tamtam; die Medien stellten nüchtern fest, dass sich die Zeiten inzwischen geändert hätten und dass man Patienten in »hoffnungslosen« Fällen das Recht zu sterben einräumen solle.

Es war eine eigentümlich britische Verfahrensweise – respektvoll, bedauernd und stoisch, mit kaum mehr als einer geringen Abweichung vom Standardprotokoll. Im April 1994 versuchte der Pro-Life-Aktivist Pfarrer James Morrow zwar, den Arzt, der Anthony Bland von den Schläuchen nahm, des Mordes anklagen zu lassen, doch die Eingabe wurde vom Hohen Gerichtshof umgehend abgewiesen.

In den Vereinigten Staaten herrschten dagegen eine ganz andere Atmosphäre und Haltung. Dort schlug das Thema hohe Wellen. Im Jahr 2003 wurde in Florida das sogenannte Terri-Gesetz *(Terri's Law)* verabschiedet, das den Gouverneur Jeb Bush dazu befugte, in dem Fall zu intervenieren. Bush ordnete umgehend an, dass Schiavo wieder an die Schläuche angeschlossen wurde.

Die Schindlers mobilisierten weitere Interessengruppen und setzten sich mit vermehrter Publicity dafür ein, dass ihre Tochter am Leben gehalten wurde. Sie erkoren einen namhaften Pro-Life-Aktivisten, Randall Terry, zu ihrem Sprecher und verfolgten weiterhin ihre rechtlichen Optionen. Der Wahnsinn eskalierte. Jeder, der sich ein Mikrophon schnappen konnte, hatte etwas zu dem Fall zu sagen.

Im Jahr 2005 entschied das Gericht schließlich, dass Schiavos Ehemann Michael den Stecker endgültig ziehen durfte. Insgesamt kam es in dem Fall zu vierzehn Berufungen und zahlreichen Anträgen, Petitionen und Anhörungen vor Gerichten des Staates Florida, fünf Verfahren vor Bundesbezirksgerichten, zu umfassenden politischen Interventionen auf den Legislativebenen des Staates Florida sowie durch den damaligen Gouverneur Jeb Bush, den US-Kongress und den Präsidenten George W. Bush und schließlich zu vier Ablehnungen seitens des Obersten Gerichtshofs der Vereinigten Staaten. Der Rechtsexperte David Garrow schrieb in der *Baltimore Sun:* »Kein Todesfall in der amerikanischen Geschichte wurde so intensiv in den Medien und vor den Gerichten verhandelt.«

Bei der Autopsie zeigte sich, dass Schiavos Gehirn ausgedehnte Schädigungen aufwies und dass wichtige Großhirnregionen massiv geschrumpft waren. Nach einer Hirnverletzung oder längerem Sauerstoffentzug sterben Hirnzellen häufig ab und werden nicht erneuert. Dieses Zellsterben tritt bei Komapatienten nicht selten auf. Die Beeinträchtigung von Hirnarealen, die für höhere kognitive Funktionen zuständig sind – Denken, Planen, Verstehen und Entscheiden –, deutete klar darauf hin, dass Schiavo keinerlei Form von Bewusstsein mehr besaß. Die grundlegenden Bausteine der Kognition, die Grundpfeiler des Bewusstseins, waren zerstört.

Die Frage, ob Terri Schiavo ein Bewusstsein hatte, war überhaupt nicht vergleichbar mit der Frage, ob ein Säugling im Alter von einem Monat ein Bewusstsein besitzt. Ein Kleinkind verhält sich zwar nicht eindeutig und klar, doch es verfügt über den Nervenapparat, der für ein Bewusstsein erforderlich ist, egal ob dieses nun vorliegt oder nicht. Schiavo dagegen hatte weder den Apparat noch das Potenzial. Sie befand sich nicht in der Grauzone. Die Person, die als Theresa Marie Schindler in Pennsylvania geboren worden war, eine zurückhaltende Frau, die sich an kleinen Dingen erfreute und ihre erste Liebe, Michael Schiavo, geheiratet hatte, existierte nicht mehr, und zwar für immer. Was war an die Stelle dieser Person getreten? Das war schwer zu sagen. Unbestritten war jedoch, dass Terri Schiavo schon lange gegangen war.

Der Fall Schiavo schärfte das öffentliche Bewusstsein in Bezug auf die Zwischenwelten. Er brachte Hirntrauma und Hirnforschung in den Gerichtssaal und verschmolz erstmals in großem Maßstab Wissenschaft, Justiz, Medizin, Philosophie, Ethik und Religion. Mir wurde klar, dass wir mit der Erforschung der Zwischenwelten im Grunde der Frage nachgingen, was es bedeutet zu leben. Wir erkundeten den Grenzbereich zwischen Leben und Tod. Es ging um die Frage: Was unterscheidet Körper und Person, Gehirn und Geist? Der große Physiker und Molekularbiologe Francis Crick schrieb 1994 in seinem bahnbrechenden Buch *Was die Seele wirklich ist:* »Sie, Ihre Freuden und Leiden, Ihre Erinnerungen, Ihre Ziele, Ihr Sinn für Ihre eigene Identität und Willensfreiheit – bei alledem handelt es sich in Wirklichkeit nur um das Verhalten einer riesigen Ansammlung von Nervenzellen und dazugehörigen Molekülen.«[2] Nur wenige Jahre später fingen wir an, sichtbar zu machen, wie dieser drei Pfund schwere Klumpen grauer und weißer Substanz in unserem Kopf alles hervorruft, was wir an Denken, Fühlen, Planen und Erleben je erfahren.

6

Psychogeschwafel

Die Grenzen meiner Sprache bedeuten die Grenzen meiner Welt.

Ludwig Wittgenstein

Während die Kontroverse um das »Recht zu leben« gegenüber dem »Recht zu sterben« ganze Nationen spaltete, suchten wir nach Anhaltspunkten, um das Bewusstsein von Menschen wie Terri Schiavo und Anthony Bland zu verstehen. Wir brauchten mehr Indizien, mehr zuverlässige Indizien – solche, die vollkommen unwiderlegbar waren. Der Zirkus um den Fall Schiavo hatte dies mehr als klar gemacht. Und ich war davon überzeugt, dass es bei unserem Unterfangen noch um viel mehr ging. Wenn wir verstehen konnten, was die Gehirne von Debbie und Kate dazu befähigte, auf unsere »Stimulation« zu reagieren, waren wir auf dem besten Weg, den Code des Bewusstseins an sich zu knacken.

In einem nächsten Schritt entwickelten wir ein Experiment, mit dem sich nachweisen ließ, dass Patienten wie Debbie oder Kate die Fähigkeit besaßen, Sprache zu *verstehen*. Wir wussten, dass ihre Gehirne Sprache *erkennen* konnten; die Frage war jedoch, ob der Mensch im Inneren irgendeine Ahnung hatte, was das Gesprochene tatsächlich bedeutete.

Ingrid Johnsrude und ihre Kollegen Jenni Rodd und Matt Davis von der Abteilung für Angewandte Psychologie arbeiteten genau an diesem Problem; sie versuchten, exakt zu bestimmen, welche Teile des menschlichen Gehirns für das Verständnis gesprochener Sprache verantwortlich sind. Der

Gedankengang hinter einem bestimmten Experiment war recht schlüssig und – nach wahrer Unit-Tradition – auch ein wenig unkonventionell. Tauchte man gesprochene Sprache in ein Meer von Störgeräuschen, mussten die für das Sprachverständnis zuständigen Hirnareale umso intensiver arbeiten, um dem Gehörten eine Bedeutung abzugewinnen, und machten sich im PET-Scan somit deutlicher sichtbar. Die Versuchsanordnung erinnerte an das Drehen des Frequenzreglers an einem alten Autoradio auf der Suche nach einem brauchbaren Signal. Dreht man den Regler, stößt man gelegentlich auf einen Sender mit einer interessanten Reportage, doch der Empfang ist schlecht, und man kann das Gesagte kaum verstehen. Weil man neugierig ist, hört man weiter zu, aber man muss sich anstrengen, um den Inhalt des Gesprächs aus dem Hintergrundrauschen herauszufiltern und zu entschlüsseln.

Ingrid Johnsrude und ihre Kollegen simulierten genau solch eine Situation für eine PET-Scan-Reihe mit einer Gruppe gesunder Freiwilliger. Man spielte den Probanden Sätze von unterschiedlicher »Verständlichkeit« vor. Der Anteil an Störgeräuschen im Verhältnis zur Menge an klarer Sprache wurde so bestimmt, dass einige der Sätze leicht verständlich waren, einige mit etwas mehr Anstrengung entziffert werden konnten und andere fast gar nicht zu erschließen waren. Je unverständlicher die Sätze waren, desto aktiver wurde ein Areal im Temporallappen auf der linken Seite des Gehirns. Je schwerer die Sätze zu verstehen waren, desto mehr musste sich diese Hirnregion anstrengen, um den Inhalt zu entschlüsseln, und dies zeigte sich im PET-Scan: Radioaktiv markiertes Blut wurde vermehrt in diese Region transportiert, um die verbrauchte Energie zu erneuern.

Meine Kollegen von der Psycholinguistik hatten einen Zugangsweg entdeckt. Dieser Ansatz ermöglichte die Unterscheidung zwischen einem Gehirn, das Sprache *versteht*, und einem, das Sprache lediglich *registriert*.[1] War das die Lösung, der Schlüssel zum Verständnis des Bewusstseins? Wir brauchten einen weiteren Patienten, um diese Frage zu beantworten.

Im Juni 2003 bekam ein 53-jähriger Busfahrer aus Cambridge namens Kevin plötzlich heftige Kopfschmerzen; ihm wurde schwindelig, und er kollabierte. Am nächsten Tag war er nicht mehr ansprechbar und halbseitig gelähmt. Die Augen machten seltsame, unkontrollierte Bewegungen. Nach seiner Einlieferung ins Addenbrooke's Hospital ergab ein Kernspintomogramm, dass er einen schweren Schlaganfall in Hirnstamm und Thalamus erlitten hatte – den ultimativen Doppelschlag in Bezug auf das Bewusstsein.

Wie wir gesehen haben, stützen sich viele der wichtigsten Hirnfunktionen, einschließlich Schlaf-Wach-Rhythmus, Herzfrequenz, Atmung und Bewusstsein, auf den Hirnstamm. Der Hirnstamm übermittelt zudem zahlreiche sensorische Signale bezüglich Hören, Schmecken und Tasten sowie Schmerzempfinden an den Thalamus. Der Thalamus ist ein zentraler Knotenpunkt, der viele Hirnareale mit einem unglaublich komplexen Netzwerk kommunizierender Neuronen verbindet. Das Zusammenspiel von Hirnstamm und Thalamus ist entscheidend für sämtliche Vitalfunktionen und das Bewusstsein. Es bildet das A und O des menschlichen Seins.

Nach seiner Einweisung in das Addenbrooke's Hospital änderte sich Kevins Wachheitszustand kurzzeitig, doch schon bald war der Patient dauerhaft nicht ansprechbar. Über drei Wochen hinweg zeigte sich bei nachfolgenden Begutachtungen keine Veränderung. Kevins Diagnose lautete »Syndrom reaktionsloser Wachheit«. Vier Monate nach seinem Kollaps, also im Oktober 2003, hielt man Kevin für stabil genug, um ihn bei uns zu scannen, und wir beschlossen, den von Ingrid Johnsrude und ihren Kollegen entwickelten Test zu erproben. Kevins Gehirn sollte gescannt werden, während ihm die aufgezeichneten, von Störgeräuschen überlagerten Sätze vorgespielt wurden, um herauszufinden, ob er sie verstehen konnte. Das Unterfangen schien nicht sonderlich aussichtsreich, aber es war einen Versuch wert.

Bei Beginn des Scans fragte ich mich, ob wir nach Kate und Debbie ein drittes Mal Glück haben sollten. Erstaunlicherweise war es so. Wir sahen eine ausgeprägte Reaktion in Kevins Hirnregionen, die speziell für die Wahrnehmung von Sprachlauten zuständig sind. Das war sehr aufregend, aber nichts Neues. Das Bild glich fast völlig dem Aktivitätsmuster in Debbies Gehirn während des Scans, bei dem ihr nacheinander einzelne Wörter und signalkorrelierte Geräusche vorgespielt worden waren. Aber es zeigte uns, dass Kevin, genau wie Debbie vor ihm, Sprache noch genauso verarbeitete wie vor seinem Schlaganfall.

In Debbies Fall war die Sache damit beendet. Weiteren Fragen konnten wir damals nicht nachgehen, denn wir hatten sie nur mit sprachlichen Lauten und nichtsprachlichen Geräuschen getestet – nichts dazwischen. Die Frage, ob ihr Gehirn Sprachäußerungen *verstehen* konnte, war unbeantwortet geblieben. Bei Kevin hatten wir weitere Optionen. Wir verglichen sorgfältig, was in seinem Gehirn passierte, wenn wir ihm unterschiedliche Sätze vorspielten – leicht verständliche, nur mit zusätzlicher Anstrengung verstehbare und ganz schwer verständliche.

Das Ergebnis war unglaublich: In Kevins Gehirn-Scan leuchteten zwei aktive Felder auf, in der oberen und mittleren Falte des linken Temporallappens. Dies waren die gleichen Hirnareale, die aktiviert wurden, wenn gesunde Probanden sich etwas mehr anstrengen mussten, um die von Störgeräuschen überlagerten Sätze zu verstehen. Einfach gesagt: Sprachverständnis ist bei gesunden Menschen eng mit Gehirnaktivität im linken Temporallappen verknüpft. Bei Kevin, der sich seit vier Monaten angeblich in einem Zustand reaktionsloser Wachheit befunden hatte, veränderte sich die Aktivität in diesem Hirnareal, sobald einige Sätze unverständlicher wurden. Dies war definitiv ein wichtiger Beleg dafür, dass Kevins Gehirn Sprachäußerungen nicht nur hörte, sondern auch verstand.

Neun Monate nach Kevins erstem Scan hatte sich nichts geändert. Der Patient lag immer noch in der Klinik und zeigte nach wie vor keinerlei körperliche Reaktion. Wir beschlossen, ihn ein weiteres Mal zu scannen. Die Ergebnisse waren identisch. Auf dem Scanner leuchteten gewisse Hirnregionen auf, wenn wir ihm dieselben Sätze wie beim ersten Mal vorspielten; die Aktivität wurde stärker, wenn die Sätze von Störgeräuschen überlagert und schwerer zu verstehen waren. Es leuchteten fast die gleichen Hirnareale auf wie neun Monate zuvor. Damit hatten wir unsere Erkenntnisse bestätigt. Es konnte kaum ein Zweifel daran bestehen, dass Kevins Gehirn aus dem Gehörten *Bedeutung* ableitete.[2]

Einerseits war es befriedigend, in der Studie zum gleichen, bestätigenden Ergebnis zu gelangen, andererseits war der Befund frustrierend. Im Grunde wollte ich wissen, wie es ist, Kevin zu sein, und ob wir ihm ein mögliches Leiden irgendwie ersparen konnten. Spürte er den gleichen verzehrenden Durst, den Kate gespürt hatte? Hatte auch er versucht, sein Leben zu beenden, indem er die Luft anhielt? Hörte er jeder Unterhaltung zu oder hatte er sich aus dieser Welt ausgeklinkt und sich von dem Alptraum seiner jetzigen Existenz losgelöst? War er sich dessen bewusst, dass wir ihn gescannt hatten? Wusste er, dass wir versucht hatten, mit ihm Kontakt aufzunehmen? Kümmerte ihn das überhaupt?

Diese Fragen quälten mich, aber eines war mir klar: Wenn wir sie beantworten wollten, mussten wir konzentriert bleiben, Schritt für Schritt vorgehen, alle wissenschaftlichen Daten eingehend prüfen und schließlich ein Bild davon gewinnen, was in Kevins Welt wirklich los war – falls er sich überhaupt einer Welt gewahr war.

In Debbies und auch in Kevins Fall waren wir immer noch der Frage nachgegangen, wie Sprache und Bewusstsein verknüpft sind. Wir hatten zwar Fortschritte erzielt, aber viele der heiklen alten Fragen bezüglich des Bewusstseins blieben ungelöst. Was hatte es im Grunde zu bedeuten, dass Kevins Gehirn den Sinn von Sätzen verstehen konnte? Bedeutete dies, dass er beim Hören des Satzes »Der Mann fuhr mit seinem neuen Auto zur Arbeit« diesen Vorgang vor seinem inneren Auge erlebte, als plastische Bildsequenz, die er überdenken oder sogar weiter ausgestalten konnte? Oder erfolgte diese Reaktion auf einer niedrigeren, eher automatischen Ebene, nicht so sehr als Erfahrung, die reflektiert werden konnte, sondern als einfachere Assoziation zwischen Wörtern und deren Bedeutung, wodurch der Satz das Bild eines Mannes und eines Autos hervorrief, aber wenig mehr? »Mann«, »Auto« und »Arbeit« sind geläufige Hauptwörter, die ohne weiteres registriert worden sein mochten, weil sie der kortikalen Apparatur vertraut sind, und doch könnten sie bei Kevin nicht jene Vorstellungsbilder ausgelöst haben, die fester Bestandteil unserer voll bewussten Erfahrungen sind.

Viele unserer komplexesten Hirnfunktionen, selbst unsere Fähigkeit, gesprochene Sprache zu verstehen, können aufrechterhalten bleiben, auch wenn wir nicht ganz bei vollem Bewusstsein sind. Wenn Sie schlafen – vielleicht nicht richtig tief – und jemand ganz in der Nähe Ihren Namen ausspricht, kann es sein, dass Sie aufwachen. Wenn aber ein anderer Name ausgesprochen wird, besonders der eines fremden oder unbedeutenden Menschen, kann es sein, dass Sie einfach weiterschlafen.

Allein die Tatsache, dass Sie in diesen beiden Situationen unterschiedlich reagieren, liefert den Beweis dafür, dass Ihr Gehirn in einem Zustand verringerten Gewahrseins Lautäußerungen in Ihrer Umgebung verfolgt und Entscheidungen über deren Inhalt trifft. Es kann nicht sein, dass Ihr Gehirn Ihren Namen irgendwie »hört« und den eines anderen »überhört«, denn wenn ein Name nicht gehört wird, kann Ihr Gehirn nicht wissen, ob es Ihrer war oder nicht. Das Gehirn muss *alle* Namen registrieren.

Führen wir diesen Gedankengang einen Schritt weiter. Während Sie schlafen, muss Ihr Gehirn alle Sprachlaute um Sie herum verfolgen und verarbeiten, ja im Grunde *alle Geräusche in Ihrem Umfeld*, um feststellen zu können, ob Ihr Name oder der eines anderen oder überhaupt kein Name geäußert wurde und womöglich ein Rasenmäher zu hören war. Währenddessen schlafen Sie und bekommen nichts von dem mit, was um Sie herum geschieht beziehungsweise wie Ihr Gehirn dies verarbeitet. Und dies gilt nicht nur für den Menschen. Man kann beispielsweise beobachten, wie eine Katze oder ein Hund trotz eines lauten, aber vertrauten Geräuschs (etwa eines Rasenmähers) tief schläft, aber sofort ein Auge öffnet, wenn ein leiseres, aber viel interessanteres Geräusch erklingt, etwa das Scharren einer Maus in einem Schrank. Es ist leicht zu verstehen, warum das so ist: Dieses Verhaltensmuster ist wichtig für das Überleben und hat sich vermutlich als Teil der Aufmerksamkeitsfähigkeiten über Jahrtausende verstärkt. Jedes Lebewesen muss wach werden, wenn etwas möglicherweise Gefährliches (oder Verzehrbares) ein Geräusch verursacht. Was aber wäre, wenn jedes Geräusch dieselbe Wirkung erzielte? An Schlaf wäre nicht zu denken!

Wie sollten wir nun die Aktivität in Kevins Kopf deuten? War sie ein Anzeichen für Bewusstsein, oder machte Kevins Gehirn einfach nur »sein Ding«, während Kevin als Individuum nichts davon mitbekam?

Es gab keine klare Antwort. Wir mussten noch etwas tiefer graben. Ich hoffte, dass Kevins Gehirnaktivität ein Zeichen war – ein winziger Hinweis darauf, dass Kevin im Inneren noch präsent war und herauskommen wollte, darauf wartete, dass wir ihn finden und aus dem erlösten, was ich mir nur als eine gepeinigte Existenz vorstellen konnte. Doch eine andere Seite in mir erschauderte bei dem Gedanken. Mir graute bei der Vorstellung, dass Kevin noch geistig da war und mitbekam, dass wir ihn scannten, sich aber gleichermaßen darüber im Klaren war, dass wir inzwischen auf dem Schlauch standen und nicht genau wussten, was seine Hirnaktivität überhaupt zu bedeuten hatte. Denn falls Kevin tatsächlich ein Bewusstsein besaß, dürfte er jedes einzelne unserer Gespräche in seiner Gegenwart mitbekommen haben und wissen, dass wir mit ihm Kontakt aufnehmen wollten und keine Ahnung hatten, wie die Scanergebnisse zu deuten waren. War er ein Gestrandeter auf einer unbewohnten Insel und wir ein Schiff, das gerade in weiter Ferne vorübergefahren war und ihn enttäuscht und verzweifelt zurückließ? Hatten wir seine Lage womöglich verschlimmert, indem wir seine Not noch vergrößerten? Ich versuchte, nicht darüber nachzudenken.

Während ich bemüht war, Zugang zu Kevins Innenwelt zu gewinnen, grübelte ich wieder über Maureens missliche Lage nach und fragte mich, ob die beiden Fälle irgendwelche Parallelen aufwiesen. Die Hirnschädigungen der beiden hatten ganz unterschiedliche Ursachen, doch die Folgen waren mehr oder weniger gleich; beide befanden sich in einem Zustand reaktionsloser Wachheit. Wenn Kevin im Inneren präsent war – konnte dies auch bei Maureen der Fall sein?

Dann veränderte sich auf einmal alles.

Nach monatelangem Drängen und Feilschen erwarb das Wolfson-Zentrum schließlich einen Scanner für funktionelle Magnetresonanztomographie (fMRT). Dieses bemerkenswerte Verfahren, das Anfang der 1990er Jahre für den Einsatz in der Humanmedizin entwickelt worden war, eröffnete uns völlig neue Möglichkeiten und wälzte die Wachkomaforschung regelrecht um.

Die funktionelle Magnetresonanztomographie (fMRT) beruht auf einem gänzlich anderen technologischen Ansatz zur optischen Darstellung der Gehirnaktivität als die Positronenemissionstomographie (PET), doch das Endergebnis ist weitgehend identisch; sie misst Gehirnaktivität, die mit Denken, Fühlen und Planen verknüpft ist. Das Verfahren beruht auf folgendem Prinzip: Blut, das Sauerstoff zum Gehirn transportiert, verhält sich in einem Magnetfeld anders als Blut, welches seinen Sauerstoff bereits an das Gehirn abgegeben hat. Anders gesagt, sauerstoffreiches und sauerstoffarmes Blut haben unterschiedliche magnetische Eigenschaften. Aktivere Hirnareale nehmen mehr sauerstoffgesättigtes Blut auf.

Der fMRT-Scanner kann dies sichtbar machen und somit präzise anzeigen, wo die Aktivität auftritt. Anders als bei der PET entsteht bei der fMRT keine Strahlenbelastung. Die fMRT hat im Grunde keinerlei schädliche Auswirkungen auf die Patienten, und so können diese immer wieder völlig unbedenklich gescannt werden. Wenn sich positive Ergebnisse abzeichnen, kann man weitermachen, um dahinterzukommen, was genau vor sich geht. Der Fall muss nicht irgendwann zu den Akten gelegt werden.

Die funktionelle Magnetresonanztomographie bringt weitere Vorteile mit sich, die sogar noch wesentlicher sind. Die Gehirnaktivität kann im Sekundentakt verfolgt werden, anstatt über einen Zeitraum von mehreren Minuten, wie es bei der PET stets der Fall war. Dies hat weitreichende Folgen, besonders bei Studien, in denen gesprochene Sprache eingesetzt wird. Die Gehirnprozesse, die für das Sprachverständnis zuständig sind, arbeiten im Sekundentakt und nicht im Minutentakt.

Um diese Textseite zu lesen und zu verstehen, braucht man ungefähr eine Minute – so lange wie ein PET-Scan dauert. Wenn der Leser am Ende der Seite angelangt ist, hat sein Gehirn aber schon ein ganzes Dutzend unterschiedlicher Sätze entschlüsselt und verstanden. Man wartet nicht bis zum Ende der Seite, um deren Inhalt zu verarbeiten. Das geht im Grunde gar nicht, selbst wenn man es wollte.

Das Verstehen von Sprache ist ein fortlaufender Prozess. Das Gehirn zerlegt eine Textseite jeweils Wort für Wort, Satz für Satz, um die übergeordnete Bedeutung zu extrahieren. Das Herausarbeiten von Bedeutung vollzieht sich auf einer sogar noch niedrigeren Ebene, wie wir gleich sehen werden. Begnügen wir uns hier mit der Feststellung, dass die Größe einer Informationseinheit, die sich mittels fMRT untersuchen lässt – die sogenannte »zeitliche Auflösung« –, ausreicht um zu analysieren, wie einzelne Sätze verarbeitet werden. Die zeitliche Auflösung der PET lag im Minutenbereich, nicht im Sekundenbereich; man konnte damit eigentlich nur untersuchen, wie das Gehirn auf eine ganze Textseite reagiert. Bei der fMRT liegt die zeitliche Auflösung im Sekundenbereich; hiermit lässt sich darstellen, wie jeder einzelne Satz verarbeitet und verstanden wird.

Dies war damals eine entscheidende Entwicklung, denn bei Kevin standen wir vor dem Problem, konkret zu bestimmen, was genau er verstehen konnte. Vielleicht erfasste er nur allgemeine Themen und Vorstellungen oder einen Gesamteindruck dessen, worum es ging. Oder konnte er den Inhalt gesprochener Sprache Satz für Satz, Wort für Wort herauspicken, so wie jeder gesunde Mensch?

Ähnlich wie das Lesen geht das Verstehen klarer mündlicher Äußerungen in der eigenen Muttersprache normalerweise so mühelos vonstatten, dass wir uns gar nicht bewusst sind, wie kompliziert es eigentlich ist. Wir müssen nicht nur all die einzelnen Worteinheiten erkennen, sondern auch die Bedeutung jedes Wortes erfassen und deren Gesamtheit richtig kombinieren, um einen Satz zu verstehen.

Ein riesiges Problem wirft die Mehrdeutigkeit auf. Diese sogenannte Ambiguität entsteht beispielsweise durch Homonyme, also Wörter, die bei gleicher Schreibweise und Aussprache unterschiedliche Bedeutungen haben (z. B. *Ball*, *Bank*, *Flügel*, *Hahn*, *Kiefer*, *Tor*). Eine weitere Ursache können Homophone sein, also Begriffe unterschiedlicher Bedeutung, die gleich ausgesprochen, aber verschieden geschrieben werden (z. B. *arm/Arm*, *fest/Fest*, *Lehre/Leere*, *malen/mahlen*, *mehr/Meer*, *wahre/Ware*).

Hier ein Beispiel: »Er verlor seine Geldbörse irgendwo in der Nähe der Bank.« In dem Satz muss der Hörer herausarbeiten, ob das mehrdeutige Wort »Bank« im konkreten Fall »Geldinstitut« oder »Sitzgelegenheit« bedeutet. Ein weiteres Beispiel: »Als der Cowboy aus dem Friseursalon kam, war sein Pony verschwunden.« Das homonyme Wort »Pony« kann auf eine »Frisurform« oder ein »kleinwüchsiges Pferd« verweisen. Beide Lesarten sind möglich. Der Witz baut häufig darauf, diese Art der Doppeldeutigkeit in der Schwebe zu lassen. Das Gehirn hat bei Mehrdeutigkeit die Aufgabe, den Kontext, das heißt den sprachlichen und situativen Zusammenhang, mit einzubeziehen. Mittels fMRT lässt sich darstellen, wie ein einzelner Satz vom Gehirn in Millisekunden analysiert und interpretiert wird.[3]

Ingrid Johnsrude und ihre Kollegen setzten semantische Ambiguität (Mehrdeutigkeit) ein, um dahinterzukommen, wie das gesunde Gehirn gesprochene Sprache versteht. Sie führten eine fMRT-Studie durch, bei der dem im Scanner liegenden gesunden Probanden Sätze mit mehrdeutigen Wörtern vorgespielt wurden. Beispiel: *»The shell was fired toward the tank«*. Die Wörter *shell*, *fired* und *tank* haben alle mehrere Bedeutungen (*shell:* Muschel, Hülse, Granate; *fired:* gefeuert, (ab)geschossen; *tank:* Tank, Behälter, Panzer). (Ein deutsches Beispiel wäre etwa: »Er hat die Mühle kaputt gekriegt.« Dabei stehen »Mühle« für »Anlage zum Mahlen« oder »altes Auto« und »kaputt gekriegt« für »defekt erhalten« oder »demoliert/geschrottet«.) Den Versuchsteilnehmern wurden auch Sätze ohne mehrdeutige Wörter vorgespielt, etwa *»Her secrets were written in her diary«* (»Ihre Geheimnisse waren in ihrem Tagebuch festgehalten«). Die Forscher wählten Beispiele für beide Typen von Sätzen, die nach allen möglichen wichtigen psycholinguistischen Kategorien gut aufeinander abgestimmt wurden. Dahinter stand die Überlegung, dass Sätze mit mehrdeutigen Wörtern vermehrte Gehirnaktivität erfordern, um die kontextuell richtige Bedeutung herauszuziehen. Und tatsächlich zeigte sich bei Sätzen mit mehrdeutigen Wörtern eine verstärkte Gehirnaktivität im linken temporalen Cortex und im unteren Teil beider Frontallappen. Damit war belegt, dass diese beiden Regionen wichtig sind, um die Bedeutung gesprochener Sätze zu verstehen.

Dies waren entscheidende Informationen für uns, als wir über die Ergebnisse von Kevins PET-Scans nachdachten und uns fragten, wie sein Sprachverständnis tatsächlich aussehen mochte. Mit der simplen Prozedur, dem Probanden im Scanner zwei verschiedene Arten von Sätzen vorzuspielen, schien sich feststellen zu lassen, ob der Betreffende zwischen den möglichen Bedeutungen eines ambigen Wortes entscheiden konnte, indem er dieses Wort mit dem Sinnzusammenhang des restlichen Satzes in Bezug setzte. Hierbei handelte es sich doch sicher um Sprachverständnis auf der höchsten Ebene, dachten wir uns. Erfordert Sprachverständnis noch mehr? Gibt es noch komplexere Prozesse? Wir hatten es nicht mehr mit Sprachverständnis im vagen, unbestimmten Sinn einer allgemeinen, vielleicht automatischen Assoziation zwischen einem Wort und einer Bedeutung zu tun – nach dem Prinzip: ich weiß, dass ein »Hund« eine Art von »Tier« ist. Inzwischen ging es um ganze Sätze – ganze mehrdeutige Sätze –, deren Verarbeiten und Verstehen definitiv darauf schließen ließ, dass die unterschiedlichen Bedeutungen eines bestimmten Wortes aus dem Gedächtnis abgerufen werden konnten und dass die passende Bedeutung dann aufgrund des Bezugs des Wortes zum Informationskontext des restlichen Satzes ausgewählt wurde.

Wir erkannten allmählich, dass das Sprachverständnis der Schlüssel zum Bewusstsein sein kann – nicht in dem Sinn, dass Sprache gleich Bewusstsein ist, sondern in dem Sinn, dass ein Mensch mit einem hochkomplexen Sprachverständnis sehr wahrscheinlich über ein Bewusstsein verfügt. Philosophen mögen argumentieren, dass auch Spracherkennungssoftware wie Siri *(**S**peech **I**nterpretation and **R**ecognition **I**nterface)* Sprache in einem bestimmten Sinn »versteht«, aber sie würden wohl auch darin übereinstimmen, dass Siri und ähnliche Programme keinerlei Bewusstsein aufweisen. Genau in solchen Zusammenhängen, in denen Ambiguität auftritt, sind Maschinen (anders als Menschen) zum Scheitern verurteilt. Neil Armstrong und Buzz Aldrin betraten vor fast 50 Jahren den Mond, doch die besten Köpfe unseres Planeten scheinen immer noch keine Maschine bauen zu können, die menschliche Sprache fehlerfrei versteht.

Warum? Ein Teil des Problems besteht darin, dass menschliche Sprache ungeheuer vieldeutig sein kann, selbst wenn die einzelnen Wörter nicht mehrdeutig sind. Betrachten wir ein Beispiel: *»He fed her cat food.«* Der Satz ist mehrdeutig, weil er zwei Lesarten zulässt: »Er gab ihrer Katze Futter« und »Er gab ihr (einer weiblichen Person) Katzenfutter«. (Ein deutsches Beispiel wäre: »Er genoss seine Reise in vollen Zügen.« Hier ist der Ausdruck »in vollen Zügen« lesbar als »mit intensivem Genuss« oder »in vollen Eisenbahnabteilen«.) Unser Gehirn löst diese Ambiguität normalerweise auf, indem es den Kontext einbezieht. Wie soll eine Maschine oder eine Software den Unterschied erkennen? Das geht nicht, zumindest in den meisten Fällen, weil sie sich im Gegensatz zum Menschen nicht all dessen »bewusst« sind, was in jenem Augenblick, kurz zuvor, vor einer Woche oder irgendwann geschehen ist. All dieses Wissen, über das der Mensch verfügt, liefert einen Kontext und lässt erkennen, welche der alternativen Lesarten eines mehrdeutigen Satzes in einer konkreten Situation die richtige ist.

Es kann nicht oft genug wiederholt werden: Ingrid Johnsrude und ihre Kollegen hatten uns gezeigt, dass zwei Hirnregionen – eine im hinteren und unteren Teil des linken temporalen Cortex und eine im unteren Teil des Frontallappens – wichtig für das Verständnis gesprochener Sätze sind. Diese Areale arbeiten daran, Mehrdeutigkeit zu meistern. Aber es ist noch komplizierter. Auch das Erinnerungsnetzwerk des Gehirns wirkt entscheidend beim Verstehen gesprochener Sprache mit. Zurück zum obigen Beispiel: »Er verlor seine Geldbörse irgendwo in der Nähe der Bank.« Wenn ich aufgrund anderer gespeicherter Informationen weiß, dass dies im Rahmen eines Parkspaziergangs geschah, ist klar, dass ich nicht an ein Geldinstitut denken muss. Und so verbinden sich all diese Gehirnprozesse, um das Problem sprachlicher Ambiguität zu lösen.

Genau hierin liegt die Verbindung zwischen Sprache und Bewusstsein. Weil so viele komplexe kognitive Prozesse am Sprachverständnis beteiligt sind – Vereindeutigung, Kontextentschlüsselung, Datenabruf aus dem Langzeitgedächtnis, Einbezug gesellschaftlicher Normen –, verstärkte sich der Eindruck, dass ein Bewusstsein vorliegen müsse, wenn ein Gehirn all diese Prozesse erfolgreich ausführen kann. Mithilfe von Sprache arbeiteten wir schrittweise heraus, was die Bausteine des menschlichen Bewusstseins sein müssen.

Kevin war der allererste Patient, den wir in einem fMRT-Scanner untersuchten, mit jener unglaublichen neuen Technologie, die bei der Entwicklung der Wachkomaforschung eine so wichtige Rolle spielen sollte. Seine Füße, in Socken, ragten aus der langen Röhre des Scanners heraus. Der Apparat ging mit einem Surren und einem dumpfen Knall in Betrieb. Ein Bündel von Radiowellen wurde freigesetzt, und der Scanvorgang begann mit der unverkennbaren Abfolge extrem lauter Pieptöne.

Kevin war, bewusst oder unbewusst, daran beteiligt, die Wachkomaforschung voranzubringen – unser Verständnis davon, was es heißt, bewusst zu sein, zu erweitern. Die Teilnahme an unserem Experiment brachte aber wohl keinen Vorteil für ihn persönlich. Dieser Scan war ein wichtiges Teilchen in einem großen Puzzle, aber wir waren noch weit davon entfernt, den Menschen konkret helfen zu können. Es machte mir Mut, dass Kevin dazu beitrug, viele Mosaiksteinchen zusammenzufügen. Und es war damit zu rechnen, dass künftige Patienten schon bald klinisch profitieren würden.

Als wir Kevin die Sätze mit mehrdeutigen Wörtern vorspielten, leuchtete sein Temporallappen auf dem Scan in genau der gleichen Weise auf wie bei den gesunden Freiwilligen. Wir wussten von früheren Studien, dass die fokussierte Aktivität im unteren und hinteren Teil der linken Hemisphäre wichtig für die Sinngebung ist. Trotz seiner Diagnose – Syndrom reaktionsloser Wachheit – konnte Kevins Gehirn immer noch die kontextuell richtige Bedeutung von Wörtern auswählen und integrieren und somit komplexe Sätze mit mehrdeutigen Wörtern verstehen.

Noch nie zuvor war ein Experiment wie dieses durchgeführt worden: Eine ausgeklügelte Reihe von Sätzen bewirkte äußerst subtile Veränderungen in Hirnarealen, die die komplexesten Seiten des Sprachverständnisses steuern. Wie es schien, konnte Kevins Gehirn immer noch vielschichtige Sätze verarbeiten und ihnen eine gewisse Bedeutung zuschreiben.[4]

Einige Monate nach Kevins fMRT-Scan stellte ich unsere Ergebnisse ganz aufgeregt einem erlesenen Kreis von Klinikpersonal und Pflegern in Cambridge vor. Ich hatte wirklich den Eindruck, wir hätten neue Erkenntnisse darüber erlangt, was Patienten wie Kevin zu leisten vermochten. Wir waren dabei, die Grenzen zu erweitern. Die Reaktion meiner Zuhörer war jedoch zugleich ernüchternd und erhellend. Was wir nachgewiesen hatten – dass Kevins Gehirn auf hochkomplexe, mehrdeutige Sätze reagierte –, war nicht genug. Die Zuhörer wollten mich festnageln und von mir hören, dass die Scan-Resultate bestätigten, Kevin sei definitiv bei Bewusstsein. Die sprachlichen Stimuli mochten noch so ausgeklügelt, die Technologie noch so fortschrittlich sein, bevor wir nicht unwiderlegbar beweisen konnten, dass Kevin bei Bewusstsein war, wollte niemand glauben, dass er es sei – oder auch nur sein könne.

Vielleicht aufgrund der Frustration über die ungenügenden Ergebnisse, die Kevins Scans geliefert hatten, verdichtete sich im Jahr 2004 bei mir das Gefühl, dass ich eine Pause brauchte. Im Jahr zuvor war ich nach Sydney eingeladen worden, um über meine Arbeit zu Frontallappen-Funktionen und Parkinson zu referieren, und hatte enge Kontakte zu Psychiatern an der University of New South Wales geknüpft. Die dortigen Kollegen hatten kurz zuvor einen neuen fMRT-Scanner angeschafft und luden mich zu einem weiteren, längeren Aufenthalt ein, um sie bei der Inbetriebnahme des Bildgebungsverfahrens zu unterstützen.

Ich ergriff die Gelegenheit für einen Tapetenwechsel und verbrachte vier herrliche Monate down under. Ich mietete eine Wohnung am Coogee Beach, nur ein paar Buchten weiter südlich von Bondi Beach mit seinem goldenen Sand, den attraktiven Menschen und immerwährendem Sonnenschein – ungefähr das Paradiesischste, das sich ein Brite vorstellen kann. Die Vormittage genoss ich am Strand oder spazierte den wunderschönen Klippenpfad entlang. Ich war allein und hatte viel Zeit zum Nachdenken.

Seit Maureens Unfall waren acht Jahre vergangen. Knapp ein Jahr danach war Kate auf den Plan getreten. Dann Debbie und Kevin. Das Schiavo-Debakel stand kurz vor seinem Ende; wenige Monate später war die Patientin tot. Meine wissenschaftlichen Interessen verlagerten sich allmählich – weg von dem, was ich bislang vorwiegend untersucht hatte, nämlich die Funktionen der Frontallappen und deren Bedeutung für Krankheiten wie Parkinson, und hin zur Erforschung des Bewusstseins bei Wachkomapatienten.

Diese neue Richtung war aufregend, motivierend und auf seltsame Weise verlockend. Hier diente das Hirnscannen einem *Zweck*. Es ging nicht mehr bloß um Forschung um der Forschung willen. Diese wissenschaftliche Reise bot klare

Aussichten auf ein Ergebnis, das realen Menschen mit echten Problemen zugutezukommen versprach. Menschen wie Maureen. Wie genau wir dahin kommen sollten, war mir nicht klar. Jedes Experiment warf so viele Fragen auf, wie es beantwortete, aber jede neue Frage war genauso faszinierend wie die davor.

Das einzige Problem bestand darin, dass ich nicht wusste, wie ich vorgehen sollte. Was war der nächste Schritt? Wie lautete die nächste Frage, die wir stellen mussten, um unser Verständnis zu erweitern? Ich steckte fest. Doch plötzlich wurde mir bewusst, dass die Antwort zum Greifen nah war. Die beiden scheinbar getrennten Forschungsansätze, die ich bisher verfolgt hatte, waren letztlich gar nicht so unverbunden. Im Grunde waren sie eng miteinander verknüpft. Das nächste Forschungsprojekt lag förmlich auf der Hand. Ich hatte es bloß nicht gesehen.

7

Die Welt als Wille

Welche Fackel wir auch anzünden und welchen Raum sie auch erleuchten mag; stets wird unser Horizont von tiefer Nacht umgrenzt bleiben.

Arthur Schopenhauer,
Die Welt als Wille und Vorstellung

Von Kevin hörte ich zuletzt im Jahr 2005, mehr als zwei Jahre nach seinem Schlaganfall. Er wohnte inzwischen in einem Pflegeheim. Sein Zustand war stabil, aber an der Diagnose »Syndrom reaktionsloser Wachheit« hatte sich nichts geändert. Ich fragte mich, ob er wohl wusste, dass wir versucht hatten, zu ihm vorzudringen. Das Personal in seinem Pflegeheim war mit unseren Forschungsergebnissen vertraut, doch die Frage war und blieb, ob diese für Kevins Leben irgendetwas bedeuteten. Wurde er anders behandelt? Redeten die Pfleger mit ihm, weil er sie vielleicht verstehen konnte? Lasen sie ihm etwas vor? All das sollte ich wohl nie erfahren. Es war sehr frustrierend, ließ sich aber nicht ändern.

Etwa zu der Zeit, als wir Kevin scannten, arbeitete ich mit Anja Dove, einer meiner Postdoktorandinnen, an einem fMRT-Projekt; wir untersuchten, wie Frontallappen an Gedächtnisprozessen mitwirken. Unsere Intuition sagte uns, dass die Frontallappen für jene Ereignisse wichtig sind, bei denen wir uns vornehmen, etwas im Gedächtnis festzuhalten und gezielt eine Erinnerung abzuspeichern. Die Frontallappen sind nicht maßgeblich für »automatisch« Eingeprägtes, also jene Details und Fakten, die man im Alltagsleben mühelos ansammelt, ob man will oder nicht – wie das eigene Auto aussieht oder wo in der eigenen Wohnung das Badezimmer zu finden ist. Die Frontallappen kommen dann ins Spiel, wenn man sich absichtlich etwas einprägen will, etwa eine Telefonnummer, eine Adresse oder eine Einkaufsliste, die zu kurz ist, um sie extra aufzuschreiben. Diese Unterscheidung erwies sich als bedeutsam für den Forschungsansatz, der sich in meinem Kopf herauskristallisierte, um nachzuweisen, dass zumindest einige Menschen, die sich rein äußerlich im Zustand reaktionsloser Wachheit zu befinden scheinen, über ein Bewusstsein verfügen – Menschen, bei denen von vielen Seiten beteuert wurde, sie zeigten im Scanner auf bestimmte Stimuli automatische, nichtbewusste Reaktionen.

Während ich am Coogee-Strand die Wellen beobachtete, liefen bei mir verschiedene Gedankengänge zusammen und nahmen Form an. Und dann wurde mir in einem jener Momente der Inspiration, die nur auftreten, wenn man sie am wenigsten erwartet, plötzlich klar, dass Absicht und Bewusstsein untrennbar miteinander verbunden sind; wenn sich das eine nachweisen ließ, konnte das andere als gegeben angenommen werden. Und *Intention* war genau die Form von Kognition, die wir mit unseren Gedächtnisexperimenten im Bereich der Frontallappen bereits untersuchten. Damit dies verständlich wird, muss ich etwas weiter ausholen.

Stellen Sie sich vor, Sie schlendern durch eine Kunstgalerie. Im Lauf einer Stunde sehen Sie hunderte Gemälde; einige stechen deutlich heraus, andere ähneln sich in Motiv, Farbe oder Stil. Stellen Sie sich zudem vor, dass Sie sich keine besondere Mühe geben, sich irgendeines der Bilder einzuprägen. Wenn Sie nach längerer Zeit die Galerie wieder besuchen, werden Sie sich wahrscheinlich an einige Gemälde erinnern, an andere hingegen nicht. Manche kommen Ihnen vielleicht vertraut vor, aber Sie können sich nicht absolut sicher sein, ob

Sie diese Werke schon einmal gesehen haben oder nicht. Sie mögen zwar glauben, einige der Gemälde wiederzuerkennen, doch genau genommen verwechseln Sie sie mit anderen, irgendwie ähnlichen Bildern, die Sie einmal gesehen haben.

Dies ist typisch für die meisten Erinnerungsprozesse. Die Welt um uns herum wimmelt nur so von Informationen, die man sich merken könnte, aber das wahre Leben ist kein Gedächtnistest. Also versuchen wir im Alltag gar nicht, uns alles Erlebte vorsätzlich und bewusst einzuprägen. Die Erfahrungen werden einfach durchlebt. Einiges davon bleibt hängen, anderes nicht. Im Allgemeinen bleibt das Einzigartige und klar Unterscheidbare hängen; nicht gespeichert werden dagegen Informationen, die anderen bereits erlebten Eindrücken ähneln und daher redundant sind.

Das heißt aber nicht, dass wir wie benebelt herumlaufen, zumindest nicht die meiste Zeit. Wir haben einen »Aufmerksamkeitsscheinwerfer« angeschaltet, wie einige Vertreter der kognitiven Neurowissenschaft es nennen. Für Gegenstände innerhalb dieses Scheinwerferlichts bestehen gute Aussichten, im Gedächtnis gespeichert zu werden, ob ich will oder nicht. Wenn ich meine Aufmerksamkeit auf einen Gegenstand richte, bildet sich in meinem Gehirn eine »Repräsentation« (ein Abbild) davon ab; bestimmte Neuronenbündel feuern in Reaktion darauf, wie der Gegenstand aussieht, klingt und sich anfühlt, beziehungsweise darauf, wem er ähnelt oder ob ich ihn schon einmal gesehen habe. Jeder Aspekt eines Gegenstands in meinem Aufmerksamkeitsscheinwerfer – von seinen physikalischen Eigenschaften über seine Position bis hin zu seiner Relevanz für andere Gegenstände, die gleichzeitig anwesend sind beziehungsweise in meinem Kopf (als Erinnerung an Früheres) auftauchen – wird von feuernden Neuronen »repräsentiert«. Dies bildet die physiologische Grundlage der Aufmerksamkeit: Ein Gegenstand in der dinglichen Welt, etwa ein Objekt, das ich anschaue, wird auf ein Netzwerk feuernder Neuronen im Gehirn umkopiert. Und weil dieses bestimmte Netzwerk von Neuronen gleichzeitig feuert, erhöhen sich die Chancen, dass es im Gedächtnis abgespeichert wird – als beständige, feste Repräsentation, die zu einem späteren Zeitpunkt wiederhergestellt werden kann.

Der berühmte kanadische Neuropsychologe Donald Hebb formulierte bereits 1949 die Regel: *»Neurons that fire together, wire together« – Neuronen, die gleichzeitig feuern, verdrahten sich*, oder etwas weniger schlagwortartig gesagt: Je häufiger ein Neuron gleichzeitig mit einem anderen Neuron aktiv ist, desto bevorzugter reagieren die beiden aufeinander.[1] Hebb meinte damit Folgendes: Jede Erfahrung, jeder Gedanke, jedes Gefühl und jeder Sinneseindruck eines Menschen aktiviert tausende Neuronen, die ein neuronales Netzwerk beziehungsweise eine »Repräsentation« dieser Erfahrung bilden. Mit jeder Wiederholung dieser Erfahrung werden die Verbindungen zwischen den betreffenden Neuronen stärker, und die »Repräsentation« wird im Gehirn immer mehr als Erinnerung »verdrahtet«.

Diese Art von Erinnerungsprozess – über jenes Erinnern hinaus, das man sich bewusst vornimmt (etwa das Einprägen des Einmaleins) – wird von den Temporallappen vollzogen. Es geht vergleichsweise automatisch und ohne bewusste Steuerung vonstatten. Psychologen sprechen von »erinnerungsbasiertem Wiedererkennen« *(recognition memory)*, denn häufig werden wir uns dieses Vorgangs nur dann bewusst, wenn wir spontan etwas »wiedererkennen«, das wir schon einmal erlebt haben. Für das erinnerungsgestützte Wiedererkennen sind die Frontallappen entbehrlich. In meiner Zeit am Maudsley Hospital hatte ich nachgewiesen, dass Patienten mit massiven Schädigungen im vorderen Teil ihres Gehirns (im Bereich der Frontallappen) immer noch ein zuvor gesehenes Bild wiedererkennen konnten, selbst wenn sie es nur flüchtig erblickt hatten.[2] Unseren Patienten mit chirurgischen Eingriffen im Temporallappen dagegen fiel es ausgesprochen schwer, ein Bild zu erkennen, das man ihnen nur ein paar Sekunden zuvor gezeigt hatte. Die Frontallappen werden nur dann aktiv, wenn wir uns etwas Bestimmtes einprägen wollen, wenn wir die bewusste Absicht haben, etwas im Gedächtnis abzuspeichern.

Warum der Mensch über diese beiden unterschiedlichen Möglichkeiten verfügt, Erinnerungen abzuspeichern, ist unklar, doch diese Methode ist ungeheuer effektiv und hängt sicherlich eng mit dem Bewusstsein zusammen. Zum einen gilt Folgendes: Wenn wir uns nur an das erinnern könnten, was wir uns bewusst einprägen, würden wir zumeist in Schwierigkeiten stecken. Stellen Sie sich vor, Sie begegnen Ihrer Schwiegermutter zum ersten Mal und vergessen, besonders darauf zu achten, sich ihr Gesicht einzuprägen. Es wäre mehr als peinlich, wenn Sie sie am nächsten Tag nicht wiedererkennen würden. Es ist von Vorteil, dass unser Gehirn solche Dinge automatisch abspeichert, denn so müssen wir uns dies nicht bewusst vornehmen. Diese Vorgehensweise ist effizient, denn viel von dem, was wir uns einprägen, ja einprägen *müssen*, muss nicht bewusst und peinlich genau gelernt werden. Es genügt schon, einfach zu wissen, dass man die Schwiegermutter erkennen wird, wenn man sie wiedersieht.

Zum anderen wäre es sehr ungünstig, wenn das komplette Gedächtnis ständig nur auf Automatik geschaltet wäre. Es ist vorteilhaft, *entscheiden* zu können, was am vordringlichsten abgespeichert werden soll. Wenn Sie gleichzeitig Ihrer Schwiegermutter und einer ganzen Schar von Tanten und entfernten Cousinen vorgestellt werden, müssen Sie sich auf Ihre Schwiegermutter konzentrieren und sich deren Namen einprägen, denn zweifellos sind die Sanktionen am schärfsten, wenn Sie diesen vergessen. Im Fall der Schwiegermutter genügt es nicht, wenn diese für ein paar Momente in Ihrem Aufmerksamkeitsscheinwerfer steht. Es bleibt Ihnen nicht erspart, kurz innezuhalten, das Gedächtnissystem Ihres Frontallappens zu aktivieren und eine bewusste Anstrengung zu unternehmen, diesen einen Namen vor allen anderen abzuspeichern. Und hier kommt schließlich das Bewusstsein zum Tragen.

Die Absicht, sich etwas einprägen zu wollen, und die Entscheidung darüber, was gespeichert und was vergessen werden soll, nicht bloß den Launen der Temporallappen zu überlassen, entspringt einem Bewusstseinsakt. Den Namen der Schwiegermutter zu behalten ist genauso vorteilhaft wie das Einmaleins zu beherrschen und verdient es, einiges an bewusster Energie zu investieren.

Am Strand in Coogee wurde mir klar: Wenn wir Forscher dahinterkommen, ob etwas automatisch oder aber willentlich im Gedächtnis abgespeichert worden ist, können wir vielleicht auch verstehen, ob eine Reaktion im Zustand reaktionsloser Wachheit bewusst erfolgt oder nicht. Wenn sich nachweisen lässt, dass eine Reaktion *absichtlich* erfolgt, dann ist sie sicherlich auch bewusst. Wenn sie hingegen automatisch erfolgt, ist sie vielleicht nicht bewusst.

Um dies zu veranschaulichen, versetzen wir uns wieder in die Kunstgalerie. Wenn Sie durch die Räume schlendern und gewährleisten wollen, sich ein ganz bestimmtes Gemälde zu merken, dann treffen Sie die bewusste Entscheidung, sich dieses Bild einzuprägen, und speichern es willentlich (und wissentlich) in Ihrem Gedächtnis ab. Wenn Sie die Galerie nach längerer Zeit wieder besuchen, haben Sie sehr gute Karten, dieses spezielle Werk wiederzuerkennen, und geringere Chancen, sich an andere zu erinnern. Warum ist das so? Weil

Sie den *bewussten* Vorsatz fassten, sich an dieses bestimmte Kunstwerk zu erinnern, und Ihre Frontallappen instruierten, ihm eine besondere Bedeutung beizumessen.

Sich daran zu erinnern, wo man jeden Tag sein Auto geparkt hat, ist ein weiteres gutes Beispiel dafür, was die Frontallappen bewerkstelligen. In diesem Fall erhält der jeweils aktuelle Stellplatz eine besondere Priorität im *Arbeitsgedächtnis*, die so lange aufrechterhalten wird, bis es nicht mehr erforderlich ist (wenn Sie am Abend Ihren Wagen wiederfinden). Dies gilt aber auch für längerfristige Erinnerungen, etwa wenn man erneut eine Kunstgalerie besucht oder sich den Namen der Schwiegermutter einprägt. Man kann die Frontallappen instruieren, eine Erinnerungsspur zu verstärken und die Chancen zu erhöhen, das Erinnerte später wieder abzurufen.

Wenn man mit den Namen von Tanten und entfernten Cousinen überflutet wird, muss vielleicht die schwere Artillerie aufgefahren werden – der dorsolaterale frontale Cortex, der im mittleren und oberen Teil der Frontallappen liegt.[3] Dieses Hirnareal versteht sich bestens darauf, zu indexieren und zu katalogisieren. Es hilft beispielsweise, wenn Sie es mit einer ganzen Reihe von Namen zu tun haben, die alle um Ihre Aufmerksamkeit wetteifern, aber nur einem oder ein paar wenigen eine besondere Bedeutung beimessen wollen. Der dorsolaterale Frontalcortex übernimmt auch spezielle Funktionen beim Wiederabrufen von Erinnertem, etwa in Form von sogenannten »Etikettierungsregeln« (Beispiel: Möchte die Frau als »Kati« angesprochen werden, oder zieht sie das förmlichere »Katarina« vor?«). Und er kann, falls nötig, dauerhaft eingebrannte Daten überschreiben. (Wenn Sie 30 Jahre lang mit einer Sabine verheiratet waren, erfordert es vielleicht eine gewisse Anstrengung und den dezidierten Einsatz Ihres dorsolateralen Frontalcortex, sich zu merken, dass Ihre jetzige Frau Petra heißt.) Dies scheint ein fester Bestandteil dessen zu sein, wofür sich die Frontallappen entwickelt haben; sie verleihen uns ein zusätzliches Maß an Kontrolle, jenes besondere Gefühl, das Heft in der Hand zu haben, Entscheidungen zu treffen und *Individuen* zu sein.

Es überrascht daher kaum, dass diese Hirnregion auch mit Aspekten der allgemeinen Intelligenz (dem g-Faktor beziehungsweise Generalfaktor der Intelligenz) und dem Abschneiden bei Intelligenztests in Verbindung gebracht wird.[4] Unsere Fähigkeit, logisch zu denken, komplexe Probleme zu lösen und vorauszuplanen, hängt von den Frontallappen ab. Und dies sind wichtige kognitive Fähigkeiten, die bestimmen, wie weit wir im Leben kommen. So wurde beispielsweise mehrfach nachgewiesen, dass schulische Leistungen mit dem gemessenen g-Faktor zusammenhängen, vermutlich weil der g-Faktor von den Frontallappen abhängt, die uns wiederum befähigen, abstrakte Begriffe zu verstehen, Erinnertes klug einzusetzen und so zu planen, dass uns dies in den unterschiedlichsten Situationen zugutekommt. Reine Fakten zu lernen genügt nicht; erst was man daraus macht, zählt wirklich.

Heute kann ich erläutern, wie die Gedächtnisfunktionen des Frontalcortex und der Temporallappen zueinander in Beziehung stehen. Dieses Zusammenwirken war keineswegs so klar, als ich im Jahr 2004 mit Anja Dove an dem Problem arbeitete. Nach bester Unit-Manier simulierten wir im fMRT-Scanner eine Kunstgalerie, um unsere Hypothese zu testen. Wir zeigten einer Gruppe gesunder Probanden während des Scans hunderte unbekannter Gemälde, die die Versuchsteilnehmer höchstwahrscheinlich noch nie gesehen hatten (und somit nicht von früheren Gelegenheiten wiedererkennen konnten). In Verlauf des Scannens signalisierten wir den Probanden hin und wieder, sie sollten sich das nächste Bild besonders einprägen.

Wir lagen mit unserer Hypothese genau richtig. Bei der Betrachtung von Kunstwerken ohne bestimmte Anweisung erhöhte sich die Aktivität in den Temporallappen, nicht aber im Frontalcortex. Einige Gemälde wurden im Gedächtnis abgespeichert, andere nicht. Wenn die Probanden angewiesen wurden, sich ein bestimmtes Bild einzuprägen, beobachteten wir eine verstärkte Aktivität im Frontallappen, genau wie wir vorausgesagt hatten, ohne zusätzliche Mehraktivität im Temporallappen.

Vor allem aber wurden diese speziellen Kunstwerke nach dem Scan viel besser aus dem Gedächtnis abgerufen als die übrigen. Dies war für sich schon interessant und schlug einige Wellen in der Fachliteratur über Frontallappenfunktionen, als Anja Dove und ich zwei Jahre später in der Zeitschrift *NeuroImage* darüber schrieben.[5] Als ich im Jahr 2004 in Sydney am Strand saß, kannte ich die Ergebnisse bereits, und mit Kevin vor Augen fingen sie allmählich an, eine ganz andere Bedeutung zu gewinnen.

Mir wurde Folgendes klar: Bei den Scans hing es allein von der Anweisung ab, die *vor* bestimmten Bildern gegeben wurde, ob erhöhte Frontallappenaktivität auftrat oder nicht. Dies bedeutete wiederum, dass die beobachtete Hirnaktivität die *Absicht* des Probanden widerspiegeln musste (die sich auf die erinnerte Anweisung stützte), und nicht irgendeine veränderte Eigenschaft der dinglichen Welt. Das soll heißen, es bestand kein besonderer äußerer Unterschied zwischen den Gemälden, die sich die Probanden einprägen sollten (und sich folglich besser merkten), und jenen, zu denen keine Instruktion erteilt wurde. Es war definitiv nicht leichter, sich gerade diese einzuprägen. Der einzige Unterschied bestand darin, wie sich die Versuchsteilnehmer beim Sehen der Bilder verhielten, und dies wiederum beruhte auf ihrer bewussten Absicht beziehungsweise ihrem *Willen*.

Man könnte einwenden, diese Argumentation sei unsauber und die Entscheidung, sich ein Bild zu merken oder nicht zu merken, sei auf die gegebene Anweisung zurückzuführen. Das stimmt, aber nur zum Teil. Der Sachverhalt ist viel komplexer.

Kehren wir in die virtuelle Kunstgalerie zurück. Ich fordere Sie ausdrücklich auf, sich ein bestimmtes Gemälde besonders gut zu merken (so wie in dem Scan-Experiment). Die Frage ist: Werden Sie diese Anweisung *befolgen?* Werden Sie sich besonders anstrengen, ein bestimmtes Gemälde im Gedächtnis abzuspeichern? Es gäbe alle möglichen Gründe, dies nicht zu tun. Es könnte sein, dass Sie sich in ästhetischen Träumereien verlieren und keinem bestimmten Werk besondere Aufmerksamkeit schenken. Oder Sie könnten einfach beschließen, meine Aufforderung zu ignorieren. Es wäre ein Leichtes, durch eine Kunstgalerie zu schlendern, ohne sich irgendein Werk einzuprägen, selbst wenn man zuvor dazu aufgefordert wurde. Der Punkt ist der: Man kann einem Probanden im Scanner Anweisungen erteilen, aber ob er diese befolgt oder nicht, hängt von seinem Willen ab – seinem *bewussten* Willen. Er mag unbewusst vergessen, sie zu befolgen, aber wenn er sie befolgt, so ist dies ein bewusster Akt, ein Akt des subjektiven Willens. Dies ist vergleichbar mit dem Vorsatz, sich besonders anzustrengen, um sich den Namen der Schwiegermutter zu merken, vor all den Namen diverser Großtanten und entfernter Cousinen. Es passiert nicht einfach so. *Man muss sich dazu entschließen*.

Am Strand von Sydney ging mir Folgendes auf: Die Entscheidung, sich ein Gemälde *einzuprägen*, anstatt es bloß *anzuschauen*, war ein klarer Hinweis auf ein Bewusstsein bei den gesunden Probanden, die Anja Dove und ich im Rahmen unserer Studie über die Gedächtnisleistungen der Frontallappen gescannt hatten. Damals interessierte uns natürlich nicht die Frage, ob die Versuchsteilnehmer über ein Bewusstsein verfügten oder nicht; offensichtlich war dies der Fall, denn es handelte sich um gesunde Freiwillige. Aber ich fing an, mir vorzustellen, was es bedeuten würde, wenn wir das gleiche Phänomen bei jemandem wie Kevin beobachten könnten. Was wäre, wenn wir ihn aufforderten, sich nur einige Beispiele aus einer ganzen Reihe von Bildern einzuprägen, die wir ihm zeigten, und ausschließlich bei diesen Bildern eine Reaktion seiner Frontallappen feststellten? Wäre dies nicht der gültige Beweis dafür, dass Kevin über ein Bewusstsein verfügte? Warum sonst würden seine Frontallappen lediglich bei diesen bestimmten Gemälden aktiv werden, wenn nicht aus dem Grund, dass er unsere Anweisung registrierte, sich merkte und *bewusst entschied, sie zu befolgen?*

Ich wusste, dass ich unerwartet auf die Lösung gestoßen war. Wir mussten einen Wachkomapatienten dazu bringen, auf eine Anweisung zu reagieren, die einen bewussten Vorsatz zu entsprechendem Handeln erforderte. Es durfte keine automatische Reaktion sein; es musste eine Handlung sein, zu der er sich *entschließen* konnte oder nicht. Falls er entsprechend handelte, hatten wir den Beweis, den wir brauchten, um unsere Kritiker und Skeptiker zum Schweigen zu bringen.

Wir hatten einen Zugang zu den Zwischenwelten gefunden, einen Weg in den unwirklichen Innenraum, nach dem wir so zielstrebig gesucht hatten, um sicher sein zu können, dass ein Signal nach außen, falls es je kam, auf ein lebendes, denkendes Wesen hindeutete – ein Individuum mit einer Wahrnehmung seiner selbst, seiner Welt und seines Platzes darin. Der Nachweis einer bewussten Entscheidung war das Einzige, das wir brauchten, um zu beweisen, dass Bewusstsein existierte. Die Folgerungen waren enorm. Dies war der

Schlüssel für alle weiteren Schritte. Falls wir einen Wachkomapatienten fanden, der eine bewusste Entscheidung treffen konnte, die sich mit unserem fMRT-Scanner erkennen ließ, dann stand außer Zweifel, dass er über ein Bewusstsein verfügte. Und sobald wir diese Tür durchschritten hatten, schienen sich unendliche weitere Möglichkeiten zu eröffnen. Konnten wir durch dieses neue Schlüsselloch in Kontakt mit diesen Menschen treten? Sollte es möglich sein, sie zu fragen, wie es sich da drin anfühlte? Konnten sie uns vielleicht ihre Wünsche mitteilen? Konnten sie uns sagen, was sie über ihr Schicksal wussten, wie sie in diese Lage geraten waren und ob sie sich des Verstreichens der Zeit bewusst waren? Konnten sie ihre Vorlieben und Abneigungen ausdrücken? Konnten sie uns zu verstehen geben, was sie brauchten, um sich wohler zu fühlen? Konnten sie uns vielleicht sogar sagen, ob sie leben oder sterben wollten? Bis vor einiger Zeit erschien es noch unmöglich, Zugang zu den Zwischenwelten zu erlangen, doch nun trennte uns nur ein einziges Experiment von der schwierigen Frage, was wir tun würden, sobald wir die Grenze überwunden hatten.

Es war an der Zeit, nach Hause zurückzukehren.

8

»Irgendjemand Lust auf Tennis?«

Ich lasse den Schläger sprechen.

John McEnroe

Ich kehrte nach Cambridge zurück und reiste im Juni 2004 mit dem Zug durch den Eurotunnel nach Antwerpen. Dort hielt ich einen Vortrag bei der achten Jahreskonferenz des Interessenverbands zur wissenschaftlichen Untersuchung des Bewusstseins *(Association for the Scientific Study of Consciousness, ASSC)*, die Steven Laureys organisierte.

Der Hörsaal der Universität von Antwerpen, in dem die Konferenz stattfand, war ein steil ansteigender fensterloser Raum mit mehreren hundert Plätzen, die alle besetzt waren. Als mein Vortrag an der Reihe war, berichtete ich 30 Minuten lang begeistert von unseren drei wichtigen Patienten. Abschließend referierte ich über Kevin, weil er am besten veranschaulichte, wo wir wissenschaftlich gesehen standen. Der Fall Kevin lieferte erstmals den Nachweis, dass das Gehirn eines vollkommen reaktionslosen Patienten die Bedeutung gesprochener Sätze zu entschlüsseln vermag. Hieß das aber auch, dass Kevin über ein Bewusstsein verfügte? Ich ließ die Frage eine Weile stehen.

Dies war genau der richtige Ort, um sie zu stellen. Viele Zuhörer im Saal – Philosophen, Neurowissenschaftler, Anästhesisten und andere Kliniker, die das Bewusstsein erforschten – befassten sich inzwischen nicht nur mit dem Bewusstsein *an sich*, sondern mit der Frage, was geschieht, wenn mit dem Bewusstsein etwas schiefgeht. Das Fachgebiet der »Bewusstseinsstörungen« war gerade erst im Entstehen, doch dessen wichtigste Vertreter – Nicholas Schiff, Joe Giacino und natürlich Steven Laureys selbst – waren alle zugegen.

Beim anschließenden Empfang im atmosphärereichen Restaurant Brantyser saß neben mir eine junge belgische Neurologin in der Facharztausbildung namens Melanie Boly. Sie beeindruckte mich sofort. Sie war charismatisch, geistreich und redete ungeheuer schnell. Sie spielte auch Cello. Wir unterhielten uns über Musik und Wissenschaft. Sie wollte ihr psychologisches Wissen erweitern, und so vereinbarten wir, dass sie im Mai und Juni des folgenden Jahres nach Cambridge kommen und in meinem Labor als Gast arbeiten sollte. Melanie Boly eignete sich ideal dafür, uns dabei zu unterstützen, die Forschung gemeinsam voranzubringen. Steven Laureys erklärte sich gern bereit, ihre Reisekosten zu übernehmen.

Am nächsten Morgen fuhr ich mit gestärktem Optimismus zurück nach Großbritannien. Ich wusste, was wir zu tun hatten. Das Puzzle nahm allmählich Gestalt an.

Und so machten Melanie und ich uns im Frühjahr 2005 an die Arbeit. Wir wollten herausfinden, wie sich unser Wissen über die Frontallappen und deren Bedeutung für Absicht und Wille praktisch dafür nutzen ließ, bei Patienten in reaktionsloser Wachheit Bewusstsein nachzuweisen. Mich quälte der Gedanke, dass wir eine »aktive Aufgabe« einsetzen mussten – eine Aufgabe, die irgendeine vorsätzliche Geistestätigkeit seitens des Patienten erforderte. Wir saßen auf einer alten Holzbank im Garten der Abteilung und jonglierten Ideen hin und her. Genau in der Mitte des Rasens stand ein hängender Maulbeerbaum, der in der frühsommerlichen Sonne angenehmen Schatten bot.

Melanie und ich brauchten eine mentale Aufgabe, welche

die Probanden eine halbe Minute lang beschäftigt hielt, ohne weitere Unterweisung und Unterstützung. Als Erstes fielen uns Kinderlieder ein. Konnten wir Patienten dazu bringen, im Kopf ein Kinderlied zu singen und so ein anhaltendes Muster von Hirnaktivität zu erzeugen? Kinderlieder sind recht geläufig; man kann sie relativ leicht 30 Sekunden lang vor sich hinsingen.

Unsere zweite Idee sah vor, dass die Versuchsteilnehmer sich das Gesicht eines nahestehenden Menschen vorstellen sollten. Kates Gehirn hatte intensiv auf Fotos von Angehörigen und Freunden angesprochen, und die Vermutung schien nicht abwegig zu sein, dass allein schon die Vorstellung des Gesichts eines Nahestehenden ähnlich verlässliche Hirnaktivitätsmuster hervorrufen könnte.

Und dies war unsere dritte Idee: Die Probanden sollten sich vorstellen, sie bewegten sich in einer vertrauten Umgebung, etwa in ihrer eigenen Wohnung. Das Navigieren von einem Ort zu einem anderen – ja überhaupt genau zu wissen, wo man sich gerade befindet –, ist eine komplexe Aufgabe, die normalerweise mühelos gemeistert wird. Im Hippocampus, einem kleinen Teil tief im Inneren des Gehirns mit der Form eines Seepferdchens, befinden sich spezialisierte Nervenzellen, sogenannte »Ortszellen«, die 1971 von dem Neurowissenschaftler John O'Keefe erstmals bei Ratten entdeckt wurden (wofür er 2014 gemeinsam mit May-Britt Moser und Edvard Moser den Nobelpreis für Medizin erhielt).[1]

O'Keefe fand heraus, dass die Ortszellen im Gehirn einer Ratte zu »wissen« scheinen, wo sich das Tier in einer bestimmten Umgebung aufhält. Er entdeckte außerdem, dass Ortszellen in unterschiedlichen Teilen des Hippocampus zu unterschiedlichen Zeitpunkten feuern, je nachdem wohin die Ratte läuft, und dieses gesamte Netzwerk aktivierter Neuronen bildet gleichsam eine mentale »Landkarte« der Umgebung. Wurde die Ratte in eine andere räumliche Umgebung versetzt, feuerten erstaunlicherweise dieselben Ortszellen, allerdings in einer anderen Konfiguration, die diese neue Umgebung »kartographisch« erfasste. Diese Forschungsarbeit war wichtig, teils weil so etwas wie Ortszellen bislang nicht bekannt gewesen war, und teils weil sie die Grundlagen für spätere Untersuchungen schuf, mit denen nachgewiesen wurde, dass im Hippocampus die »kognitive Landkarte« des Gehirns angesiedelt ist. Mithilfe dieser Karte können wir uns nicht nur in unserer Umgebung zurechtfinden; sie dient auch als eine Art Gerüst, an dem all unsere Erinnerungen und Erfahrungen aufgehängt werden können.

Wie finden Sie sich in einer vertrauten Umgebung zurecht, etwa wenn Sie in Ihrer Wohnung ins Schlafzimmer gehen wollen? Wie wissen Sie, wann Sie da sind? Sie denken vielleicht, Sie wissen es, sobald Sie erkennen, was Sie erwartet haben: das Bett, den Schrank, die Kommode und so weiter. Aber so kann es nicht sein. Wenn es so wäre, würden wir den Großteil unseres Lebens herumbummeln, bis wir zufällig auf den Ort stoßen, den wir aufsuchen wollten. So gehen wir nicht vor. Wir steuern unser Ziel normalerweise direkt an, weil wir über eine ausgeklügelte mentale Landkarte verfügen, die uns sagt, wo wir sind und wo in Relation zum angesteuerten Ziel wir uns befinden. Erfolgreiche Navigation erfordert eine enge Verknüpfung zwischen abgespeicherter Erinnerung und der Fähigkeit, sich jederzeit genau verorten zu können.

Wenn Sie die Augen schließen und sich vorstellen, Sie gehen durch Ihre Wohnung zum Schlafzimmer, bekommen Sie ein Gefühl von dieser mentalen Landkarte. Allein die Tatsache, dass wir uns auf diese Weise zurechtfinden, beweist schon, dass im menschlichen Gehirn eine räumliche Karte angelegt ist. Wir können uns darauf beziehen, auch wenn wir sie in der Realität gar nicht sehen. Die meisten Menschen würden wohl selbst mit geschlossenen Augen problemlos in ihr eigenes Schlafzimmer finden. Es könnte eine Weile dauern, aber sie würden hinfinden. Der Hippocampus ist der Teil des Gehirns, der uns dies ermöglicht. Er bildet die Umgebung gleichsam kartographisch ab, damit man sich in dieser zurechtfindet.

Ganz so einfach ist die Sache jedoch nicht. Der Hippocampus ist zwar wichtig, er erstellt die innere Landkarte aber nicht allein. Gleich neben dem Hippocampus, in einem Cortexareal, das als Gyrus parahippocampalis bezeichnet wird, befindet sich Hirngewebe, das hochaktiv wird, wenn Bilder von Orten betrachtet werden, etwa von Landschaften, Stadtansichten oder Innenräumen.[2] Diese Region wird auch dann zuverlässig aktiviert, wenn man sich bloß vorstellt, sich in einer vertrauten Umgebung zu bewegen.

Melanie und ich hatten somit drei Aufgaben parat: Singen im Kopf, sich Gesichter vorstellen und räumliche Orientierung. Wir stellten uns darauf ein, dass die Versuche nicht funktionieren würden (selten klappt etwas auf Anhieb), aber wir hofften, irgendwann eine verlässliche Aufgabe zu entwickeln, die praktisch jeder Proband mit einfachsten Anweisungen »im Kopf« ausführen konnte.

Melanie fand zwölf Freiwillige und ließ sie die Aufgaben ausführen. Die Ergebnisse waren durchmischt. Die Navigation im Raum funktionierte gut; die Probanden konnten sich leicht vorstellen, durch ihre Wohnung zu gehen, und bei allen bis auf einen Teilnehmer sahen wir auf dem Scanner ein Aufleuchten im Gyrus parahippocampalis. Die Scan-Ergebnisse bei den Kinderliedern waren uneinheitlich; bei einigen Probanden wurden Hirnareale aktiviert, bei anderen nicht. Und bei jenen, die Hirnaktivitäten zeigten, trat diese häufig an völlig unterschiedlichen Stellen auf. Die Scans, bei denen sich die Versuchsteilnehmer Gesichter von Nahestehenden vorstellen sollten, waren ebenfalls enttäuschend, wenn auch aus einem anderen Grund. Die Hirnaktivität war unter den Probanden zwar ziemlich einheitlich, doch viele berichteten, sie seien fast überfordert gewesen. Es fiel ihnen nicht unbedingt schwer, sich das Gesicht eines nahestehenden Menschen vorzustellen, aber es war unmöglich, dieses Bild lange genug im Geist festzuhalten, damit wir die entsprechende Hirnaktivität mit dem Scanner erfassen konnten.

Eine von drei Aufgaben war auf Patienten anwendbar. Das genügte nicht. Wir brauchten etwas anderes – eine Aufgabe, die *bei jedem und jederzeit* funktionierte. Wir gingen in mein Büro und blickten nachdenklich auf den herrlichen Rasen hinaus. Melanie erwähnte, sie hätte die Fachliteratur über Gedankenbilder durchgesehen und den Eindruck gewonnen, komplexe Aufgaben eigneten sich besser als einfache. Wir brauchten etwas Komplexes, das sich leicht vorstellen ließ. In dem Moment kam ich darauf. Wie sich Melanie später erinnerte, rief ich plötzlich: »Wie wär's mit *Tennis?!*«

Vielleicht kam ich auf diese Idee, weil es Ende Juni war und Wimbledon ganz im Zeichen des Tennis stand. Jeden Sommer blendete sich das Unit-Team zwischen Teegelagen und Krocketpartien in die Übertragungen vom Tennisturnier im knapp 70 Meilen entfernten Wimbledon ein. Oder vielleicht war die Idee mit dem Tennis auch nur ein reiner Glückstreffer. Auf jeden Fall war dies der entscheidende Moment, der Wendepunkt, an dem sich alles änderte. Es bildete die Krönung eines fast zehnjährigen Sondierens, das uns schließlich befähigte, den Geist von Patienten wie Kate, Debbie und Kevin aufzuschließen.

Melanie und ich lachten bei dem Gedanken, Wachkomapatienten dazu zu bringen, sich im Scanner vorzustellen, sie spielten Tennis. Die Idee erschien irgendwie absurd, selbst für die Unit. Dann machten wir uns daran, ein konkretes Experiment zu entwerfen. Das war unglaublich einfach. Jeder weiß, wie man Tennis spielt. Das heißt, nicht jeder versteht, Tennis *zu spielen*, aber jeder weiß, wie Tennis gespielt wird. Man steht da, hält einen Schläger, wedelt mit den Armen in der Luft herum und versucht, einen Ball zu treffen und über das Netz zu schlagen. John McEnroe dürfte mir diese Beschreibung nicht durchgehen lassen, aber im Prinzip macht man beim Tennis genau das – *mit den Armen in der Luft herumwedeln*. Mehr brauchten wir nicht, nur eine Aufgabe, die leicht zu vermitteln war (»stellen Sie sich vor, Sie spielen Tennis«), aber bei der sich die Menschen eine sehr ähnliche, aber komplexe Abfolge von Bewegungen vorstellten.

Es wirkte wie eine Zauberformel. Melanie scannte in den folgenden drei Wochen zwölf weitere Freiwillige, die sich im Scanner vorstellten, Tennis zu spielen. Die Ergebnisse waren einheitlich und belastbar. Jeder Proband aktivierte ein Areal am oberen Teil des Gehirns, der als prämotorischer Cortex bezeichnet wird. *Jeder einzelne Teilnehmer reagierte genau gleich.*[3]

Eine konsistentere Reaktion hätten wir nicht erwarten können, selbst wenn wir alle zwölf gesunden Probanden aufgefordert hätten, den rechten Arm zu heben. In der Tat habe ich bei vielen meiner Vorträge die Zuhörer aufgefordert, dies zu tun, und weil viele Menschen rechts und links nicht unterscheiden können, war das Ergebnis *weniger* übereinstimmend. Wer hätte das gedacht! Die Vorstellung, Tennis zu spielen, aktiviert auf viel einheitlichere Weise ein ganz bestimmtes Hirnareal als die Aufforderung, den rechten Arm zu heben. Warum ist das so? Ist ein Teil unseres Gehirns dazu da, sich vorzustellen, Tennis zu spielen?

Die Antwort lautet natürlich nein, aber die Tatsache, dass diese Aufgabe so gut funktionierte, hat tatsächlich sehr viel mit dem Tennisspiel zu tun. Im Grunde hätten wir die Teilnehmer auffordern können, alles Mögliche zu tun, bei dem die Arme in der Luft herumgewirbelt werden, wie wenn man beispielsweise mit zwei Kellen ein Flugzeug an den Flugsteig einwinkt. Im Prinzip hätte dies genauso gut funktioniert, aber ich bezweifle, dass dieses Szenario so allgemein vertraut ist wie Tennis.

Warum nicht eine andere Sportart? Fußball ist viel populärer als Tennis und daher vermutlich mehr Menschen um einiges vertrauter. Das Problem ist, dass man sich auf vielerlei Weise vorstellen kann, Fußball zu spielen. Bin ich Stürmer, sprinte ich über das Spielfeld und schieße den Ball in die Ecke des Tors? Bin ich Torwart und wippe nach links und rechts, um den heranfliegenden Ball abzuwehren? Bin ich Verteidiger und grätsche in einen gefährlichen Pass? All diese vorgestellten Aktionen lösen ganz unterschiedliche Muster von Hirnaktivitäten aus.

Tennis weist eine grundlegende Besonderheit auf. Wie beim Fußball gibt es viele verschiedene Aspekte des Spielens (Aufschlag, Netzangriff, Schmetterball), aber bei *allen* werden intensiv die Arme bewegt. Aufgrund dieses gemeinsamen Nenners eignete sich die bildliche Vorstellung des Tennisspiels so ideal. Das Tennisspiel sieht mehr oder weniger einheitlich aus und ist allgemein bekannt. Und das imaginäre Tennisspiel zeichnet sich durch eine zusätzliche Eigenschaft aus, die es besonders geeignet machte: Hat man einmal angefangen, kann man ohne weiteres 30 Sekunden lang dabei bleiben – so lang wie wir für ein gutes Scan-Ergebnis brauchten. Ich weiß noch, wie ich einen unserer allerersten Probanden fragte, was er dabei empfand, im Scanner mental Tennis spielen zu müssen. Blitzschnell antwortete er: »Es war toll – ich habe mit drei zu zwei Sätzen gewonnen!«

Natürlich muss man sich ein wenig mit Tennis auskennen,

damit es klappt. Wer noch nie etwas von dem Spiel gehört hat, kann mit der Anweisung »stellen Sie sich vor, Sie spielen Tennis« nichts anfangen und wird keine wahrnehmbare Hirnaktivität erkennen lassen. Aber man muss kein Tennisass sein, damit der Versuch funktioniert. Wir scannten blutige Anfänger und Halbprofis, und fast ausnahmslos wurde der prämotorische Cortex aktiviert.

Wir hatten, was wir brauchten. Wir hatten festgestellt, dass die zwei verlässlichsten Scanner-Aufgaben jene waren, bei denen es darum ging, sich vorzustellen, man spiele Tennis beziehungsweise spaziere im Haus herum. Die Vorstellung, Tennis zu spielen, ging mit deutlich messbarer Aktivität im prämotorischen Cortex einher; die Vorstellung, im Haus umherzugehen, aktivierte ein ganz anderes Hirnareal, nämlich den Gyrus parahippocampalis.

Um die nächsten Schritte zu verstehen, ist es wichtig zu wissen, wo der prämotorische Cortex liegt und was er leistet. Der prämotorische Cortex liegt ganz oben in der Mitte des Schädels, vor dem motorischen Cortex, und ist daran beteiligt, Handlungen zu planen und Bewegungen zu initiieren. Stellen Sie sich vor, Sie gehen auf eine Tür zu und wollen diese öffnen; Sie strecken die Hand aus, um die Türklinke herunterzudrücken. Diese einfache Handlung, die wir alle mehr oder weniger unbewusst ausführen, erfordert eine ganze Abfolge aufeinander abgestimmter motorischer Programme, die alle von unserem Gehirn ausgeführt werden. Wenn Sie auf die Tür zugehen, müssen Sie genau im richtigen Augenblick den Arm ausstrecken, damit Ihre Hand die Klinke zu fassen bekommt. Sie müssen die Finger auf bestimmte Weise krümmen, um die Klinke zu umgreifen. Eine ganz andere Bewegung ist erforderlich, wenn es sich um einen Türknauf handelt. Dann müssen Sie ein gleichzeitiges Herunterdrücken und Stoßen oder Ziehen planen und ausführen, mit genau der richtigen Kraft, um die Tür zu öffnen. Zu wenig, und die Tür geht nicht auf. Zu viel, und Sie fallen »mit der Tür ins Haus«.

Dies geht reibungslos vonstatten, gleichsam unwillkürlich, wie die zahllosen ähnlichen Bewegungen, die tagein, tagaus vom prämotorischen Cortex geplant und gesteuert werden. Und weil der prämotorische Cortex an der Planung dieser Handlungsabfolgen beteiligt ist, wird er aktiviert, wenn wir die Sequenz durchziehen oder sie uns nur *vorstellen*. Stellen Sie beispielsweise eine Kaffeetasse auf dem Tisch vor sich ab. Malen Sie sich im Geist aus, wie es sich anfühlt, sich vorzunehmen, nach der Kaffeetasse zu greifen. Schließen Sie nun die Augen und stellen Sie sich bloß vor, sie zu ergreifen. Sie werden merken, dass es sich ganz ähnlich anfühlt, weil das Planen einer Handlung und das Sich-Vorstellen einer Handlung ganz ähnlich sind und der prämotorische Cortex in beiden Fällen aktiviert wird.

Wir waren so weit, unsere neue Scan-Aufgabe an einem Wachkomapatienten zu erproben. Nach Jahren der Vorbereitung war es aufregend zu wissen, dass wir es schaffen konnten, zumindest grundsätzlich. Noch spannender war die Frage, wie lange wir wohl auf den richtigen Patienten warten mussten.

Die nun folgenden Ereignisse klingen wie eine Fabel aus der Welt der Forschung. Carol, eine 23-jährige verheiratete Frau, wurde von ihrem Arzt in einer Stadt namens Royal Leamington Spa, ungefähr 80 Meilen westlich von Cambridge, zu uns überwiesen. Im Juli 2005 war Carol von zwei Autos erfasst worden, als sie eine belebte Straße überquerte. Sie erlitt eine traumatische Hirnverletzung und wurde in ein nahegelegenes Krankenhaus gebracht. Eine Computertomographie ließ eine Hirnschwellung und massive Schädigungen in den Frontallappen erkennen. Außerdem hatte Carol mehrfache Unterschenkelfrakturen davongetragen.

Die Verletzungen erforderten eine dringende Behandlung; deshalb wurde eine sogenannte bifrontale dekompressive Kraniektomie durchgeführt. Mit dieser radikalen chirurgischen Maßnahme wurden Teile des Schädeldachs entfernt, um den Schwellungen im Gehirn mehr Raum zu geben. Der entfernte Knochendeckel wird normalerweise aufbewahrt, damit er später mit einer sogenannten Kranioplastik wieder eingesetzt werden kann, wenn die Schwellungen zurückgegangen sind und der Patient ausreichend genesen ist. Im September galt Carols Zustand als stabil. Sie wurde in eine Reha-Klinik näher bei ihrer Familie verlegt.

Als ich Carol zum ersten Mal sah, war ich erschrocken über ihre Verfassung. Es ist nie leicht, Opfern traumatischer Hirnschädigungen zu begegnen, doch Carols Unfall war noch nicht so lange her, und sie sah entsprechend aus. Die dekompressive Kraniektomie mochte eine lebensrettende Maßnahme gewesen sein, aber sie verstärkte den schrecklichen Anblick noch. Patienten wie Carol sehen so aus, als wäre ein Teil ihres Schädels buchstäblich »eingesunken«. In einer flachen Vertiefung liegt nur eine dünne Hautschicht über der Oberfläche des Gehirns.

Auf diesen Anblick habe ich viele Studenten vorbereiten müssen, bevor sie ihrem ersten Traumapatienten begegneten, und viele dürften sich von diesem Anblick nie ganz erholt haben. Carols Los stimmte einen zutiefst traurig und betrübt. Selbst wenn sie wieder vollkommen hergestellt werden sollte, würde ihr Leben nie mehr so sein wie zuvor. In einem einzigen fatalen Moment beschwor eine kurze Unachtsamkeit ein Ereignis herauf, das den Rest ihres Lebens bestimmen sollte. Der Fall Carol erinnerte auf erschütternde Weise daran, wie verletzlich wir sind und wie schnell sich unser Leben in dramatischer Weise ändern kann.

Carol hatte monatelang im Krankenhausbett gelegen, ohne irgendwelche Reaktionen oder Anzeichen von Bewusstsein erkennen zu lassen. Im Vergleich zu den Patienten, die wir inzwischen regelmäßig sahen, war ihr Fall nicht sonderlich auffällig. Carol war wiederholt von erfahrenen Neurologen untersucht worden. Die Diagnose lautete »Syndrom reaktionsloser Wachheit«. Wir wählten sie aus keinem besonderen Grund aus; sie stand einfach oben auf einer Liste von Patienten, die sämtliche Bedingungen für einen fMRT-Scan erfüllten.

Inzwischen erhielten wir eine gewisse Anerkennung für unsere Arbeit. Die Publicity rund um den Fall Kate hatte im ganzen Land Interesse geweckt, und durch die Fachartikel, die wir über Kate, Debbie und Kevin veröffentlicht hatten, wurden mehrere andere Kliniken auf uns aufmerksam, die regelmäßig Patienten an uns überwiesen, manchmal einen oder zwei im Monat. Diese Patienten wurden im Krankenwagen nach Cambridge transportiert und von unserem Team gescannt. Nun waren wir aber endlich bereit für etwas gänzlich Neues. Wir wollten Carol auffordern, etwas zu *tun*. Dies erforderte, dass wir ihr Anweisungen gaben – Instruktionen darüber, was sie tun sollte und wann. Bis zu diesem Zeitpunkt hatten wir lediglich bestimmte Dinge mit Patienten gemacht: Wir hatten ihnen Fotos von Gesichtern gezeigt oder Wörter beziehungsweise ganze Sätze vorgespielt. Sie hatten bloß daliegen und das aufnehmen müssen, was wir ihnen zu vermitteln suchten. Carol sollte jedoch eine Anweisung befolgen und in Reaktion auf unsere Instruktionen ihr Gehirn in bestimmter Weise aktivieren.

Wir forderten Carol auf, sich vorzustellen, sie spiele Tennis, sie schwinge ihren Arm hin und her, schlage einen Flugball hier, einen Rückhandstopp da und gelegentlich einen Überkopfball. Wir wiederholten diese Anweisungen fünf Mal. Carol sollte sich vorstellen, so Tennis zu spielen, als hinge ihr Leben davon ab – so als spielte sie auf dem Centre Court von Wimbledon im Finale um den Matchball.

Als ihr die Instruktionen ein letztes Mal über die Sprechanlage vorgelesen wurden, herrschte im Kontrollraum eine angespannte Atmosphäre. Hatte das alles überhaupt einen Sinn? Irgendwie kam uns das Ganze total aberwitzig vor. *Wir forderten allen Ernstes eine Wachkomapatientin auf, sich vorzustellen, sie spiele eine Partie Tennis!* Im Inneren des Scanners geschah jedoch etwas Erstaunliches. Immer wenn wir Carol die Anweisung gaben, aktivierte sie ihren prämotorischen Cortex, genau wie gesunde Probanden. Wenn wir sie aufforderten, innezuhalten, sich zu entspannen und »den Kopf freizumachen«, klang die Aktivität im prämotorischen Cortex ab. Das war, gelinde gesagt, unglaublich!

Anschließend forderten wir Carol auf, sich vorzustellen, sie gehe in ihrem Haus umher. Auch dies wiederholten wir fünf Mal. Sie sollte sich dorthin zurückversetzen, wo sie jeden Tag ihres Lebens vor dem Unfall geweilt hatte. Sie sollte sich den Grundriss des Hauses ausmalen und sich vorstellen, wie die Wände, Türen, Möbel und Bilder in den einzelnen Räumen aussahen.

Uns war klar, dass wir Carol viel abverlangten, doch sie war der Aufgabe offensichtlich gewachsen. Wenn wir ihr sagten, sie solle von Raum zu Raum gehen, wies sie genau die gleichen Gehirnaktivitäten auf wie gesunde Freiwillige. Und wenn wir sie baten, an nichts zu denken, so tat sie auch dies genau aufs Stichwort. Ich fühlte mich an kitschige Krankenhausserien erinnert – der Arzt spricht zum Patienten: »Drücken Sie meine Hand, wenn Sie mich hören können.« Aber wir forderten Carol nicht auf, unsere Hand zu drücken. Wir ersuchten sie, ihr Gehirn zu aktivieren. Und sie tat es. Kates Worte hallten in meinem Kopf wider: »Machen Sie weiter mit dem Hirnscannen. Es wirkte wie Magie. Es hat mich gefunden.« Dieses Mal war es wirklich wie Magie. Wir hatten Carol gefunden. Sie war gar nicht reaktionslos. Sie reagierte auf uns und tat alles, was wir ihr auftrugen.

Wir waren begeistert. Carol verfügte über ein Bewusstsein, und *wir wussten es.*

Es war ein wahrer Heureka-Moment, nach jahrelangem Experimentieren, Justieren, Bohren, Problemlösen und Weiterentwickeln – stets in der Hoffnung, dass die Antwort jeweils um die nächste Ecke lag. Und nun hatten wir es geschafft. Wir waren auf die Goldader gestoßen.

Es mag verwundern, dass wir danach nicht gleich weiter voranpreschten und Carol tagein, tagaus scannten, um herauszufinden, wie ihre Welt aussah, und um ihre Lebensqualität vielleicht zu verbessern. Leider folgt die Wissenschaft anderen Regeln. Zu jenem Zeitpunkt ließ sich die Forschung nur vorantreiben, indem wir uns an die strengen Vorgaben hielten, die wir zuvor mit unserem Ethikkomitee festgelegt hatten – Regeln, die von der weiteren Forschergemeinschaft genau überprüft und gebilligt wurden, als der Fall Carol schließlich in einer Fachzeitschrift veröffentlicht wurde. Bei Carol war es unser erklärtes Ziel gewesen, auf Bewusstsein zu stoßen, und nicht, sie ins Blaue hinein in ein Zwiegespräch zu verwickeln. Wir hatten ungeheuer viel Geld und Energie investiert, sozusagen wissenschaftliches Kapital, um so weit zu kommen und das Fachgebiet voranzubringen. Wir verfolgten ein langfristiges Ziel. Carol und unsere anderen frühen Patienten waren die ersten Pioniere, die eine Kontaktaufnahme mit Menschen im Wachkoma ermöglichten und darüber hinaus neues Licht auf das Wesen des Bewusstseins an sich warfen.

Vielleicht ist es paradox, dass Carols Familie nie ausdrücklich mitgeteilt wurde, dass wir einen bewussten Geist in ihr entdeckt hatten. Wir wollten es den Angehörigen sagen, aber wir waren schlichtweg nicht darauf vorbereitet. Als dieses Forschungsprojekt bei der Ethikkommission eingereicht wurde, hatten wir nicht einmal die Möglichkeit erwogen, auf ein Bewusstsein zu stoßen, und überhaupt nicht darüber nachgedacht, wie wir in dem Fall weiter vorgehen würden. Selbst kleine Abweichungen von den Leitlinien, etwa in Bezug auf die Anzahl der geplanten Scans pro Patient, müssen vorab mit der Ethikkommission abgeklärt werden.

Eine Mitteilung an die Familie wäre mehr als nur ein Abweichen von den Leitlinien gewesen – es hätte eine ganz neue Realität geschaffen. Das Grundprinzip dieser Regelung, wonach jede Studie vorab von einer unabhängigen Ethikkommission geprüft wird, ist nicht zu bemängeln, so frustrierend die Sachlage für mich damals auch gewesen sein mochte. Nehmen wir beispielsweise an, wir hätten Carols Mutter mitgeteilt, ihre Tochter sei bei Bewusstsein und in ihrem eigenen Körper gefangen, und sie hätte sich aus Verzweiflung über diese Nachricht das Leben genommen. Oder stellen wir uns vor, Carols Mann wäre so in Wut geraten, dass er einen der beiden Autofahrer, die Carol fünf Monate zuvor überfuhren, umgebracht hätte. Gewiss sind dies dramatische und unwahrscheinliche Folgen, aber wer wäre verantwortlich, wenn es so weit käme? Denkbarer wäre vielleicht, dass sich die Einstellung der Familie zu Carol änderte, doch auch diese Konsequenzen müssen im Voraus gründlich durchdacht werden. Verstehen die Angehörigen, dass Carols Aussichten auf Genesung nicht unbedingt höher sind, nur weil sie über ein Bewusstsein verfügt? Würden wir ihnen falsche Hoffnungen machen? Würden sie begreifen, dass wir derzeit nichts weiter für ihre Tochter tun konnten, obwohl wir zu ihrem Bewusstsein durchgedrungen waren? Die Angehörigen müssten einsehen, dass es trotz allem keine Heilung gab und keine Möglichkeit, sich regelmäßig mit Carol auszutauschen. Wir hatten keinen dieser Punkte durchdacht, weil wir gar nicht davon ausgegangen waren, jemals einen vollkommen reaktionslosen Patienten zu finden, der bei Bewusstsein war.

Letztendlich war es nicht meine Entscheidung. Ich war bloß derjenige, der die wissenschaftlichen Fragen stellte und dann die Methoden entwickelte, um Antworten zu finden. Unser Ethikprotokoll ließ die Scans zu, sagte aber nichts darüber, was wir den Angehörigen mitteilen würden, falls wir zu einem Patienten wie Carol durchstießen.

Carols künftige Versorgung war eine klinische Sache, und ich war nicht befugt, mich in diesen Bereich einzumischen. Falls ihre Familie unterrichtet wurde, musste dies vonseiten des behandelnden Arztes geschehen; und in diesem Fall war der behandelnde Arzt der Meinung, es wäre von keinerlei klinischem Nutzen für Carol, wenn man ihre Angehörigen aufklärte. Er fürchtete wohl, es wäre belastender zu wissen, dass Carol bei Bewusstsein war, aber sich nicht ausdrücken konnte, als nichts Genaues zu wissen und einfach zu vermuten, dass Carol über keinerlei Innenleben verfügte. Oder vielleicht meinte er, man sollte die Büchse der Pandora, die solch heikle Fälle darstellten, lieber nicht öffnen und stattdessen weiterhin für einen stabilen klinischen Zustand sorgen. Ich war anderer Meinung. Ich erinnerte mich an Kate und Debbie, deren Verfassung sich leicht gebessert hatte, nachdem die Angehörigen von den positiven Scan-Ergebnissen erfuhren. Und ich fragte mich, ob dies nicht auch bei Carol so sein könnte. Diese Überlegung reichte jedoch nicht aus, um den behandelnden Arzt umzustimmen. Es war tragisch und erschütternd.

Trotzdem weckte der Fall Carol mein Interesse an den ethischen und rechtlichen Aspekten, die das Forschen in dieser einzigartigen Einrichtung mit sich brachte. Ich wollte einige der Fragen lösen, die Carols Fall aufgeworfen hatte, und tauschte mich mit Philosophen und Ethikern aus, die sich mit den Komplexitäten der eingebundenen Themen auskannten. Mehr konnte ich nicht tun, um sicherzustellen, dass solch eine Situation nie wieder auftrat. Carol wurde zurück in ihren Heimatort gebracht, und ich sah sie nie wieder. Es bestand auch kein Grund dafür. Wir waren zu ihr durchgedrungen, aber zu jenem Zeitpunkt konnten wir nichts weiter tun. 2011 erlag sie dann den Spätkomplikationen, die sich aus ihrer Verletzung ergaben. Paradoxerweise wurde ich von ihrem behandelnden Arzt unterrichtet.

Im September 2006 erschien in *Science* ein kurzer Artikel, in dem wir unsere Ergebnisse beschrieben.[4] Ein wahrer Medienrummel entstand um die »Wachkomapatientin, die bewusst und in ihrem Körper eingeschlossen war«. Carol blieb jedoch eine anonyme Heldin. Ihr Fall löste Staunen und Skepsis aus. Wir waren zu einem denkenden Individuum durchgedrungen – einer Person, die sich vorstellen konnte, sie spiele Tennis und gehe durch ihr Haus. Ich war mir sicher, dass Carol über eine Vorstellungskraft und ein Gedächtnis verfügte. Ich hegte keine Zweifel, dass sie noch immer hoffen und träumen konnte.

An dem Tag, als unser Artikel erschien, tauchten alle drei großen Fernsehsender Großbritanniens zu Interviews in der Abteilung auf, und wir waren auf sämtlichen Kanälen in den Abendnachrichten. Wir waren auch die Titelstory aller wichtigen britischen Zeitungen und hunderter ausländischer Blätter, einschließlich der *New York Times*. Mir wurde ein Medienexperte von der Londoner Zentralverwaltung zugeteilt, der

Anfragen filterte und jene auswählte, auf die ich antworten sollte. Der Tumult zog sich über Wochen hin. Anderson Cooper von CNN kam auf dem Rückweg von einem Einsatz in Afrika vorbei, um mich für eine Sonderausgabe der Sendung *60 Minutes* zu interviewen. Er wollte gescannt werden, also scannten wir ihn. Ich forderte ihn auf, sich im Scanner vorzustellen, er spiele Tennis, und genau wie bei Carol leuchtete auf dem Scan sein prämotorischer Cortex auf Verlangen auf. Mehrere Monate lang tat ich nichts anderes als telefonieren und vor Kameras reden.

Ein besonderer Aspekt war letztlich aber noch fesselnder und aus wissenschaftlicher Sicht befriedigender. Das hing mit dem Menschen zusammen, zu dem wir durchgedrungen waren. Carol war bereit gewesen, Kontakt aufzunehmen, selbst nach ihrem tragischen Unfall und trotz ihres unbegreiflichen, gebrochenen Zustands. Hinter ihren physischen Verletzungen verbarg sich ein empfindungsfähiges Wesen, das sich mitteilen und uns sagen wollte: »Ich bin hier, ich *existiere*, ich bin immer noch *ich*«.

Carol war im Inneren nach wie vor präsent, wenn auch hoffnungslos benachteiligt durch ihren defekten Körper. Aber etwas war immer noch da – ihre Persönlichkeit, ihre Einstellungen und Überzeugungen, ihre Hoffnungen und Ängste, ihre Träume und Emotionen sowie ihre Erinnerungen und moralischen Werte. Und vielleicht am wichtigsten war der Wille, zu reagieren, Kontakt aufzunehmen, gehört zu werden. Carol war mit uns in Verbindung getreten. Und wir waren zu ihr durchgedrungen.

Im Lauf der folgenden Monate wurde ich geradezu überflutet von E-Mails von Kollegen, interessierten Außenstehenden und vollkommen fremden Menschen. Vereinfacht ausgedrückt, sagten sie alle entweder »Das ist erstaunlich!« oder

»Wie können Sie überhaupt sagen, diese Frau habe ein Bewusstsein?«

Die Skepsis irritierte und faszinierte mich gleichermaßen. Ich wusste, dass wir ein klares Signal ins Innere unserer Patientin gesendet hatten, »Sind Sie da?«, und es war eine deutliche Antwort zurückgekommen, »Ja, ich bin hier«. Für mich stand außer Zweifel, dass Carol über ein Bewusstsein verfügte; sie war ein denkendes, fühlendes Individuum, das in einem nutzlosen Körper gefangen war. Wie konnte das irgendjemand bestreiten? Aber es wurde angefochten.

Der Haupteinwand war simpel: Carol befinde sich in einem Zustand reaktionsloser Wachheit und verfüge über keinerlei Bewusstsein und unsere Anweisung, in der Vorstellung Tennis zu spielen, habe eine automatische Reaktion in ihrem prämotorischen Cortex ausgelöst, die wir fälschlicherweise als Anzeichen dafür deuteten, sie sei bewusst und befolge unsere Instruktionen willentlich.

Ich kann durchaus verstehen, warum manche Menschen diese Deutung vorzogen: Die Vorstellung, eine Patientin, die allgemein als reaktionslos gilt, sei in Wahrheit bei Bewusstsein und im eigenen Körper eingeschlossen, ist schlichtweg erschreckend. Diese Vorstellung ist im Grunde so schrecklich, dass sie für viele Menschen absolut unfasslich und somit undenkbar ist. Und trotzdem war dies die Wahrheit, die wir aufgedeckt hatten und für die wir wohl oder übel eintreten mussten. Plötzlich wussten wir, was niemand sonst wusste, und ich spürte eine dringliche Verantwortung, die Wahrheit zu verkünden. Nicht alle Wachkomapatienten sind das, was sie zu sein scheinen. Zumindest einige von ihnen sind denkende, fühlende Menschen.

Die düstere Realität der unzähligen Patienten und deren Familien – Familien wie die von Maureen, Kate und Carol – rückte für mich in dem Moment in den absoluten Brennpunkt.

Viele dieser Patienten wurden und werden für Jahre gleichsam »eingelagert«; dieser unglücklich gewählte Begriff wird häufig verwendet, um die dauerhafte Unterbringung in Einrichtungen zu beschreiben, in denen es an Fachkenntnis mangelt, um die geistigen Funktionen der Betroffenen sorgfältig zu beurteilen. Und nun wussten wir, dass einige dieser Patienten wahrscheinlich die ganze Zeit über vollkommen bei Bewusstsein waren. Dieser Gedanke bereitete mir, und vermutlich auch vielen anderen Menschen, großes Unbehagen. Ich musste etwas tun, nicht nur für Maureen oder einen der anderen Patienten, die wir gescannt hatten, sondern für die tausende stummer Menschen, die es nicht in einen Scanner geschafft und sich Gehör verschafft hatten.

Als der unmittelbare Medienrummel um unseren erfolgreichen Versuch, mit Carol zu kommunizieren, endlich nachließ, konzentrierte ich mich darauf, unsere wissenschaftlichen Erkenntnisse zu verteidigen.

Das Hauptproblem in der Argumentation unserer Kritiker war klar ersichtlich: Sie konnten nicht beweisen, dass es für ihre Hypothese überhaupt eine physische Grundlage gab. Niemand hat bisher nachgewiesen, dass ein Gehirn ohne Bewusstsein auf einen bestimmten Befehl eine automatische Reaktion hervorzubringen vermag. Das Gehirn reagiert im Grunde ständig automatisch. Wenn man das Zwitschern eines Vogels hört, aktiviert sich der auditive Cortex (die Hörrinde), ob man will oder nicht. Ein helles Licht in der Dunkelheit stimuliert den visuellen Cortex (die Sehrinde), bevor man sich dessen überhaupt gewahr wird. Das Gesicht eines Freundes in einer Menschenmenge löst ein automatisches Wiedererkennen im Gyrus fusiformis aus. Carols Reaktion war dagegen etwas ganz anderes. Der prämotorische Cortex wird nicht automatisch befeuert, wenn man die Aufforderung hört: »Stell dir vor, du spielst Tennis«. Er wird nur aktiviert, *wenn man dies will.*

Um das zu beweisen, führten wir ein weiteres Experiment durch – wohl das verrückteste, das ich je durchgeführt habe. Wir legten sechs gesunde Probanden in den Scanner und sagten ihnen: »Wir werden Sie auffordern, sich Verschiedenes vorzustellen. Bitte ignorieren Sie einfach, was wir von Ihnen verlangen.« Bei laufendem Scanner führten wir dann genau die gleiche Prozedur durch wie ursprünglich bei Carol. Die Teilnehmer hörten »Stellen Sie sich vor, Sie spielen Tennis«, und wir warteten ab, was passierte. Es trat keinerlei Reaktion auf. Keine Aktivität im prämotorischen Cortex auch nur bei einem einzigen Probanden. Obwohl diese sechs Teilnehmer ausdrücklich angewiesen worden waren, sich vorzustellen, sie spielten Tennis – genau wie Carol –, gehorchten sie nicht, weil sie zuvor instruiert worden waren, jedweder späteren Aufforderung nicht zu folgen.

Dies war ein unumstößlicher Beweis dafür, dass die Aufforderung, in der Vorstellung Tennis zu spielen, nicht genügte, um irgendeine automatische Reaktion im Gehirn auszulösen, und schon gar nicht genau dort, wo wir es vorausgesagt hatten, nämlich im prämotorischen Cortex. Carols Gehirn hatte auf diese Weise reagiert, weil sie es so *wollte*. Sie hatte reagiert, weil sie bei Bewusstsein war.

Ich war sehr stolz auf unser verrücktes kleines Experiment, auch wenn es viele weitere Gründe dafür gab, weshalb die Argumente gegen unsere Schlussfolgerungen nicht stichhaltig waren. Erstens: Am bemerkenswertesten an Carols Reaktion war die Tatsache, dass sie ihre Gehirnaktivität über die 30 Sekunden aufrechterhalten konnte, die wir für ein aussagekräftiges Scan-Ergebnis brauchten. Obwohl Carol nach der einleitenden Anweisung keine weiteren Instruktionen bekam, hielt sie ihren aktivierten prämotorischen Cortex ganze

30 Sekunden lang in Betrieb. Von all den »automatischen« Hirnreaktionen, die in der Wissenschaft bekannt sind (etwa auf visuelle oder akustische Signale), wird keine aufrechterhalten, wenn nicht weitere Reize eingehen. Hört man einen einzelnen Gewehrschuss, reagiert die Hörrinde unmittelbar. 30 Sekunden später ist diese Reaktion indes längst abgeklungen. Aber weil Carols Reaktion ihre eigene mentale Bilderwelt widerspiegelte und weil wir wissen, dass Menschen 30 Sekunden oder länger ohne Unterbrechung »im Kopf Tennis spielen« können, erzeugte Carol eine anhaltende Reaktion, die nur auftreten konnte, wenn sie bei Bewusstsein war.

Das letzte Argument gegen jene, die unsere Interpretation von Carols Hirnaktivität anzweifelten, war mehr philosophischer Art. Wenn jemand nach einer schweren Hirnverletzung aufgefordert wird, eine Hand oder einen Finger zu bewegen, und daraufhin eine entsprechende motorische Reaktion zeigt, wird dies als Anzeichen für ein Bewusstsein gedeutet. Sollten wir nicht analog dazu einer Aktivierung des prämotorischen Cortex als entsprechende Hirnreaktion auf die bloße Vorstellung, die Hand zu bewegen, genau die gleiche Bedeutung beimessen?

Skeptiker könnten einwenden, reine Hirnreaktionen seien weniger unmittelbar, weniger real und verlässlich als motorische Reaktionen. Dieses Argument kann jedoch mithilfe sorgfältiger Messung, Wiederholung und objektiver Verifizierung ausgehebelt werden. Wenn beispielsweise ein Patient, der als reaktionslos gilt, nach Aufforderung nur bei einer einzigen Gelegenheit die Hand hebt, bleiben gewisse Zweifel bestehen, dass er bei Bewusstsein ist. Die Bewegung könnte rein zufällig zeitgleich mit der Aufforderung aufgetreten sein. Würde der Betreffende jedoch bei zehn verschiedenen Gelegenheiten dieselbe Reaktion auf die Anweisung wiederholen können, bestünde kaum ein Zweifel daran, dass der Patient bei Bewusstsein ist. Und wenn dieser Patient in Reaktion auf eine Anweisung (in der Vorstellung Tennis zu spielen) seinen prämotorischen Cortex aktivieren könnte und dies in jedem einzelnen von zehn Versuchen wiederholen würde, müssten wir dann nicht mit dem gleichen Recht anerkennen, dass er über ein Bewusstsein verfügt?

Es war ein Glück für uns, dass Carols Hirnaktivität nicht bloß ein einziges Mal aufgetreten war. Carol konnte ihren prämotorischen Cortex aktivieren, wenn sie in ihrer Vorstellung Tennis spielen sollte, und ihren Gyrus parahippocampalis, wenn sie in ihrer Vorstellung durch ihr Haus gehen sollte – und zwar mehrfach während des Scannens. Der Fall war abgeschlossen. Carol war bei Bewusstsein.

Carol stellte den ganzen Begriff der »Grauzone« als einer Reaktionslosigkeit bei Wachheit auf den Kopf und konfrontierte Ärzte in aller Welt mit einer neuen, bedeutenden Herausforderung. Überall fingen Ärzte an, neu über Patienten in ihrer Obhut nachzudenken. Hatten sie die richtige Diagnose gestellt? Bestand eine Chance, dass einer ihrer Patienten im Inneren noch präsent war, wie Carol, trotz allen gegenteiligen Anscheins? Von den merkwürdigsten Seiten kamen Anfragen. Was hatte dies für Krankenversicherungen zu bedeuten? Wie sollte man sich gegen so etwas versichern? Wie stand es mit rechtlichen Entscheidungen bezüglich lebenserhaltender Therapien? Würde Anthony Bland, der bei einer Massenpanik in einem Fußballstadion schwerste Verletzungen erlitten hatte, heute noch leben, wenn er in seiner Vorstellung hätte Tennis spielen können? Wie sah es mit Terri Schiavo aus?

Carol hatte eindeutig klargestellt, dass bestimmte Patienten, die ohne Bewusstsein zu sein scheinen, sich ihrer Umgebung vollkommen bewusst sein können und auf Anweisung wiederholte Reaktionen zeigen können. War dies ein ganz anderer, gesonderter Zustand im Bereich der Zwischenwelten? Vielleicht ja, vielleicht nein. Sind diese reaktionslosen Menschen phasenweise ganz ohne Bewusstsein und dann wieder zeitweise völlig bewusst und bekommen alles um sie herum mit? Wir wussten es nicht, aber wir konzentrierten uns immer mehr auf die Bausteine des Bewusstseins, eine Art kritische Masse aus feinsten flackernden Nervenverbindungen, die bei einigen Patienten sporadisch zu feuern schienen und versuchten, sich wieder zu entzünden, und vielleicht unermüdlich neue Bahnen in einem moribunden Hirn erschlossen.

Ich war mit Maureens Bruder Phil in Kontakt geblieben; im Lauf der Jahre hatten wir einige weitere Konzerte besucht. Jedes Mal, wenn wir uns sahen, berichtete er, Maureens Zustand sei unverändert. Seine Eltern, Isa und Philip, versuchten derweil, jeden einzelnen Tag zu bewältigen.

Im Jahr 2007 besuchten Phil und ich einen Auftritt der Waterboys in der Corn Exchange in Cambridge. Für mich war der Abend besonders bittersüß. Das Album, mit dem die Band erstmals größere Erfolge gefeiert hatte, *Fisherman's Blues*, war in dem Jahr erschienen, in dem Maureen und ich uns ineinander verliebt hatten. Es war gleichsam der Soundtrack zu unserer überbordenden Leidenschaft und unseren Streitigkeiten.

Etwa zu jener Zeit schrieb mir Maureens Vater, Philip. Er erklärte mir, Maureens Arzt habe eingewilligt, Maureen versuchsweise das Beruhigungsmittel Zolpidem (auch bekannt als Ambien) zu verabreichen, das hauptsächlich zur Behandlung von Schlaflosigkeit eingesetzt wird. Im Jahr 2000 war im *South African Medical Journal* davon berichtet worden, dass ein junger Mann, der sich drei Jahre lang im Wachkoma befunden hatte, 30 Minuten nach einer Zolpidem-Gabe »aufwachte«.[5] Philip hatte das Medikament an Maureen ausprobiert, und ihr Arzt war davon überzeugt, dass es positiv wirkte. »Ihr Gesichtsausdruck ist inzwischen weniger angespannt, und sie scheint mehr bei Bewusstsein zu sein«, berichtete er.

Philip war weniger optimistisch. »Ich konnte Maureens Arzt nicht davon überzeugen, dass die von ihm beobachteten Handbewegungen und das Drücken der Hand/Finger bei Maureen auch ohne Aufforderung auftreten.«

Ich wusste noch, dass Maureens Vater Naturwissenschaftler war, und so vertraute ich seinem Urteil vorbehaltlos. Der Arzt sah Maureen nur einmal in der Woche für kurze Zeit; Philip hingegen hatte viel häufiger Gelegenheit, verlässliche Eindrücke zu sammeln, indem er sie täglich beobachtete.

Ich bat Philip, mir Videoaufzeichnungen von Maureen mit und ohne Zolpidem-Einnahme zu schicken. Kurz darauf lagen zwei Videokassetten in meinem Briefkasten. Dies war Forschung nicht im Labor, sondern im realen Alltag. Ich legte das erste Band ein und sah Maureen wieder, genau so, wie ich sie gekannt und geliebt hatte. All die Bemühungen seitens ihrer Eltern, von denen mir Phil erzählt hatte, die täglichen Massagen und die makellose Körperpflege waren deutlich zu sehen. Es war keine Spastik zu erkennen. Sie wirkte auffallend unversehrt und unverändert. Ihr unbändiges kastanienbraunes Haar, das kürzer war, als ich es in Erinnerung hatte, lag luftig auf dem Kissen; ihr anmutiges Gesicht, das so gern gelacht und ihren starken Willen ausgedrückt hatte, erschien glatt und unbekümmert.

Ich sah mir die beiden Kassetten von Anfang bis Ende sorgfältig an und dann noch ein zweites Mal. Ich vertauschte sie und versuchte, einen Unterschied zu erkennen. Es gelang mir nicht. Sosehr ich auch eine Besserung durch das Medikament erkennen wollte, so sehr wurde ich enttäuscht. Es zeigte sich kein Unterschied, zumindest nicht bei meiner sorgfältig kontrollierten »Blindstudie« im behaglichen Ambiente meines Wohnzimmers.

Ich schickte E-Mails sowohl an Philip als auch an Maureens Arzt und teilte ihnen meinen Eindruck mit. »Ich habe mir die Videos lange und gründlich angeschaut und auch die detaillierten Befunde zu Maureen angesehen. Die Ergebnisse sind alles andere als ermutigend. Meine diversen Schriftwechsel mit anderen Klinikern, die Zolpidem an verschiedenen Patienten ausprobiert haben, sind überwiegend enttäuschend. Die beobachteten Reaktionen sind mehrheitlich sehr geringfügig, nur von kurzer Dauer und in manchen Fällen schwer zu unterscheiden von den wahrscheinlichen Folgen einer verstärkten Ermutigung und Stimulation seitens der Familie, wie sie normalerweise mit solchen Versuchen einhergehen.«

Fast zehn Jahre später scheint es so, dass meine englische Zurückhaltung wohl vollkommen angebracht war. Der südafrikanische Fall führte dazu, dass die Arznei Zolpidem in zahllosen Studien erprobt wurde, aber nur sehr wenige erbrachten einheitliche Ergebnisse bei Wachkomapatienten. In einer umfassenden neueren Studie, die mein Freund und Kollege Steven Laureys in Lüttich durchführte, konnte bei keinem einzigen der 60 Patienten mit Bewusstseinsstörungen, an denen das Medikament getestet wurde, eine Besserung festgestellt werden.[6]

Als ich Phil das nächste Mal traf, erwähnte er meinen BBC-Auftritt nach der Veröffentlichung unseres Tennis-Experiments mit Carol. »Das muss nervenaufreibend gewesen sein!«, sagte er.

Ich gestand ihm, dass ich mich allmählich an den Medienrummel gewöhnte, der meiner Meinung nach wichtig war, um das öffentliche Bewusstsein in Bezug auf Menschen wie Maureen zu wecken. Er dankte mir, und wir verabschiedeten uns. Aber ich musste immer wieder an diesen kurzen Austausch denken. Versuchte ich vielleicht, mit meiner Erforschung der Grauzone die Sache mit Maureen wieder ins Lot zu bringen? Musste ich an einen Punkt kommen, an dem Vergeben und Verstehen im Vordergrund standen? Gab es in unserer konfliktreichen Beziehung noch etwas Ungeklärtes, das mich die ganze Zeit über angetrieben hatte?

9
Ja und nein

Der Himmel nur ein Glockenton,
ein Hören nur mein Sein
mein Ich, die Ruh: ein fremd Geschlecht,
gestrandet und allein.

Emily Dickinson

Wir probierten unsere »Tennis«-Methode an möglichst vielen Patienten aus, um das Verfahren fortlaufend zu überprüfen und zu verbessern. Bis zum Jahr 2010 hatten wir in Zusammenarbeit mit Steven Laureys 54 Patienten gescannt, die während des Scannens in ihrer Vorstellung Tennis spielten beziehungsweise sich durch Innenräume bewegten. Angesichts der immensen Kosten und des gewaltigen Zeitaufwands für Rekrutierung, Begutachtung, Testwiederholung und Verifizierung war die Zahl von 54 erfolgreichen Scans in jeder Hinsicht eine unglaubliche Leistung. Von diesen 54 Patienten waren 23 im Rahmen intensiver neurologischer Untersuchungen wiederholt als reaktionslos diagnostiziert worden. Trotzdem stellten wir fest, dass vier davon (siebzehn Prozent) im fMRT-Scanner überzeugende Reaktionen zeigen konnten.

Die lange Reise, die mehr als zehn Jahre zuvor mit Kate begonnen hatte, gipfelte nun in einer Art Rechtfertigung. Wie ich schon seit langem vermutet hatte, verfügten einige dieser Patienten tatsächlich über ein Bewusstsein. Sie besaßen nicht nur ein diffuses Gewahrsein jener unbestimmten Art, die wir alle erleben, wenn wir nachts in den Schlaf gleiten, sondern ein genügend klares Bewusstsein, um eine Reihe von Anweisungen aufzunehmen und diese in eine beabsichtigte, wohldurchdachte Aktivität in der Vorstellung umzuwandeln, die wiederum eine Folge von Hirnreaktionen hervorrief, welche wir mit unseren leistungsstarken neuen fMRT-Scannern sichtbar machen konnten. Diese Patienten waren im Inneren präsent. Sie sahen und hörten, wach *und* bewusst. Aber anders als Sie und ich waren sie tief in ihrem Inneren verschollen, in der Grauzone gefangen und nicht imstande auszubrechen, wenn sie nicht zu jenen wenigen Glücklichen zählten, die es in unseren Scanner schafften.

Ich fing an, über jene nachzudenken, die nicht so viel Glück hatten. Wie viele davon mochte es geben? Die Folgerungen waren erschreckend. Wir wissen nicht genau, wie viele Wachkomapatienten es gibt. Dies liegt zum großen Teil an der mangelhaften Dokumentation in den Pflegeheimen. In den Vereinigten Staaten bewegen sich die Schätzungen zwischen 15 000 und 40 000 Fällen. Unsere Erkenntnisse legen nahe, dass nicht weniger als 7000 möglicherweise bewusst mitbekommen, was um sie herum geschieht.[1]

Eine lautstarke Fraktion focht unsere Ergebnisse an. Die Kritiker wandten ein, dass zwar 17 Prozent unserer Wachkomapatienten im Scanner Reaktionen gezeigt hätten, aber nur einer unserer 31 minimal bewussten Patienten (drei Prozent) die gleiche Art von Reaktion erkennen ließ. Patienten, die über ein minimales Bewusstsein zu verfügen scheinen, weisen im Allgemeinen weniger schwere Hirnverletzungen auf als Patienten, die als reaktionslos gelten. Warum also sollten sie im Scanner weniger ausgeprägte Reaktionen zeigen? Das ergab keinen Sinn. Eigentlich müssten sie in viel deutlicherem Maße reagieren.

Sechs Jahre später fanden wir die Antwort auf diese Frage, aber zu jenem Zeitpunkt standen wir vor einem Rätsel.[2] Wie sich herausstellte, sind die meisten minimal bewussten Patienten mehr oder weniger das, was sie zu sein scheinen – *minimal bewusst*. Häufig ist unklar, was dieser Begriff genau bedeutet. Den Wissenschaftlern fällt es schon schwer genug, sich darauf zu einigen, was unter »Bewusstsein« zu verstehen ist, geschweige denn zu bestimmen, was »minimal bewusst« heißen soll. Begnügen wir uns vorerst mit folgender Definition: Ein »minimal bewusster« Mensch ist manchmal präsent, dann wieder nicht und bisweilen irgendwo dazwischen. So oder so kann er bestenfalls ein fast unmerkliches Signal geben – indem er etwa einen Finger bewegt – um anzuzeigen, dass er präsent ist. Schlimmstenfalls ist er nicht einmal dazu imstande. Es überrascht nicht, dass nur sehr wenige unserer minimal bewussten Patienten im Scanner Anweisungen befolgen und in jene Art komplexer Hirnakrobatik umwandeln konnten, die erforderlich ist, um in der Vorstellung Tennis zu spielen. Warum sollten sie dazu in der Lage sein? Die meiste Zeit konnten sie nicht einmal einen einzelnen Finger zuverlässig bewegen. Warum also sollten sie sich vorstellen können, sie spielten Tennis? Bei den 19 Wachkomapatienten, die ebenfalls kein imaginäres Tennis spielen konnten, war die Sachlage ähnlich, allerdings noch schwerwiegender. Sie lagen da, weder wach noch bewusst – in einem Bereich der Grauzone, der so abgeschieden und unergründlich war, dass nicht einmal sie selbst wussten, dass sie existierten. Natürlich konnten sie nicht in ihrer Vorstellung Tennis spielen; sie konnten nicht einmal denken.

Wie aber verhielt es sich mit jenen vier Patienten, die reaktionslos zu sein schienen, aber trotzdem diesen erstaunlichen mentalen Kraftakt im Scanner bewältigten? Bei ihnen sah es anders aus. Sie waren etwas ganz Besonderes. Sie waren im Grunde überhaupt nicht *reaktionslos*. Sie waren nicht einmal *minimal bewusst*. Sie befanden sich in einem Bereich der Zwischenwelten, für den wir noch gar keinen Namen haben. Und in diesem Zustand kann eine Person vollkommen wach, vollkommen bewusst und trotzdem körperlich völlig reaktionslos sein – unfähig, mit der Wimper zu zucken oder irgendeinen Muskel zu bewegen. Mich überraschte es keineswegs, dass diese vier Patienten sich vorstellen konnten, sie spielten Tennis, genau wie jeder andere gesunde Mensch.

Unsere Erkenntnisse eröffneten eine noch weitaus interessantere Möglichkeit, für die ich mich bereits ungemein begeisterte. Aufgrund bahnbrechender Entwicklungen in der Computertechnologie verfügten wir inzwischen über Scanner, die ein lebendiges Innenleben in einem reaktionslosen Körper offenbaren konnten, und es zeichnete sich die Möglichkeit einer echten Schnittstelle zwischen Gehirn und Computer ab – einer Apparatur, die wahrhaftig imstande war, eine Brücke zwischen der Grauzone und der Außenwelt zu bilden. Patienten zu einer Reaktion aufzufordern, indem sie in ihrer Vorstellung Tennis spielten, war eine Sache. Aber konnten wir diese unglaublichen neuartigen Instrumente auch dazu nutzen, mit diesen Menschen zu kommunizieren?

Gemeinsam mit Martin Monti, einem meiner hochbegabten Postdoktoranden, entwickelten wir eine Methode, um eine Zweiwegkommunikation möglich zu machen. Wie gewöhnlich begannen wir mit einer Reihe verrückter Experimente mit gesunden Freiwilligen – in diesem Fall war das ich. Martin ist Jude und Italiener; er wuchs in Italien auf und studierte lange Zeit in den Vereinigten Staaten. Diese ungewöhnliche Kombination erwies sich ein paar Jahre später als besonders vorteilhaft, als man mich in dem politisch brisanten Fall des israelischen Ministerpräsidenten Ariel Scharon konsultieren wollte, der 2006 einen Schlaganfall erlitt und bis zu seinem Tod 2014 im Wachkoma lag und künstlich am Leben erhalten wurde.

Während Scharon in einer Klinik lag, nahm ein Vertrauter aus seinem Umfeld über einen israelischen Kollegen Kontakt mit mir auf und bat mich, nach Israel zu kommen und mithilfe eines Scans festzustellen, ob bei Scharon trotz seines reglosen Äußeren noch ein Bewusstsein vorzufinden war. Ich war bereit zu helfen. Aber sosehr ich mich auch bemühte, konnte ich kein Mitglied meines Teams dafür gewinnen, mich zu begleiten.

»Warum sollte Scharon unsere Zeit und Aufmerksamkeit mehr verdienen als die Patienten, die wir hier in der Nähe haben?«, argumentierten meine Mitarbeiter. Ich konnte ihre Haltung verstehen. Das Einzige, das Scharon unseren hiesigen Patienten voraushatte, war der Umstand, dass er berühmt und ehemaliger Ministerpräsident von Israel war. Machte das sein Leben irgendwie wertvoller und seinen Zustand dringlicher? Eine Reise nach Israel hätte viel von unserer Zeit und unseren Ressourcen in Anspruch genommen, und es war keineswegs sicher, dass es nicht besser war, diese Mittel für unsere heimischen Patienten einzusetzen. Ich vermutete jedoch, dass noch mehr dahintersteckte.

»Durch die Beurteilung eines renommierten Patienten könnte sich unser Labor stark profilieren, und wir könnten Aufmerksamkeit für diese Patientengruppe und ihre Misere gewinnen«, gab ich zu bedenken. Inzwischen verbrachte ich den Großteil meiner Zeit damit, gegenüber öffentlichen Medien über Patienten mit Bewusstseinsstörungen zu sprechen, und mir war daran gelegen, meinen Studenten und Postdoktoranden die Vorteile eines guten Drahts zu den Medien zu vermitteln.

»Nicht, wenn er ein Kriegsverbrecher ist«, hielt man mir entgegen.

Ich gab »Ariel Scharon« bei Google ein. Und tatsächlich fand ich jede Menge Webseiten, auf denen entsprechend argumentiert wurde. Es gab ebenso viele Seiten mit gegenteiligem Inhalt, aber ich wollte nicht, dass politische Meinungen mein Laborpersonal spalteten.

Ich nahm Kontakt mit Martin auf, der eine Stelle als Assistenzprofessor an der Psychologischen Fakultät der University of California in Los Angeles (UCLA) angetreten hatte. 2012 reiste er nach Israel und scannte Scharon. Er berichtete mir, dass die Scans von Scharon ziemlich einfache Reaktionen zeigten, nichts Hochgradiges. Martin Monti hatte Scharon aufgefordert, sich vorzustellen, er spiele Tennis und er gehe durch die Räume seines Hauses. Der Presse teilte Martin damals mit: »Informationen von der Außenwelt werden an die entsprechenden Teile in Mr. Scharons Gehirn weitergeleitet. Allerdings lassen die Befunde nicht klar erkennen, ob Mr. Scharon diese Informationen bewusst wahrnimmt.«

Im Grunde waren die Ergebnisse alles andere als eindeutig. Martin erklärte: »Er könnte sich in einem minimalen Bewusstseinszustand befinden, doch die Resultate sind nicht belastbar und sollten mit Vorsicht interpretiert werden.« Wie sich herausstellte, befand sich Scharon in einem ähnlichen Zustand wie viele der Patienten, die wir im Lauf der Jahre gesehen hatten; es gab einige Anzeichen für eine Reaktion, aber keine klaren Hinweise auf ein Bewusstsein. Es war genau wie bei Kevin, Debbie oder Kate. Es bestand jedoch ein Unterschied. Als wir Kevin, Debbie und Kate scannten, wussten wir noch gar nicht, wie wir ein Bewusstsein zuverlässig nachweisen konnten, selbst wenn es vorhanden war. Wir mussten damals selbst entscheiden, ob die relativ einfachen Reaktionen auf Wörter, Sätze und Gesichter, die wir beobachteten, möglicherweise ein verborgenes Bewusstsein widerspiegelten. Scharon hingegen war dem Härtetest unterzogen worden; Martin führte an ihm den Test durch, von dem wir inzwischen wussten, dass er ein Restbewusstsein in einem vollkommen reaktionslosen Körper nachweisen konnte. Und das Testresultat fiel negativ aus. Scharon hatte sich nicht vorstellen können, er spiele Tennis – zumindest nicht in einer Weise, die Martin Monti erlaubt hätte, definitive Schlüsse zu ziehen. »*Die Resultate … sollten mit Vorsicht interpretiert werden.*« Ich weiß längst nicht mehr, wie oft ich dies gegenüber behandelnden Ärzten oder verzweifelten Angehörigen äußern musste.

Der Fall Scharon warf viele heikle Fragen auf. Während der ehemalige israelische Ministerpräsident im Koma lag, musste er beispielsweise wegen einer Niereninfektion operiert werden. Kritische Stimmen äußerten sich gegen die ihrer Meinung nach übertriebene Versorgung eines minimal bewussten Menschen.

Der Judaismus geht davon aus, dass jedes menschliche Leben heilig ist und um jeden Preis geschützt werden muss. Rabbi Jack Abramowitz schrieb 2014 in einem interessanten Blog zu diesem Thema: »Wenn ein Mensch durch das Fasten an Jom Kippur zu sterben droht, darf er nicht nur essen, sondern er muss sogar essen. Ebenso ist es in anderen lebensbedrohlichen Situationen: Dann muss man den Schabbes [Sabbat] missachten und einen Krankenwagen rufen oder jemanden in die Klinik bringen.«[3]

Interessant ist in diesem Zusammenhang auch, dass der Judaismus den Begriff »Lebensqualität« nicht kennt. Eine anderweitig gesunde Person hat keinen höheren Anspruch auf eine Nierenoperation als ein minimal bewusster Patient. Dies ist eine interessante Sichtweise, die ich aber nicht unbedingt teile. Manche Entscheidungen sind sicherlich schwieriger als andere. So ist es beispielsweise schwer zu entscheiden, ob ein Jugendlicher mit Krebs eine Behandlung eher verdient als ein junger Geschäftsmann mit schwerem Hirntrauma, dessen Unternehmen eine neue energiesparende Glühbirne entwickelt, wenn aus ökonomischen Zwängen nur einer behandelt werden kann. Derlei Fragen haben schon so manchem Philosophiestudenten schlaflose Nächte bereitet. Aber in Extremfällen erscheint mir die Sache doch viel einfacher. Ein Jugendlicher mit Krebs gegenüber einem 85-jährigen minimal bewussten Patienten mit Nierenversagen? Für mich wäre das keine schwere Entscheidung. Natürlich funktioniert die Welt normalerweise nicht nach diesem Prinzip; wenn einem Menschen eine Behandlung gewährt wird, so wird sie einem anderen in der Regel nicht verwehrt. Doch auf irgendeiner Ebene muss die Entscheidung richtig und wahrhaftig sein. Die Entscheidungen, die wir heute treffen, haben Auswirkungen auf andere, weit entfernt in Raum und Zeit. Den meisten von uns sind diese Konsequenzen gar nicht bewusst.

Jeder Mensch ist anders, und die persönlichen Lebensumstände spielen eine große Rolle. Wenn Ariel Scharons Familie wählen müsste, würde sie sein Leben wohl – verständlicherweise – höher bewerten als das eines anonymen Teenagers mit Krebs. Welche Rolle sollten also Gesellschaft oder Religion bei solch schwierigen Entscheidungen spielen, wenn es keine einheitlichen Wertestandards gibt? Gibt es bessere Kriterien als das Nützlichkeitsprinzip? Ist es möglich, in einer derartigen Situation das absolute soziale Wohl überhaupt zu bemessen? Sollten soziale Faktoren überhaupt einbezogen werden? Vielleicht setzt sich der Judaismus deswegen gänzlich über ein Nützlichkeitsdenken hinweg und geht davon aus, dass Abwägungen und Urteile dieser Art außerhalb menschlicher Reichweite liegen sollten. Trotzdem werden Entscheidungen von Menschen getroffen. Daher bin ich mir nicht sicher, wie nützlich diese Haltung im praktischen Sinn ist.

Im Jahr 2010, lange bevor Ariel Scharon gescannt wurde, arbeiteten Martin und ich Tag und Nacht an der Entwicklung einer einfachen Methode der Kommunikation im Rahmen der funktionellen Magnetresonanztomographie. Ich war schon seit einiger Zeit davon überzeugt gewesen, dass eine Zweiwegkommunikation mit der fMRT funktionieren könne, und entschied schließlich, die Sache an mir selbst zu erproben. Manche wissenschaftlichen Fragen sind so grundlegend, dass es viel leichter ist, sie an sich selbst zu stellen, anstatt auf ein Experiment mit zehn Probanden, stundenlangem Scannen und Unmengen Papierkram zu warten. Manchmal lohnt sich der große Aufwand einfach nicht. In diesem Fall interessierte mich lediglich die Frage, ob ich mit der Außenwelt kommunizieren könnte, indem ich beim Scannen das Muster meiner Hirnaktivität veränderte. Ich gab Martin ein Blatt Papier, auf das ich eine Reihe von Fragen gekritzelt hatte – Fragen, auf die er unmöglich die Antwort wissen konnte. Er kannte mich, aber nicht gut genug, um Fragen wie diese zu beantworten: »Lebt meine Mutter noch?«, »Heißt mein Vater Terry?« Die Fragen an sich waren unwichtig; sie mussten sich nur auf Inhalte beziehen, die Martin unbekannt waren, und sich mit einem einfachen »Ja« oder »Nein« beantworten lassen.

Ich lehnte mich zurück, schloss die Augen und hörte das Surren der Scannerliege, während ich langsam in die Röhre gefahren wurde. In dem langen Tunnel, der einen Durchmesser von nur 60 Zentimetern hatte, war es dunkel und warm. Über meinen Beinen lag eine Wolldecke. Ein Techniker arretierte meinen Kopf in der sogenannten Kopfspule. Dabei lag der Schädel in einer gewölbten Schalung, und direkt vor dem Gesicht hatte ich verschiedene Gitterstäbe, durch die ich sehen konnte. In dieser Apparatur, die an einen Vogelkäfig erinnerte, befanden sich die Sender und Empfänger für die Hochfrequenzsignale, das Kernstück der MRT-Technologie. Diese Funktionsteile lagen so nah am Kopf, weil dies die Bildqualität erheblich verbesserte.

Ich wusste, dass es ungefähr zehn Minuten dauert, bis der Techniker die verschiedenen Einstellungen vorgenommen hat, die vor dem Beginn des Scannens erforderlich sind. Während ich so im Dunkeln dalag, fing ich an nachzudenken. Ich hatte bereits im Scanner gelegen, schon viele Male. Ich kannte diese Erfahrung lange bevor ich wusste, dass mein Leben einmal um das Scannen kreisen würde. Als ich 14 Jahre alt war, wurde bei mir die Hodgkinsche Krankheit diagnostiziert. Zwei Jahre lang wurde ich immer wieder durchleuchtet – mit MRT, CT, Ultraschall und Röntgen. Ich ließ nichts aus. Im Jahr 1981 lag ich sieben Wochen lang jeden Tag ein paar Minuten in einem Linearbeschleuniger, einer riesigen Maschine, die einen ganzen Raum füllte und zur Radiotherapie Elektronenstrahlung auf meine Brust richtete. Damals flößten mir diese Apparaturen Angst ein, obwohl sie in meiner Behandlung zweifellos eine wichtige Rolle spielten und zu meiner schließlichen Genesung beitrugen. Es war wohl etwas merkwürdig, nach dieser Erfahrung einen Beruf zu wählen, bei dem man so viel mit Scannern zu tun hat.

Die Hodgkinsche Krankheit ist inzwischen gut heilbar, doch damals sah es noch ganz anders aus. Ich weiß nicht, ob ich jemals dachte, daran zu sterben, aber ich weiß noch gut, dass ich häufig das Gefühl hatte, ich würde sterben. Zusätzlich zur Strahlenbehandlung erhielt ich mehrfach Chemotherapie. Die Krebssymptome gingen zurück. Schließlich kam es zu einem Rückfall, und ich geriet wieder in die tägliche Tretmühle – Injektionen, Pillenschlucken, Erbrechen. Ich dachte, es hört nie auf. Die Haare fielen mir aus, ich verlor fast die Hälfte meines Gewichts, und manchmal wollte ich mich einfach nur verkriechen und sterben. Einige meiner engen Freunde überlebten es tatsächlich nicht. Irgendwann hatte mein Zwölffingerdarm, der oberste Abschnitt des Dünndarms direkt unterhalb des Magens, genug von den Pharmaka und versagte vollständig. Die Scherzen waren unerträglich. Man gab mir Pethidin, ein synthetisches Opioid aus derselben Klasse wie Heroin und Morphin.

Alle vier Stunden fiel ich in einen bewusstlosen Rausch, wenn der Wirkstoff in meinem Arm aufstieg und in einer warmen, wohligen Welle der Linderung durch meine Venen strömte. Und genau drei Stunden später erwachte ich wieder, setzte mich kerzengerade auf und durchlitt eine weitere Stunde qualvolle Schmerzen, bis es wieder Zeit für den nächsten Schub der Erlösung war. Schließlich fing ich an zu halluzinieren; ich tanzte mit Zwergen und Feen durch Auen und hielt zwitschernde Vögel in der Hand. Das Pethidin wurde sofort abgesetzt. Durch einen schrecklichen schweißgetränkten Schleier der Verwirrung schlug ich wieder auf dem Boden der Realität auf.

In jener Zeit hatte ich oft das Gefühl, ich stehe im Grenzgebiet zwischen Leben und Tod, in einer eigenen Zwischenwelt – nicht ganz hier und nicht ganz dort. Manchmal war ich da, dann wieder weg, ständig ging es hin und her. Im Grunde wollte ich gar nicht hier sein, denn dort in der Grauzone konnte ich den Schmerzen entfliehen und die Verwirrung durchschlafen. Jedes Mal wenn ich aus der Grauzone wieder in die Realität zurückkehrte, schrie und fluchte ich, bis eine freundliche Krankenschwester mir zu Hilfe kam und mich wieder in jene behagliche Sphäre beförderte.

Trotz des Horrors, den ich durchmachte, war ich damals von einer Art Geist und einer Liebe umgeben, die mich fortan weiter begleitet haben. Meine Mutter war zwei Jahre lang jeden Tag an meinem Krankenbett; sie las mir vergnügt aus der Zeitung vor, informierte mich über den neuesten Familienklatsch und hielt mich insgesamt über Wasser. Mein Vater kam jeden Morgen in die Klinik und brachte die Zeitung, in jeder Mittagspause munterte er mich auf, und jeden Abend wünschte er mir eine gute Nacht, bevor er mit dem letzten Zug nach Hause fuhr. Mein Bruder und meine Schwester mussten gerade mit ihren eigenen Teenagerproblemen zurechtkommen und fügten sich drein, so gut sie konnten; ich habe keine Ahnung, wie sie diese ganze Misere überstanden.

Erst viele Jahre später begriff ich, wie unerträglich dies für sie alle gewesen sein muss. Alles drehte sich um mich. Ich war der Patient, ich war der Leidende, und ich war es, dessen Zukunft ungewiss schien. Aber in Wirklichkeit berührte es alle. Lebensbedrohliche Krankheiten wirken sich auf das gesamte Umfeld aus. Ihre Reichweite ist praktisch unbegrenzt. Es ist wie mit dem Schmetterlingseffekt. Wenn ein naher Angehöriger zusammenbricht, weiten sich die Wirren auf unterschiedliche und unvorhersehbare Weise aus. Enge Familienverbände brechen häufig auseinander, unabhängig davon ob der Patient im Zentrum des Strudels weiterlebt oder stirbt. Zum Glück zerbrach meine Familie nicht. Und ich lebe noch und kann darüber sprechen.

Fast 40 Jahre danach sehe ich die Gesichter der Mütter, Väter, Geschwister und Kinder von Menschen in der Grauzone und fühle mich irgendwie mit ihnen verbunden. Ich weiß, wie es für eine Familie ist, wenn das Leben eines geliebten Menschen auf der Kippe steht.

Während ich in dem Scanner lag und an die Erkrankung in meiner Kindheit zurückdachte, grübelte ich über die Entscheidungen nach, die ich in meinem Leben getroffen hatte: Vielleicht war es irgendwie unumgänglich gewesen, dass ich diesen Weg eingeschlagen hatte. Ich bin Atheist und glaube auch nicht an schicksalhafte Bestimmung. Ich bin jedoch davon überzeugt, dass unser Lebensweg von den Entscheidungen bestimmt wird, die wir treffen und die wiederum von unseren Erfahrungen geprägt sind. Als Kind war ich ernsthaft erkrankt gewesen und durch die moderne Apparatemedizin geheilt worden. Ich verdankte mein Überleben den Pharmaka, den Scannern und auch den Menschen, die alles daransetzten, dass ich überlebte. Forscher, Ärzte, Pfleger, Stationshilfen – hunderte Menschen, die direkt und indirekt dafür sorgten, dass es mit mir weiterging, trotz massiver Ungewissheit. Und nun stand ich hier, auf der anderen Seite. Versuchte ich, etwas zurückzugeben? Ich hatte einen Weg gewählt, um an den Grenzen der modernen Medizin zu arbeiten, neben Ingenieuren, die die nächste Generation von Hirnscannern entwickelten, und Neurowissenschaftlern, die den Code komplexer neurodegenerativer Krankheiten zu knacken suchten, sowie Spezialisten auf der neurologischen Intensivstation, die Tag und Nacht arbeiteten, um sowohl junge als auch alte Menschen von der Schwelle des Todes wegzuholen. Kann das alles wirklich nur durch Zufall so gekommen sein? Und was war mit Maureens Unfall? Dieser hatte ja ursprünglich mein Interesse am Wachkoma und ähnlichen Zuständen geweckt. Und Kate? Hätte sie nicht reagiert, wäre ich nicht hier, in diesem Scanner, und versuchte, mit Martin zu kommunizieren. Vielleicht war es unumgänglich gewesen, dass mich mein Weg hierhergeführt hatte.

»Okay, wir sind so weit. Was jetzt?« Martins Stimme krächzte in meinem Kopfhörer. Die einfache Gegensprechanlage war der einzige Verständigungskanal mit der Außenwelt.

»Stell mir eine der Fragen«, sagte ich. »Wenn die Antwort ›ja‹ lautet, werde ich mir vorstellen, ich spiele Tennis, und wenn die Antwort ›nein‹ lautet, stelle ich mir vor, ich gehe durch mein Haus.«

Zehn Sekunden später spürte ich, wie der Scanner mit einem Klicken, einem lauten Knall und einem Piepsen in Gang kam. Die komplexe Technologie beruht darauf, dass im Gehirn Protonen (elektrisch geladene Teile von Atomkernen) um eine Achse kreiseln. Wenn der Proband in der Röhre liegt, richten die ungeheuer leistungsstarken Magneten um seinen Kopf herum sämtliche Protonen in seinem Gehirn auf eine bestimmte Weise aus, wovon er zum Glück nichts mitbekommt. Dann wird in der Kopfspule ein kurzer Stoß von Radiowellen freigegeben, wodurch die Protonen ihre Ausrichtung verlieren. Nach dem kurzen elektromagnetischen Impuls richten die riesigen Magneten sämtliche Protonen erneut aus. Die Geschwindigkeit, mit der die Protonen im Blut sich wieder parallel ausrichten, nachdem sie gleichsam umgekippt wurden, hängt vom Sauerstoffgehalt des Blutes ab. Dabei geben die Protonen ein Signal ab, das der Scanner messen kann. Die Technologie ist unglaublich.

In einem MRT-Scanner zu liegen ist eine merkwürdige Erfahrung. Es ist unglaublich laut; ohne Ohrenstöpsel und Ohrschützer würde man Gehörschäden davontragen. Da lag ich also in einem sechs Millionen Dollar teuren Kokon und dachte über meine Kindheitserkrankung nach, während mein Kopf in einem Käfig eingeschlossen war und ein Lärm herrschte, so als flöge direkt neben mir ein Düsenjet vorbei. In dieser Situation war es fast surreal, Martin fragen zu hören: »Lebt deine Mutter noch?« Ich wusste, was ich zu tun hatte, doch ich hatte nur 30 Sekunden Zeit dafür. Die Antwort lautete »nein«, denn meine Mutter lebte nicht mehr, und um ein »Nein« zu übermitteln, musste ich mir vorstellen, ich spaziere durch mein Haus.

Ich richtete meine Gedanken rasch darauf, durch die Haustür in den Eingangsbereich meines kleinen Hauses unweit des Zentrums von Cambridge zu treten. Ich stellte mir den Vorraum vor, der mit Mänteln, Jacken und Schuhen vollgestopft war. Ich ging weiter ins Esszimmer. Dort stand der Glastisch, den ich ein Jahr zuvor gekauft hatte. Ich bemerkte die dazu passenden, unsäglich unbequemen Stühle. Ich schaute zur Küche mit ihrem uralten schiefen Türrahmen. Ich ging in die Küche und sah zu meiner Rechten den Kühlschrank und zu meiner Linken die Tür zur Terrasse. Direkt vor mir konnte ich durch das rückwärtige Fenster in den Garten sehen. Um dort hinaus zu gelangen, musste ich mich nach links wenden, durch die Hintertür auf die Terrasse hinaustreten, die ich erst vor kurzem mit Steinen ausgelegt hatte, und dann den Rasen überqueren. Ich stellte mir gerade vor, hinaus ins Grüne zu gehen.

»Entspann dich jetzt und mach deinen Kopf frei.«

Diese Worte rissen mich abrupt aus meiner Vorstellungswelt. Ich richtete meine Gedanken sofort auf etwas anderes als mein Haus. Ich hatte schon unzählige Male Versuchsteilnehmer aufgefordert, »sich zu entspannen und den Kopf frei zu machen«, doch erst in jenem Augenblick wurde mir klar, wie absurd diese Anweisung war. Was heißt das überhaupt, »den Kopf frei machen«? Wie geht das? Wenn ich mich entspanne, schwirrt mir alles Mögliche durch den Kopf: Pläne für morgen, die Einkaufsliste und anstehende Termine.

Dies erinnert mich an eine andere Absonderlichkeit. Ich weiß gar nicht mehr, wie oft ich schon gefragt wurde: »Stimmt es, dass wir nur zehn Prozent unseres Gehirns benutzen?« Ich habe keine Ahnung, woher diese alberne Vorstellung stammt, aber sie ist absolut unsinnig. Trotzdem haben genügend Menschen davon gehört, dass mir (und vermutlich jedem anderen Neurowissenschaftler auf der Erde) diese Frage immer wieder gestellt wird. Sieht man sich jedoch einen PET-Scan an – vor allem die besondere Variante, die als Fluordeoxyglucose-Scan (FDG-Scan) bezeichnet wird, mit der man die Grundaktivität des Gehirns im Ruhezustand misst –, erkennt man, dass das gesamte Gehirn aktiv ist, und zwar ständig. Natürlich werden einzelne Areale aktiver, wenn man bestimmte Dinge denkt oder tut (dies ist der Ausgangspunkt für Sauerstoff-15-PET beziehungsweise fMRT), aber das gesamte Gehirn ist und bleibt aktiv, auch wenn man nur »entspannt und den Kopf frei macht«.

Man kann nicht sagen, der Mensch nutze nur zehn Prozent seines Gehirns, ebenso wenig wie man behaupten kann, »ich mache meinen Kopf frei«, wenn ich entspanne. Aber genau dies musste ich versuchen, als ich in dem Scanner lag und Martins Stimme hörte.

Ich dachte an meine Zeit in Sydney und malte mir aus, mit geschlossenen Augen am Bondi-Strand zu liegen. Ich stellte mir vor, wie die Sonne mein Gesicht erwärmte, und versuchte, konzentriert zu bleiben – konzentriert auf nichts. Versucht man, auch nur ein paar Sekunden an nichts zu denken, so wird man feststellen, wie schwer das ist. Der menschliche Geist gleicht einem Kolibri, der ständig von hier nach da schwirrt. Es ist fast unmöglich, ihn zu bremsen und abzuschalten. Oft dachte ich, dies könnte der Grund dafür sein, warum wir uns so schwer vorstellen können, wie es ist, im Wachkoma zu liegen. Wie fühlt es sich an, an nichts zu denken? Wir können es nicht wissen, weil wir es noch nie erlebt haben und auch nie erleben werden, jedenfalls nicht außerhalb der Grauzone.

»Lebt deine Mutter noch?« Martins Stimme holte mich weg vom Bondi-Strand. Es tat gut, die Worte wieder zu hören. Ich konnte mich wieder in mein Haus in Cambridge zurückversetzen, wo ich 30 Sekunden zuvor noch gewesen war und in der Küche überlegt hatte, wie ich in den Garten hinausgelange. Es ist ein seltsames Paradox, dass es um so vieles leichter ist, sich etwas vorzustellen, als sich nichts vorzustellen. In der Realität erfordert es viel mehr Anstrengung, etwas zu tun, als nichts zu tun. Aber in der inneren Vorstellung ist es umgekehrt. Der Geist ist immer angeschaltet, verfolgt die Welt ringsherum und hält nach Dingen Ausschau, die es zu beachten oder zu vermeiden gilt. Dies ist gleichsam die Standardeinstellung. Sie auszuschalten erfordert Anstrengung.

Wir wiederholten die Prozedur fünf Mal. Sobald ich die Frage bezüglich meiner Mutter beantwortet hatte, entspannte ich mich. Die Scan-Reihe dauerte genau fünf Minuten, dann war es vorbei. Die plötzliche Stille war eine Wohltat. Aber ich saß wie auf glühenden Kohlen. Hatte das Ganze funktioniert? War es mir gelungen, allein mithilfe meines Gehirns mit der Außenwelt zu kommunizieren? Ich konnte es kaum erwarten, aus dem Scanner zu steigen.

»Wisst ihr die Antwort?«, platzte ich heraus, in der Hoffnung, dass mir jemand zuhörte. Ich wollte es unbedingt wissen. Aber ich saß immer noch in dem Käfig fest, vollkommen isoliert von dem, was im Kontrollraum vor sich ging. Keiner antwortete. Die Spannung brachte mich schier um.

»Hat es geklappt?«, schrie ich.

Immer noch Stille. Dann knisterte es in der Sprechanlage. »Deine Mutter lebt nicht mehr.«

Ich konnte es nicht glauben. »Seid ihr sicher?«, fragte ich.

»Hundertprozentig sicher! Es ist glasklar. Dein Gyrus parahippocampalis leuchtete auf wie ein Weihnachtsbaum, das heißt, du hast dir vorgestellt, du gehst durch dein Haus, und das bedeutet, du hast uns ein ›Nein‹ mitgeteilt, habe ich recht? Deine Mutter lebt nicht mehr.«

Bis zu dem Zeitpunkt hätte ich mir niemals vorstellen können, dass es mich glücklich machen würde zu hören, »Deine Mutter lebt nicht mehr«. Ich war begeistert.

»Machen wir weiter!«, rief ich. »Stellt mir noch eine Frage!«

Insgesamt wurden mir drei Fragen gestellt, und ich konnte sie alle erfolgreich beantworten, allein mithilfe meines Gehirns. Als ich gefragt wurde, »Heißt dein Vater Christian?«, stellte ich mir abermals vor, von Zimmer zu Zimmer durch mein Haus zu gehen, weil die Antwort »nein« lautete. Mein Vater heißt nicht Christian; dies ist der Name meines älteren Bruders. Als ich aber gefragt wurde, »Heißt dein Vater Terry?«, stellte ich mir vor, ich spielte Tennis und schmetterte den Ball über das Netz. Dies musste ich tun, um ein »Ja« zu übermitteln. Mein Vater *heißt* Terry, und durch eine imaginäre Tennispartie konnte ich dies nach draußen in den Kontrollraum durchgeben. Ich teilte Martin den Namen meines Vaters mit, *einfach indem ich das Aktivitätsmuster in meinem Gehirn änderte*.

Mithilfe dieser technologischen Zauberei hatte Martin meine Gedanken lesen können. Nicht im telepathischen Sinn, zumindest nicht wörtlich. Aber irgendwie waren meine Gedanken in ein Muster von Hirnaktivität umcodiert worden, das vom fMRT-Scanner erfasst und als Muster bunter Flecken dargestellt wurde, welches mein Kollege interpretieren konnte. *Martin hatte meine Gedanken gelesen.*

Das Experiment hatte funktioniert. Wir hatten nachgewiesen, dass sich mithilfe der funktionellen Magnetresonanztomographie aus einem Scanner heraus kommunizieren ließ. Wir konnten Fragen stellen und die Antworten entschlüsseln, indem wir einfach anschauten, was im Gehirn vor sich ging. Das Ganze war erfreulich einfach und lieferte uns genau das, was wir brauchten.

Es musste noch einiges abgeklärt werden, bevor wir das Verfahren bei Patienten anwenden konnten. Wie zuverlässig und solide war die Methode? Eignete sich jeder Proband dafür, oder war ich ein Sonderfall? Ich hatte viel Zeit in fMRT-Scannern verbracht und wusste sehr viel darüber, wie man ein Gehirn am besten aktiviert; vielleicht verlieh mir das einen Vorteil gegenüber dem Mann auf der Straße.

Um zu testen, ob ich ein Sonderfall war, scannte Martin sechzehn fremde Probanden mit der Methode, die wir entwickelt hatten: imaginäres Tennisspiel für »Ja« und imaginäres Umhergehen im Haus für »Nein«. Jedem der sechzehn Teilnehmer wurden drei Fragen gestellt. Es dauerte ein paar Wochen, das Experiment durchzuführen. Als es abgeschlossen war, kam Martin in mein Büro gesprungen. Er strahlte über das ganze Gesicht. Ich wusste, was herausgekommen war – es stand ihm deutlich ins Gesicht geschrieben. Martin konnte aus den Mustern der erfolgten Hirnaktivierung genau die Antworten auf jede einzelne der 48 Fragen decodieren, die in der Experimentreihe gestellt worden waren. Es funktionierte. Verlässliche Kommunikation mittels fMRT war möglich.

Zugegeben, jede Antwort erforderte ein fünf Minuten langes Scannen, um sie mit hundertprozentiger Genauigkeit zu decodieren, aber man stelle sich vor, dies wäre die einzige Kommunikationsweise, die einem zur Verfügung stünde. Würde dies nicht das ganze Leben verändern? Stellen Sie sich vor, Sie könnten jahrelang nicht sprechen, nicht blinzeln und sich auch in keiner anderen Weise verständlich machen, und dann eröffnete sich diese Möglichkeit: eine neumodische, hochtechnologische Version des alten Fragespiels *Twenty Questions*, die ein denkendes Gehirn, das aufgrund körperlicher Behinderung zum Schweigen verurteilt ist, mit der Außenwelt verbindet.

Schon bald erhielten wir die Gelegenheit, dieses Verfahren zu erproben. Im Rahmen unserer Zusammenarbeit mit Steven Laureys und seinen Kollegen in Belgien erfuhren wir von einem 22 Jahre alten osteuropäischen Patienten, den wir John nennen wollen (seinen wahren Namen habe ich nie erfahren), der fünf Jahre zuvor beim Motorradfahren mit einem Auto kollidiert war. Er erlitt eine massive Gehirnprellung. Bei solch einem Schädel-Hirn-Trauma entstehen häufig zahlreiche winzige Hämorrhagien, wenn kleine Gefäße bersten und in das umliegende Gewebe ausbluten. Stevens Team begutachtete John eine Woche lang sorgfältig. Die Diagnose lautete immer wieder »Syndrom reaktionsloser Wachheit«. Melanie Boly, die wieder in Lüttich war und als Assistenzärztin in der Klinischen Neurologie arbeitete, scannte John und forderte ihn dabei auf, sich vorzustellen, er spiele Tennis. Obwohl John seit fünf Jahren keinerlei Reaktionen gezeigt hatte, waren im Scanner klare Anzeichen eines Bewusstseins zu erkennen: Er konnte sich vorstellen, Tennis zu spielen, wenn man ihn dazu aufforderte.

Steven rief mich aus Belgien an und fragte, ob sein Team John mit unserer Kommunikationsmethode scannen solle. Ich stimmte sofort zu. Dies war die Gelegenheit, auf die wir gewartet hatten. Am Tag darauf starteten Melanie Boly und eine von Stevens Studentinnen, Audrey Vanhaudenhuyse, die Scan-Reihe und versuchten, mithilfe unserer neuen Methode mit John zu kommunizieren. Voller Begeisterung nahm Martin den ersten Zug nach Lüttich. Er wollte unbedingt dabei sein. Inzwischen war er sehr erfahren darin, mit gesunden Probanden im Scanner zu kommunizieren, und hatte einen genialen Computercode geschrieben, um die Ergebnisse rasch und effizient auszuwerten.

An dem Tag, als John gescannt wurde, musste ich mich in Schale werfen, weil ich bei einer Konferenz der Royal Society in London einen Vortrag halten sollte. Ich hatte mich überhaupt nicht vorbereitet; ich war innerlich ganz mit den Ereignissen in Belgien beschäftigt gewesen. Als ich im Zug saß und nach London zuckelte, versuchte ich, mich auf den Vortrag zu konzentrieren, den ich halten sollte, doch ich dachte immer wieder an das Scan-Experiment mit John. Ich wäre gern dabei gewesen. Vielleicht hätte ich hinfahren sollen. Ich hatte zwar schon vor Monaten zugesagt, den Vortrag in London zu halten, und eine Absage wäre völlig unangebracht gewesen, doch ich kann nicht leugnen, dass ich in Versuchung war.

Kaum hatte ich das Gebäude der Royal Society betreten, da klingelte mein Mobiltelefon. Martin rief aus dem Scanner-Raum in Lüttich an.

»Er reagiert«, jubelte Martin. »Er stellt sich vor, er spiele Tennis. Sollen wir ihm eine Frage stellen?«

»Macht das!«, rief ich im lärmenden Foyer in mein Handy.

Während ich wartete, bis mein Vortrag beginnen sollte, klingelte mein Mobiltelefon alle paar Minuten. »Es sieht so aus, als aktivierte er seinen prämotorischen Cortex, aber wir sind nicht ganz sicher«, unterrichtete mich Martin.

Das belgische Team arbeitete mit dem gleichen Scanner wie wir in Cambridge; dieser konnte fMRT-Daten zwar rasch analysieren, aber nur recht oberflächlich. Manchmal konnte man nicht mit absoluter Sicherheit sagen, wie das Endergebnis des Scans wirklich aussah.

»Kannst du dir die Rohdaten noch genauer anschauen?«, fragte ich. Wenn Martin an die Daten herankommen und sie selbst analysieren konnte, ließe sich bestimmt klarer sagen, was Sache war.

Dann musste ich mein Handy abschalten und meinen Vortrag halten. Der Titel lautete: »Wenn aus Gedanken Handlungen werden: Mit fMRT Bewusstsein erkennen.« Ich referierte eine Dreiviertelstunde lang und beantwortete anschließend Fragen zu meinen Versuchen, im Wachkoma Bewusstsein aufzuspüren. Das Publikum war sehr anspruchsvoll. Unter den 200 Zuhörern waren viele der erfahrensten kognitiven Neurowissenschaftler Großbritanniens, doch mein Vortrag wurde gut aufgenommen und schien die Anwesenden zu überzeugen. Kaum war ich vom Podium gestiegen, lief ich hinaus ins Foyer und rief in Lüttich an. Einige Konferenzteilnehmer wollten mir weitere Fragen stellen, doch ich musste sie abwimmeln. In Gedanken war ich ganz in Belgien. Ich war total gespannt.

»Sie wollen wissen, was wir ihn fragen sollen«, erklärte Martin.

»Sag ihnen, sie sollen ihm die gleichen Fragen stellen, die du den gesunden Probanden gestellt hast«, riet ich. »Fragt ihn, ob er Geschwister hat.«

»Das haben wir bereits«, erwiderte Martin. »Wir haben ihm schon alle drei Fragen gestellt. Was jetzt?«

Alles ging so schnell, dass uns die Fragen ausgegangen waren. Wir hatten uns gar nicht überlegt, was wir machen sollten, falls der Patient so weit mitging. Vermutlich hatten wir gar nicht damit gerechnet, dass es so weit kommen würde.

»Audrey will wissen, ob wir ihn fragen sollen, ob er Pizza mag«, gab Martin durch. Das Ganze drohte in »Stille Post« auszuarten, und ich fürchtete, wichtige Details könnten im Hinundherübersetzen untergehen.

Audreys Vorschlag warf eine wichtige Frage auf. Bislang hatten wir nur Fragen gestellt, auf die es ein klares »Ja« oder »Nein« als Antwort gab und die durch Rücksprache mit den Angehörigen verifiziert werden konnten. Fragen wie »Haben Sie Brüder?« sind eindeutig. Entweder hat man welche oder nicht. Und die Antwort lässt sich durch Familienmitglieder bestätigen. Fragen wie »Mögen Sie Pizza?« sind hingegen nicht klar umrissen. Ich mag vielleicht Pizza mit Pilzen, aber nicht mit Peperoni. Meine Antwort würde also lauten: »Es kommt darauf an, welche Sorte.«

Hinzu kommt, dass mein Geschmack in Sachen Pizza kein überprüfbares, unanfechtbares Faktum ist wie etwa die Frage, ob ich Geschwister habe. Wir verständigten uns darauf, dass es geeignet sei, John zu fragen, wie sein Vater hieß und wo er seinen letzten Urlaub vor seinem Unfall fünf Jahre zuvor verbrachte. Die Familie wurde kontaktiert und lieferte mögliche Antworten, richtige und falsche. Dann kehrte Audrey zurück zum Scanner.

Und so lief die Sache. Stevens Team in Lüttich scannte den Patienten, und ich erteilte von London aus Rat. Erstmals in der Geschichte konnten wir mit einem Patienten, der klinisch als reaktionslos galt, in einem Scanner kommunizieren. Als die offizielle Analyse von Martin zurückkam, war vollkommen klar, dass John fünf Fragen richtig beantwortet hatte. Es war unglaublich. Er hatte mitteilen können, »ja«, er habe Brüder; »nein«, er habe keine Schwestern; »ja«, sein Vater hieß Alexander; und »nein«, er hieß nicht Thomas. Außerdem bestätigte er, dass er den letzten Urlaub vor seiner Verletzung in den Vereinigten Staaten verbrachte.

Es blieb nur noch Zeit für eine einzige weitere Frage. Vielleicht war es an der Zeit, die Sache weiter zu treiben – eine Frage zu stellen, die wir unmöglich verifizieren konnten, die sich vielleicht aber direkt auf Johns Leben auswirkte. Martin, Audrey und Melanie kamen auf eine Idee. Sie wollten John fragen, ob er Schmerzen habe. Falls John in den letzten fünf Jahren Schmerzen empfunden hatte, bestand nun die Möglichkeit, dies herauszufinden und eventuell sogar etwas dagegen zu tun. Melanie rief Steven an und bat ihn um Rat. Steven war der Ethikexperte vor Ort und besaß inzwischen große Erfahrung in Bezug auf Entscheidungen dieser Art.

»Fragt ihn, ob er sterben möchte«, sagte Steven.

Melanie war bestürzt. »Im Ernst? Sollten wir ihn nicht lieber fragen, ob er Schmerzen empfindet?«

»Nein«, erwiderte Steven. »Fragt ihn, ob er sterben möchte.«

Es war ein beklemmender Moment. Wir hatten beschlossen, weiter zu gehen als je zuvor, und nun bot sich uns die

Möglichkeit, in eine neue – und wahrlich erschreckende – Richtung vorzustoßen. Was, wenn er mit »ja« antwortete? Was würden wir dann tun? Selbst wenn er mit »nein« antwortete, könnten wir nicht viel tun, außer anzuerkennen, was seine Wünsche waren.

Keiner von uns, einschließlich Steven, hatte die ethischen Fragen, die diese Situation aufwarf, wirklich gründlich durchdacht. Seit fast zehn Jahren hatte ich auf diesen Punkt hingearbeitet: mit einem Patienten in der Grauzone zu kommunizieren und ihn nach seinen Wünschen zu fragen. Aber jetzt, wo wir an dem Punkt angelangt waren, hatte ich keine Ahnung, was wir mit der Antwort anfangen sollten. Ich war mir nicht einmal sicher, ob wir die Frage überhaupt stellen sollten. In Lüttich war jedoch Steven verantwortlich; die Entscheidung lag in seiner Hand. Er wusste wohl, dass dies letztendlich die wirklich wichtige Frage war – die Frage, die man seitens der Familie stellen wollte.

Es ist schwer zu sagen, ob der weitere Verlauf der Ereignisse gut war oder schlecht. In vielerlei Hinsicht blieb uns eine sehr schwierige Situation erspart, aber ich kann nicht leugnen, dass ich enttäuscht war. Die Ergebnisse von Johns Scan bei der Frage »Wollen Sie sterben?« waren nicht eindeutig. Obwohl John die vorausgegangenen fünf Fragen klar und richtig beantwortet hatte, ließ sich seine Hirnaktivität bei der letzten Frage unmöglich decodieren. Nicht, dass sich keine Reaktion gezeigt hätte. Es ließ sich bloß nicht sagen, ob John in seiner Vorstellung Tennis spielte oder durch sein Haus wanderte. Er schien beides nicht zu tun. Es war unmöglich zu sagen, wie seine Antwort lautete – »Ja, ich will sterben« oder »Nein, ich will nicht sterben«. Ich weiß nicht, warum dies passierte, aber ich vermute, dass es auf die Frage »Willst du sterben?« für die meisten Menschen – ähnlich wie auf die Frage »Magst du Pizza?« – kein klares Ja oder Nein als Antwort gibt. Vielleicht fiel Johns Reaktion so aus: »Nun ja, das hängt davon ab, was die Alternative ist« oder »Wie stehen die Chancen, dass Sie mich in den nächsten fünf Jahren aus dieser Situation herausholen?« oder »Können Sie mir etwas Zeit geben, um darüber nachzudenken?« Es gibt zahlreiche Möglichkeiten, wie John reagiert haben könnte, aber jede einzelne davon hätte ein verwirrendes Muster von Hirnaktivität ergeben, die wir unmöglich hätten entschlüsseln können, weil John sich weder vorstellte, Tennis zu spielen, noch durch sein Haus zu gehen, und die entsprechenden Hirnaktivitätsmuster waren die einzigen, die wir verlässlich interpretieren und verstehen konnten. Die verfügbare Zeit war verstrichen. Melanie, Audrey und Martin zogen John aus dem Scanner und ließen ihn auf die Station zurückbringen.

Mit John zu kommunizieren war sogar weitaus spannender, als zu entdecken, dass wir bei Wachkomapatienten ein Bewusstsein nachweisen konnten. Bei John war es offensichtlich, dass er kognitiv mehr leisten konnte, als bloß seine Umgebung wahrzunehmen. Wir waren sogar nah daran gewesen, eine Antwort auf eine der entscheidendsten Fragen zu erhalten – »Wollen Sie sterben?« Nah, aber nicht nah genug.

Vermutlich würde man davon ausgehen, dass die Beantwortung von Fragen wie »Haben Sie Schwestern?« für das Gehirn relativ einfach ist, doch in Wahrheit ist es ziemlich kompliziert. Stellen Sie sich die Frage selbst. Sie zu beantworten ist sicher ein Kinderspiel. Zweifellos fiel Ihnen die Antwort ein, ohne groß darüber nachzudenken. Zu wissen, ob man Schwestern hat oder nicht, fällt einem ausgesprochen leicht, weil sich dieses Faktum normalerweise durch das ganze Leben zieht. Es gibt natürlich Ausnahmen. Vielleicht hatten Sie eine Schwester, aber sie ist inzwischen gestorben; in diesem Fall ist es etwas schwieriger, die Frage zu beantworten, ohne weitere Details zu erwähnen. Aber in den meisten Fällen tut es ein simples Ja oder Nein. Ja, ich habe eine Schwester, oder Nein, ich habe keine Schwester.

Wie aber schafft es das Gehirn, dies zu wissen? Die Antwort lautet: Das Gehirn scheint es nicht einfach bloß so zu *wissen*, zumindest nicht in dem Sinn, wie die meisten von uns glauben, bestimmte Dinge einfach zu wissen. Mein Gehirn kann nicht einfach so »wissen«, dass ich eine Schwester habe, genauso wenig wie mein Computer »wissen« kann, ob ich eine Schwester habe. Mein Gehirn muss es erst »herausfinden«; es muss die Inhalte meines Gedächtnisses durchsuchen, um herauszukriegen, ob es Hinweise darauf gibt, dass ich eine Schwester habe. Diese Hinweise können in zweierlei Form vorliegen. Zum einen können autobiographische Indizien vorliegen, etwa gespeicherte Kindheitserinnerungen an eine Person mit denselben Eltern. Vielleicht erinnere ich mich an den 21. Geburtstag meiner Schwester und daran, was ich ihr damals geschenkt habe. Mithilfe dieser autobiographischen Erinnerung kann das Gehirn feststellen, ob ich eine Schwester habe oder nicht.

Die andere Art von Indiz, die das Gehirn ausfindig machen kann, entstammt dem sogenannten »deklarativen Gedächtnis«, das auch als *Wissensgedächtnis* bezeichnet wird. Irgendwo in meinem Gehirn liegt ein Datensatz, dem zu entnehmen ist, ob ich eine Schwester habe oder nicht. Er hat nichts mit den *Erfahrungen* zu tun, die ich möglicherweise mit meiner Schwester gemacht habe; es ist bloß ein abgespeichertes Faktum, das ich jederzeit abrufen kann, um die Frage zu beantworten, ob ich eine Schwester habe. Es ist ein Stück Wissen, wie das Wissen, dass Paris die Hauptstadt von Frankreich ist – Wissen, über das ich verfügen kann, auch wenn ich noch nie in Frankreich war. Irgendwann habe ich mir dieses Faktum eingeprägt, so wie ich »lernte«, dass ich eine Schwester habe.

Die Unterscheidung zwischen autobiographischem und deklarativem Gedächtnis ist für Neuropsychologen von großem Interesse, weil bei bestimmten Hirnschädigungen nur die eine Gedächtnisform betroffen ist und nicht die andere. Mein Kollege Brian Levine vom Rotman Research Institute in Toronto hat ein ganz neues Syndrom beschrieben, das sogenannte *Severely Deficient Autobiographical Memory Syndrome* (Schwere Störung des autobiographischen Gedächtnisses); bei dieser Störung ist die Fähigkeit, sich plastisch an Vergangenes zu erinnern, stark beeinträchtigt, wobei aber andere Erinnerungsfunktionen intakt bleiben.[4] Betroffene haben vielleicht überhaupt keine Kindheitserinnerungen mehr an Geschwister, über die sie berichten könnten. Dennoch *wissen* sie es, wenn sie eine Schwester haben, weil sie das Wissensgedächtnis nicht verloren haben, das faktische Wissen um jene Information. Dies erlaubt es ihnen, ein mehr oder weniger normales Leben zu führen. Ihre Gedächtnisstörung wird häufig sogar von ihnen selbst nicht bemerkt. In Brians Fällen waren typischerweise keine bestehenden Hirnverletzungen bekannt, und es wurden auch mithilfe von Scans keine Hirnschäden nachgewiesen. Die Ursache der Störung bleibt also ein Rätsel.

Eine Schlussfolgerung konnten wir im Fall von John also ziehen: Er verfügte über Erinnerungen, die vor seinem Unfall abgespeichert worden waren, darunter auch die Erinnerung daran, wo er seinen letzten Urlaub verbracht hatte. Ob er dabei auf sein autobiographisches Gedächtnis oder aber auf sein deklaratives Gedächtnis zurückgriff, ließ sich nicht sagen, aber einer oder beide dieser kognitiven Prozesse war intakt und ermöglichte es ihm, die Fragen zu beantworten.

Wir konnten allerdings noch viele weitere Schlüsse über Johns Gehirn ziehen. Was muss man noch tun, um die Frage nach einer möglichen Schwester zu beantworten? Zumindest muss man gesprochene Sprache verstehen. Wer die Frage nicht versteht, kann sie auch nicht beantworten. Zusätzlich muss man die Frage so lange im Arbeitsgedächtnis festhalten, bis das Gehirn die Antwort gefunden hat. Was geschieht, wenn man kein Arbeitsgedächtnis besitzt und Informationen nicht so lange speichern kann, wie sie gebraucht werden, etwa um eine einfache Frage zu beantworten? Das Gehirn würde loslegen, um eine Antwort zu suchen, und irgendwann feststellen, dass es die Frage vergessen hat.

Im Grunde war viel mehr an Arbeitsgedächtnis erforderlich, damit John das leisten konnte, was er an jenem Tag vollbrachte, denn er musste ja nicht nur die Fragen im Gedächtnis behalten. Über die gesamte Scan-Prozedur, die weit über eine Stunde dauerte, musste er daran denken, was er zu tun hatte, wenn die Antwort auf eine Frage »ja« lautete (nämlich sich vorstellen, er spiele Tennis) beziehungsweise wenn sie »nein« lautete (sich vorstellen, er gehe durch sein Haus). Johns Reaktionen bestätigten nicht nur, dass diese kognitiven Prozesse intakt sein mussten; sie verrieten uns vor allem etwas darüber, welche Teile seines Gehirns noch normal funktionierten. Wenn John Gesprochenes verstehen konnte, mussten die »Sprachareale« in seinem Temporallappen unbeschädigt sein. Er konnte Informationen in seinem Arbeitsgedächtnis behalten, was darauf hindeutete, dass jene Teile seines Frontallappens, die für die höchsten Hirnfunktionen zuständig sind, immer noch so reagierten, wie sie sollten. John konnte sich auch noch an Ereignisse erinnern, die vor seinem Unfall stattfanden, woraus sich schließen ließ, dass die mittleren Areale des Temporallappens und der Hippocampus tief im Inneren seines Gehirns unversehrt waren.

Solche mentalen Prozesse führt jeder von uns jeden Augenblick völlig routinemäßig durch, ohne überhaupt darüber nachzudenken. Es war jedoch äußerst aufschlussreich zu erleben, wie sich dieses komplexe Grundgerüst eines Bewusstseins bei einem Patienten zu erkennen gab, der fünf Jahre lang von allen Seiten als reaktionslos eingestuft worden war.

John konnte zwar aus dem Scanner mit seiner Umgebung zuverlässig und effektiv »kommunizieren«, doch am Krankenbett vermochte Stevens Team keinerlei Form von Verständigung herzustellen. John konnte sich nur per fMRT mitteilen. Dies war die einzige Option. Nachdem die Scan-Daten ausgewertet worden waren, veranlasste eine gründliche Nachprüfung mithilfe standardisierter neurologischer Verfahren die Ärzte, ihre Einschätzung zu ändern. Die Diagnose lautete nun »minimal bewusst«. Zu wissen, dass John im Inneren präsent war, musste es dem Team um Steven irgendwie leichter gemacht haben, subtile Anzeichen eines teilweisen Bewusstseins auszumachen, die vor dem Scan unerkannt geblieben waren.

John blieb nur eine Woche lang in Lüttich. Er war nur zur Begutachtung durch Stevens Team nach Belgien gekommen und musste nun wieder in seine Heimat zurückgebracht werden. Wir hatten keine Zeit mehr – und auch kein Glück. Viele Jahre später fragte ich Melanie, was aus John geworden war. Nach seiner Rückkehr in die Heimat hatte Audrey den Kontakt mit der Familie verloren. Unter den bekannten Telefonnummern war niemand zu erreichen, und andere Kontaktmöglichkeiten gab es nicht. John war ebenso plötzlich verschwunden, wie er aufgetaucht war. Nach einigen wenigen Stunden im Licht war er wieder in der Grauzone eingesperrt, ohne Möglichkeit, jemals wieder auszubrechen.

Solche Zufallsbegegnungen mit Patienten, die kamen und gingen, waren sehr frustrierend, doch damals erlebten wir dies häufig. Wir warfen unser Netz weit aus und transportierten manchmal Patienten über große Entfernungen. Häufig drängten sich logistische und ökonomische Fragen vor die

Wissenschaft. Sosehr wir auch daran interessiert gewesen sein mochten, Johns Zustand weiter zu erforschen und noch tiefer in seine Innenwelt vorzustoßen, es ließ sich nicht machen. Die jeweiligen Umstände diktierten, woran wir gerade arbeiteten. Wir nutzten jede Gelegenheit, die sich bot, aber oft blieben wir enttäuscht. Die Forschung ist mitunter ein Zufallsgeschäft, und Fortschritt ist häufig eher eine Frage des Glücks als des intelligenten Designs. Trotzdem bereitete es mir Unbehagen, dass wir den Kontakt zu John verloren hatten. Ich beschloss, etwas zu ändern und dafür zu sorgen, dass wir Patienten unbefristet begleiten konnten, unabhängig von ihren Lebensumständen.

Als unsere Fallgeschichte von John im Druck erschien, wurde mein Labor erneut vom Medienhype überschwemmt.[5] Das Telefon in meinem Büro klingelte unentwegt. Kamerateams drückten sich die Klinke in die Hand. Ich weiß gar nicht mehr, wie oft ich in irgendeinem ausländischen Rundfunksender die Geschichte des Wachkomapatienten nacherzählte, der schließlich mit der Außenwelt kommunizieren konnte. Die Öffentlichkeit schien ein unersättliches Interesse an der Story zu haben, und das Timing hätte nicht besser sein können. Martin suchte gerade eine Stelle, und genau an dem Tag, an dem er sich an der UCLA vorstellte, brachte die *Los Angeles Times* einen Artikel mit der Überschrift »Gehirne von Komapatienten geben Lebenszeichen«. Es überraschte nicht, dass Martin eingestellt wurde.

Wie so oft hat all diese breite Aufmerksamkeit die Forschung und die Laufbahn der beteiligten Wissenschaftler beeinflusst. Seit dem Jahr 1997, als wir unseren ersten Scan an Kate durchführten, ohne jegliche Mittel für diese Art von Forschung, bis zum Jahr 2010, in dem der Fall John Furore machte, haben sich die Geldströme aus Zuschüssen und institutionellen Zuwendungen deutlich vermehrt. Die James S. McDonnell Foundation in den Vereinigten Staaten gewährte Niko Schiff, Steven Laureys und mir 3,8 Millionen Dollar für die Entwicklung eines gemeinsamen Forschungsprogramms. Ein Team in Europa, dem auch Steven Laureys angehörte, erhielt einen Zuschuss in Höhe von fast 4 Millionen Euro für die Entwicklung von Gehirn-Computer-Schnittstellen für Patienten ohne Verhaltensreaktionen. Und ich bekam vom Medical Research Council (dem britischen Medizinischen Forschungsrat) zusätzlich 750 000 Pfund, um unsere fMRT-Arbeit mit Wachkomapatienten auszuweiten. Die meisten Gelder wurden für die Erforschung von Bewusstseinsstörungen bewilligt, die inzwischen einen Großteil meiner wissenschaftlichen Tätigkeit in Cambridge ausmachte. Was Forschungsmittel anbetraf, lief alles bestens.

Dann wendete sich das Blatt erneut. Wie aus dem Nichts meldete sich Kanada wieder. Mel Goodale kam auf mich zu. Der kognitive Neurowissenschaftler an der Universität von Western Ontario war bekannt für seine Arbeit über visuelle Wahrnehmung und motorische Kontrolle. Er erzählte mir von einem aktuellen Vorhaben der kanadischen Regierung, ausländische »Experten« nach Kanada zu holen. Erfolgreiche Kandidaten sollten Forschungsmittel in Höhe von zehn Millionen Dollar aus dem Programm Canada Excellence Research Chair (CERC) sowie entsprechende Gelder von der gastgebenden Institution erhalten. Ich ergriff die Gelegenheit, wieder auf die andere Seite des Atlantiks zu gehen, wieder ganz neu anzufangen und am weltbekannten Brain and Mind Institute der Universität von Western Ontario »Gray Zone II« einzurichten – ein neues Labor mit besseren Ressourcen, besserer Finanzausstattung und ganz neuen Möglichkeiten.

Ich war noch gar nicht lange in Kanada, da klingelte eines Tages das Telefon in meinem neuen Büro. Der Anruf kam von einem ehemaligen Kollegen, Dr. Christian Schwarzbauer, der inzwischen als Physiker im schottischen Aberdeen arbeitete.

»Wir haben mit Ihren fMRT-Verfahren Wachkomapatienten hier oben in Schottland gescannt«, berichtete er. »Und wir haben vor kurzem eine alte Freundin von Ihnen gescannt.« Mir war sofort klar, dass er Maureen meinen musste. Ihre Eltern hatten den Kontakt zwischen Christian und mir hergestellt und wollten wissen, ob ich bereit wäre, mich zu ihren Scan-Ergebnissen zu äußern. Auch Christian wollte meine Meinung hören.

Das war das Mindeste, was ich tun konnte. Als es aber daran ging, die Scans auszuwerten, war ich vollkommen aufgewühlt. Ich schloss meine Bürotür. Ich brauchte Ruhe. Während ich die Bilder von Maureens Gehirn betrachtete, kam ich mir vor, als blickte ich in die Tiefen meiner Vergangenheit. Es fühlte sich ganz sonderbar an – so als rührte ich einen entlegenen emotionalen Teil von mir selbst an, den ich Jahre zuvor begraben hatte. Ich starrte auf das Gehirn eines Menschen, der mir einmal sehr nahegestanden hatte. Dabei wurde mir klar, dass die erdrückende Animosität, die ich Maureen gegenüber empfunden hatte, längst verschwunden war. Ich blickte in Maureens Gehirn und suchte nach Anzeichen – Hinweisen auf den Menschen, den ich einmal geliebt hatte.

Christian hatte Maureen aufgefordert, sich vorzustellen, sie spiele Tennis und gehe durch ihr Haus. Was sollte ich tun, wenn ihr Scan eine Reaktion erkennen ließ? Ich verdrängte diese Frage zunächst und nahm die Aufnahmen erneut unter die Lupe. Ich konnte aber nur Dunkelheit erkennen. Reglosigkeit. Leere. Ein Nichts. Da war nichts von der Maureen, die ich einmal gekannt hatte. Überhaupt nichts von Maureen.

Wo war das ungestüme Wesen geblieben? Ich war enttäuscht und verwirrt. Maureen berührte mich nach wie vor auf eine Weise, die ich nicht begreifen konnte. Sie war und blieb schwer fassbar, undurchschaubar – ein absolutes Rätsel.

10

»Hast du Schmerzen?«

Besser ist ein schneller Tod,
als alle Tage schmachten unter Angst und Qual.

Aischylos

Am 20. Dezember 1999 fuhr ein junger Mann namens Scott mit dem Auto vom Haus seines Großvaters in Sarnia, Ontario, weg. Seine Freundin saß auf dem Beifahrersitz. Scott studierte an der Universität von Waterloo Physik und hatte einen vielversprechenden Berufsweg in der Robotik vor sich. Aber an einer Kreuzung wenige Straßen vom Haus seines Großvaters wurde sein Auto von einem Polizeifahrzeug, das zu einem Tatort raste, auf der Fahrerseite massiv gerammt. Der Polizist und Scotts Freundin wurden mit kleineren Verletzungen ins Krankenhaus gebracht. Für Scott hatte der Unfall jedoch verheerende Folgen. Er wurde ins Allgemeine Krankenhaus von Sarnia eingewiesen, wo sein Wert nach der Glasgow-Koma-Skala binnen weniger Stunden rapide sank. Diese Skala wird weltweit verwendet, um Bewusstseinsstörungen zu messen. Drei Merkmale, die auf bestimmte Bewusstseinszustände hindeuten, werden eingestuft: Augenöffnung (von »öffnet Augen spontan« bis »öffnet Augen nicht«), Sprechvermögen (von »kann klar sprechen« bis »zeigt keine verbale Reaktion«) und motorische Reaktion (von »folgt Aufforderungen« bis »zeigt keine Reaktion«). Für jede Rubrik werden verschiedene Punkte vergeben, die anschließend addiert werden. Der niedrigste Punktwert 3 bedeutet, dass der Patient die Augen nicht öffnet, keine verbalen Äußerungen von sich gibt und keine körperlichen Regungen zeigt. Der höchste Wert 15 sagt aus, dass der Patient vollkommen wach ist, normal kommuniziert und Aufforderungen befolgt. Scott befand sich bereits nah an einem tiefen Koma. Obwohl er keine äußeren Anzeichen von Kopf- oder Gesichtsverletzungen aufwies, hatte er ein massives Schädel-Hirn-Trauma erlitten. Beim Aufprall des Polizeifahrzeugs war Scotts Gehirn gegen die Schädeldecke geschleudert und dabei bis zum Hirnprolaps gequetscht worden. Es stand sehr schlecht um Scott.

Kurz nach meiner Ankunft in Ontario zwölf Jahre später hörte ich von diesem Fall. Ich hatte Kontakt mit Bill Payne aufgenommen, einem Arzt am Parkwood Hospital, einer Langzeitpflegeeinrichtung im Süden von London, Ontario, und ich fragte ihn, ob er irgendwelche Patienten kenne, die sich für unsere Studien eigneten. Das Parkwood Hospital war 1894 als »Heim für Unheilbare« gegründet worden und beherbergte von der Funktion her, wenn auch nicht dem Namen nach immer noch viele »Unheilbare«. Scott stand ganz oben auf Dr. Paynes Liste. »Er ist ein interessanter Typ«, erklärte er. »Seine Familie ist davon überzeugt, dass er bei Bewusstsein ist, aber wir haben keine Anzeichen dafür erkennen können, und wir beobachten ihn schon seit Jahren.«

Ich nahm Scott in Augenschein. Auch auf mich wirkte er eindeutig wie ein Wachkomapatient, aber ich musste eine zweite Meinung einholen. Dafür war keiner besser geeignet als Professor Bryan Young. Seit Jahren hatte er sich mit komatösen und reaktionslosen Patienten beschäftigt. Er galt als erfahrener Neurologe und unglaublich netter Mensch.

Ich rief ihn an. »Was halten Sie von Scott?«, fragte ich ihn.

»Sehr interessanter Typ«, erwiderte Bryan. So etwas in der Art hatte ich schon einmal gehört. »Seine Familie ist überzeugt, dass er bei Bewusstsein ist, aber wir haben keine Hinweise dafür gefunden.«

Ich bohrte ein wenig tiefer. Bryan hatte Scott seit dessen Unfall zwölf Jahre zuvor regelmäßig gesehen. Da sich Bryan unter den Neurologen vor Ort am besten mit Bewusstseinsstörungen auskannte, lag es nahe, dass er Scott am intensivsten untersucht hatte. Bryan war höchst erfahren und international anerkannt für seine sorgfältige Begutachtung von Patienten. Wenn er Scott für reaktionslos hielt, dann konnte ich davon ausgehen, dass dies auch stimmte. Ich teilte Bryan mit, dass ich darüber nachdachte, Scotts Gehirn zu scannen, und er meinte, das sei eine sehr gute Idee. »Berichten Sie mir bitte, was Sie herausfinden«, sagte er.

Ich begab mich ins Parkwood Hospital, um Scott gründlicher zu begutachten. Begleitet wurde ich von Davinia Fernández-Espejo, einer der Postdoktorandinnen, die mit mir nach Kanada gekommen waren. In einem ruhigen Raum abseits der Station, auf der Scott lag, stellte uns eine Schwester den Eltern vor, Anne und Jim.

Anne, eine Labortechnikerin, hatte sofort nach Scotts Unfall ihre Stelle aufgegeben. Ihr Mann, Jim, war als Fernfahrer und Bankkaufmann tätig gewesen. Das sympathische Paar opferte sich für Scott auf. Nach dem Unfall war die Familie in einen einstöckigen Bungalow außerhalb von London, Ontario, gezogen, wo Scott wohnen konnte, wenn er nicht im Parkwood Hospital Vollzeitpflege erhielt.

Jim und Anne erzählten uns, sie seien trotz der Diagnose davon überzeugt, dass Scott, der gern Musik aus *Phantom der Oper* und *Les Misérables* hörte, auf sie reagierte.

»Sein Gesicht zeigt Regungen«, beteuerte Anne. »Er blinzelt. Er macht den Daumen hoch für positive Antworten.«

Angesichts der mehrfachen Begutachtung durch Bryan im Lauf der Jahre und unserer eigenen Beurteilung von Scotts Zustand war dies zugegebenermaßen eine merkwürdige Feststellung. Wir konnten Scott nicht dazu bringen, den Daumen hochzuhalten, egal wie sehr wir uns bemühten. Ich überprüfte seine Krankengeschichte. Darin fand sich kein offizieller Hinweis von Bryan oder einem der anderen Ärzte, die Scott über die Jahre untersucht hatten, dass er zu irgendeinem Zeitpunkt seit seiner Verletzung den Daumen heben konnte. Der Krankenakte zufolge konnte Scott seit dem Aufprall des Polizeifahrzeugs im Jahr 1999 nicht mehr den Daumen heben. Trotzdem waren seine Angehörigen fest davon überzeugt, dass Scott reagierte und daher bei Bewusstsein war.

So merkwürdig dies auch erscheinen mag, bin ich diesem Szenarium im Lauf der Jahre viele Male begegnet. Die Familie glaubt fest daran, dass ein geliebter Angehöriger bei Bewusstsein ist, auch wenn dafür keinerlei klinische oder wissenschaftliche Anhaltspunkte gegeben sind. Die Familienmitglieder sprechen mit dem Betroffenen, so als wäre er bei vollem Bewusstsein. Warum? Besitzen diese Familien so etwas wie ein erhöhtes Einfühlungsvermögen in den Geisteszustand des Patienten? Verfügen sie über einen sechsten Sinn, mit dem sie ein Bewusstsein erkennen können, das selbst hochqualifizierte Experten wie Bryan Young nicht feststellen? Sie dürften den Patienten sicherlich sehr viel besser kennen, was ihre Empfänglichkeit für subtile Anzeichen eines Bewusstseins erklären könnte.

Weil die meisten schweren Hirnverletzungen ganz plötzlich auftreten, kennt der begutachtende Arzt – in der Regel ein ausgebildeter Neurologe – für gewöhnlich nicht den früheren, gesunden Zustand des Patienten. Der Arzt »weiß« über den Kranken nur das, was er *nach* dem Unfall sieht. Die Familie hat den Vorteil, den Betroffenen seit Jahren erlebt zu haben, und verfügt somit über ein erweitertes Bild des Menschen tief im Inneren. Angehörige verbringen normalerweise auch viel mehr Zeit mit dem Patienten. Neurologen haben, wie alle Ärzte, viel um die Ohren; sie müssen sich um zahlreiche Fälle und klinische Belange kümmern. Dies begrenzt die Zeit, die sie für einen einzelnen Patienten aufbringen können. Im Gegensatz dazu sitzen viele Angehörige stundenlang, tagelang am Krankenbett und klammern sich selbst an den blassesten Hoffnungsschimmer und halten nach dem kleinsten Anzeichen von Bewusstsein Ausschau. Es ist natürlich, dass die Familienmitglieder solche Hinweise als Erste sehen, falls sie denn auftreten.

Andererseits nährt all die Zeit, Mühe und Hoffnung eine Art Wunschdenken, und die kleinste Andeutung einer Reaktion kann den Realitätssinn der Familie komplett verändern. Wir sind alle furchtbar anfällig für eine Bestätigungsneigung, doch für die Wachkomaforschung wird diese zu einem echten Problem. Menschen neigen dazu, Informationen so zu suchen, zu deuten und zu speichern, dass die bestehenden Überzeugungen bestätigt werden.

Wenn der Mensch, den Sie am meisten lieben, vor Ihnen im Krankenhausbett liegt und sein Leben an einem seidenen Faden hängt, wünschen Sie sich sehnlichst, dass er es schafft – und dass er weiß, dass Sie da sind. Sie fordern ihn auf, Ihre Hand zu drücken, falls er Sie hört – und er tut es. Sie spüren einen deutlich stärkeren Druck in seiner Hand. Wie reagieren Sie in diesem Fall? Sie sagen sich, er ist meiner Aufforderung gefolgt, er hat reagiert, er ist bei Bewusstsein. Das ist eine absolut normale, aber leider nicht wissenschaftlich begründete Reaktion. Die Wissenschaft verlangt, dass Prozesse wiederholbar sind.

Unsere Welt ist chaotisch und voller Zufälle. Affen grinsen manchmal, wenn man sie zu einem Lächeln animiert. Babys deuten bisweilen auf die Uhr an der Wand, wenn man sie auffordert, »sag uns, wie viel Uhr es ist«. Und die Hände von Wachkomapatienten spannen sich gelegentlich genau in dem

Augenblick an, wenn man sie verzweifelt bittet, »drück meine Hand, wenn du mich hören kannst«. Das Ergebnis ist berauschend, fast magisch. Aber sind solche Versuche wiederholbar? Was ist, wenn der geliebte Mensch bei der nächsten Aufforderung, Ihre Hand zu drücken, dies nicht tut? Leider sind wir viel weniger geneigt, dieses Ausbleiben einer Reaktion für bare Münze zu nehmen. Darin liegt die Kraft der Bestätigungsneigung.

Psychologen verweisen oft auf die Astrologie als Beispiel für die verführerische Kraft der Bestätigungssucht. Warum glauben so viele intelligente und gebildete Menschen, und sei es auch nur in Ansätzen, dass die Positionen der Sterne und Planeten bei der Geburt etwas mit der Persönlichkeit zu tun haben, auch wenn dies durch keinerlei wissenschaftliche Belege gestützt wird? Psychologisch gesehen scheint der Grund darin zu liegen, dass wir mehr auf Informationen geben, die mit dem übereinstimmen, was wir bereits zu wissen glauben, als auf solche Informationen, zu denen wir bislang keine Meinung hatten. Wenn wir jemanden kennenlernen, der stur ist, und dann mitbekommen, dass sein Sternzeichen »Stier« ist, wird in unserem Gehirn etwas Abgespeichertes reaktiviert; wir erinnern uns daran zu »wissen«, dass »Stiere« für ihre Sturheit bekannt sind. Und so wird diese (falsche) Überzeugung durch Reaktivierung verstärkt. Ein Problem entsteht in folgender Situation: Wenn wir einen anderen sturen Menschen kennenlernen, der nicht »Stier« ist, wird diese mentale Verknüpfung zwischen Persönlichkeit und Sternzeichen nicht aktiviert. In unserem Gehirn verändert sich nichts. Wir halten weiter an unserer falschen Überzeugung fest; sie wird weder verstärkt noch relativiert.

Um eine falsche Überzeugung abzulegen, müsste man anfangen, sich sehr intensiv mit all den sturen Menschen zu befassen, die man kennt und die nicht »Stier« sind, sowie mit all den »Stieren«, die nicht stur sind. Irgendwann würde das Gehirn einsehen, dass die einstige Überzeugung nicht auf Fakten beruht. Der Glaubenssatz »Stier ist gleich stur« wurde wahrscheinlich in einer Zeit übernommen, als man noch zu jung oder zu naiv war, um sich an Fakten zu orientieren.

Dieselbe verdrehte Denkweise erklärt auch, warum viele Menschen glauben, Rothaarige seien »hitzköpfig«. Immer wenn wir einem hitzigen Rotschopf begegnen, nehmen wir sofort davon Notiz und fühlen uns in dem bestätigt, was wir schon immer zu wissen glaubten. Aber all die ruhigen und gelassenen Rothaarigen bleiben weitgehend unbemerkt. (Weil ich selbst rotblond bin, weiß ich nur allzu gut, dass die Bestätigungsneigung eine große Rolle bei Vorurteilen spielt; schon mehr als einmal haben mir Menschen, die mich überhaupt nicht kennen, vorgeworfen, ich sei hitzköpfig.)

Die Bestätigungsneigung scheint auch ganz allgemein bei Fragen des Glaubens eine wichtige Rolle zu spielen. Ich erinnere mich noch daran, wie ich als Junge die Methodistenkirche besuchte und der Pastor den Überlebenskampf eines jungen Mädchens pries, das eine lebensbedrohliche Krebserkrankung überwunden hatte. Ihr ganzes Martyrium hindurch hatte die junge Krebspatientin die Kirche besucht, und die Gemeinde hatte inständig für sie gebetet. »Darin liegt die Kraft des Gebets«, mahnte der Pastor. Mich plagten die Erinnerungen an die vielen Freunde, die ich verlor, weil sie ihrem Krebsleiden erlagen, als ich mit meinem Hodgkin in der Klinik lag; einige dieser Freunde waren genauso gläubig gewesen und ebenso sehr durch Gebete unterstützt worden. Unter dem Strich zeigt die Faktenlage, dass einem die »Kraft des Gebets« bestenfalls eine Fifty-fifty-Chance einräumt. Gleichwohl sorgt die Bestätigungsneigung dafür, dass einige Menschen trotz einer erdrückenden Masse gegenteiliger Indizien an ihrer Überzeugung festhalten.

Als Forscher, der mit den Familien von Wachkomapatienten zu tun hat, fand ich mich oft in der unangenehmen Lage, die drastischsten und schmerzlichsten Beispiele dieser sehr menschlichen Neigung mitzuerleben. Wenn ein Patient keine Reaktion zeigt, erfinden Angehörige häufig eigene Begründungen dafür, warum die von ihnen erhoffte Reaktion nicht eintrat. Vielleicht ist der Patient gerade müde? Vielleicht haben die Medikamente ihn schläfrig gemacht? Ist er vielleicht nicht gut gelaunt und hat keine Lust auf das Spiel mit dem Händedrücken? Familien klammern sich an das eine Mal, als ein Patient unmittelbar auf eine Instruktion reagierte, und übersehen die vielen anderen Momente, in denen keine Reaktion erfolgte.

Die Kraft der Bestätigungsneigung ist im Grunde nur die eine Hälfte des Problems. Stellen Sie sich vor, was geschieht, wenn Sie nicht am Krankenbett sind. Stellen Sie sich vor, der Patient drückt die Hand regelmäßig zusammen, immer wieder und unabhängig davon, ob er ausdrücklich dazu aufgefordert wird. Der Druck der Hand hat nichts zu bedeuten; es ist so, als wenn sich jemand an einer juckenden Stelle kratzt. Solch eine spontane, automatische Bewegung erfolgt ohne bewussten Vorsatz. Wenn Sie an das Krankenbett treten und den geliebten Patienten auffordern, Ihre Hand zu drücken, wird er dies tun. Aber wenn Sie wieder gehen und er allein ist, wird er die Hand weiterhin zusammendrücken. Es hat nichts mit Ihnen und Ihrer Aufforderung zu tun. Das können Sie aber nicht wissen, weil Sie nicht da sind. Das Zucken der Hand in Ihrer Abwesenheit ist genauso wichtig wie das in Ihrer Gegenwart, aber es fällt gleichsam unter den Tisch, weil niemand da ist, um es wahrzunehmen.

Diese beiden Phänomene – die Bestätigungsneigung und Vorkommnisse ohne Zeugen – verstärken unsere Tendenz, positive Reaktionen, die wir sehen, stärker zu gewichten und negative beziehungsweise nicht erlebte Reaktionen vollkommen zu ignorieren. Statistisch gesehen sollte aber all diesen Fakten das gleiche Gewicht verliehen werden.

Ich hatte keine Ahnung, ob Scotts Angehörige einer Bestätigungssucht erlagen oder bei Scott tatsächlich etwas sahen, das wir nicht messen konnten. Als Wissenschaftler neige ich dazu, Ersteres für plausibel zu halten, aber als Mensch bin ich mehr als bereit, das Zweitere zu akzeptieren. Man musste einfach gerührt sein von der Art, wie Scotts Familie sich dafür aufopferte, ihm das Leben so angenehm wie möglich zu machen. Ich war auch gerührt von ihrem festen Glauben, dass er bei Bewusstsein sei, ob dieser Glaube nun wissenschaftlich begründet war oder nicht. Die Angehörigen waren immer für ihn da, unterstützten ihn unentwegt und waren überzeugt, dass er ihre tiefempfundene Liebe auch mehr als ein Jahrzehnt nach seinem Unfall spüren konnte.

Es fiel uns schwer, von solch aufopferungsvoller Hingabe nicht beeindruckt zu sein. Aber trotz mehrfacher Versuche konnten wir bei Scott unter wissenschaftlich kontrollierten Bedingungen keine wiederholbare körperliche Reaktion hervorrufen. Wir forderten ihn auf, in einen Spiegel zu sehen, den wir vor sein Gesicht hielten – nichts. Wir baten ihn, seine Nase zu berühren – nichts. Wir sagten ihm, er solle seine Zunge herausstrecken – nichts. Wir forderten ihn auf, einen Ball zu werfen – nichts. All dies waren sorgfältig durchdachte Instruktionen, die schon unzählige Male an hunderten Patienten mit schwerwiegenden Hirnverletzungen in aller Welt erprobt worden waren. Wir hatten den Eindruck, dass Bryan recht hatte. Die Indizien deuteten darauf hin, dass Scott tatsächlich der höheren Hirnfunktionen beraubt war.

Ein Redakteur des Senders BBC fragte an, ob ein Filmteam die Scan-Sitzungen mit Scott aufzeichnen könne. Dies sorgte, zumindest bei mir, für zusätzliche Anspannung und Sorge. Die BBC hatte unsere bisherige Arbeit für die Sendung *Panorama* verfolgt, die seit 1953 ausgestrahlt wird und somit die Dokumentarfilmreihe mit der längsten Laufzeit weltweit ist. Die Filmaufzeichnungen, die in England begonnen hatten, drohten durch unseren Umzug nach Kanada abzubrechen, doch das Team beschloss in wahrem britischem BBC-Geist, über den Atlantik zu kommen und die Fortschritte zu verfolgen, die wir mit unseren kanadischen Patienten machten.

Der Medizinjournalist Fergus Walsh moderierte die Sendung. Ich kannte ihn inzwischen gut, weil er als Erster vor Ort gewesen war, als wir 2006 mithilfe von fMRT nachwiesen, dass die Wachkomapatientin Carol bei Bewusstsein war, und weil er in den Fernsehnachrichten von BBC umfassend über unsere Arbeit berichtete. Fergus hatte auch den Fall Anthony Bland intensiv verfolgt und kam 2010 erneut nach Cambridge, als wir erstmals mit einem Patienten kommunizierten, der als reaktionslos galt. Die aktuelle Reportage war aber etwas ganz anderes – eine einstündige BBC-Dokumentation, die weltweit zur Primetime ausgestrahlt werden sollte.

Ich befand mich gerade im Bahnhof von Cambridge, als Fergus mich anrief und das neue Projekt vorschlug. Geplant war, fünf Patienten vom Zeitpunkt ihrer Verletzung bis zum endgültigen Untersuchungsergebnis zu begleiten, egal ob dieses positiv oder negativ ausfiel. Fergus hoffte, dass sich zumindest bei einem dieser Patienten ein Bewusstsein feststellen ließ und wir mit etwas Glück mit ihm kommunizieren konnten.

Ich war skeptisch. »Das wird sich nicht machen lassen«, erklärte ich.

»Aber Sie haben behauptet, dass mindestens einer von fünf Ihrer Patienten ein Bewusstsein aufweist«, insistierte Fergus. »Dies ist Ihre große Chance zu beweisen, dass Sie recht haben.«

Man muss Fergus einfach mögen. Er ist so enthusiastisch. Er begeistert sich für alles, soweit ich weiß. Aber er brachte mich in eine brenzlige Lage. Wir sollten uns von einem Kamerateam der BBC über die Schulter schauen lassen. Was wäre, wenn sich kein weiterer Patient mit Bewusstsein finden ließ? Was wäre, wenn wir nicht erneut mit einem reaktionslosen Patienten kommunizieren konnten? Wie würde das aussehen? Würde die Öffentlichkeit anfangen, unsere Erkenntnisse und Berichte in Zweifel zu ziehen? Würde dies unser ganzes Forschungsprogramm untergraben? Das Ganze war nicht ohne Risiko. Aber es war nichts anderes zu erwarten. In der Forschung kommt einem häufig etwas riskant und mehr als nur ein wenig zufallsbedingt vor. In einem Jahr sehen wir mehrere bewusste Patienten hintereinander und im nächsten Jahr monatelang keinen einzigen. Ich dachte zurück an Kate. Wir hatten Glück gehabt – sie war eine derjenigen gewesen, die reagierten. Und wir hatten auch bei Carol Glück gehabt. Und bei John. Konnten wir es erneut schaffen? Im Fernsehen? Ich hatte keine Wahl. Ich musste es versuchen.

Ich willigte in die Aufnahmen ein. Fergus und sein Team flogen nach Ontario. Die Kameraleute der BBC begleiteten mich Tag und Nacht. Sie filmten uns im Labor. Sie filmten meine Band, Untidy Naked Dilemma, abends bei der Probe in meinem Keller. Und sie filmten Davinia und mich, als wir beschlossen, Scott zu scannen.

Während Scott im Scanner lag, durchliefen Davinia und ich die übliche Prozedur.

»Scott, stell dir bitte vor, du spielst Tennis, wenn du diese Anweisung hörst.«

Ich bekomme immer noch Gänsehaut, wenn ich daran zurückdenke, was dann geschah. Auf dem Bildschirm leuchtete Scotts Gehirn in einem bunten Farbspektrum auf. Diese Aktivierung deutete darauf hin, dass er tatsächlich auf unsere Aufforderung reagierte und sich vorstellte, Tennis zu spielen.

»Nun stell dir bitte vor, Scott, du gehst in deinem Haus umher.«

Abermals reagierte Scotts Gehirn und bewies, dass er im Inneren präsent war und genau das tat, worum man ihn bat. Scotts Angehörige hatten recht. Er war sich dessen bewusst, was um ihn herum geschah. Er konnte reagieren. Vielleicht nicht mit seinem Körper und nicht so, wie die Angehörigen behauptet hatten, aber mit seinem Gehirn. Dieser fantastische Augenblick wurde von der BBC filmisch festgehalten.[1]

Und was nun? Was sollten wir Scott noch fragen? Davinia und ich sahen einander nervös an. Wir wollten unbedingt auf eine weitere Ebene vordringen. Wir wollten Scott etwas fragen, das für ihn von Bedeutung war, nichts Praktisches und Nichtssagendes, etwa ob er sich an den Namen seiner Mutter erinnerte, sondern etwas, das möglicherweise sein Leben veränderte.

Wir hatten häufig darüber gesprochen, wie vorteilhaft es sein könnte, einen Patienten zu fragen, ob er körperliche Schmerzen empfinde. Schmerzen sind rein subjektive Empfindungen und lassen sich nur mittels Selbsteinschätzung beurteilen. Mit unserer fMRT-Methode hatten wir bereits nachgewiesen, dass Scott über ein Bewusstsein verfügte. Konnten wir ihn nun damit befragen, ob er Schmerzen erlitt? Ich versuchte, mir vorzustellen, wie seine Antwort lauten mochte. Was wäre, wenn Scott »ja« sagte? Es war zu schrecklich, um auch nur daran zu denken, dass Scott seit zwölf Jahren Schmerzen empfunden haben könnte. Und dennoch war dies durchaus möglich. Für den Fall, dass Scott zu erkennen gab, er habe Schmerzen, war ich mir nicht sicher, wie ich mich verhalten würde. Und es blieb auch die Frage, wie seine Familie reagieren würde. Die Anwesenheit des Kamerateams erschwerte das Ganze noch, aber daran konnte ich nichts ändern. Ich musste mit Anne reden.

Ich senkte meinen Kopf und drehte mich von der Kamera weg, um Davinia im Flüsterton zu fragen: »Was meinst du, sollten wir es tun?«

»Ja, wir sollten«, erwiderte sie. »Wir müssen.«

Davinia hatte recht. Wir waren es Scott und seiner Familie schuldig. Es war an der Zeit, etwas zu tun, das einem unserer Patienten tatsächlich zugutekommen konnte. Wenn Scott Schmerzen hatte, mussten wir ihm die Gelegenheit geben, uns dies mitzuteilen, und wir mussten etwas dagegen tun.

Ich stand auf und ging langsam in den Raum, in dem Anne wartete. Die Kameras folgten mir. Anne stand lächelnd an der Tür. Allerlei Gedanken schossen mir durch den Kopf.

»Wir würden Scott gern fragen, ob er Schmerzen hat, aber dafür brauche ich Ihre Einwilligung«, erklärte ich ihr.

Dies war ein entscheidender Moment. Es ging um die Frage, ob wir erstmals einem Wachkomapatienten eine Frage stellen konnten, die möglicherweise für immer sein Leben veränderte. Wenn Scott zwölf Jahre lang Schmerzen ertragen musste, hatte niemand etwas davon gewusst. Man kann sich unmöglich ausmalen, was für ein endloser Alptraum sein Leben gewesen sein muss.

Wir hätten Scott die Frage wohl auch ohne Einwilligung seiner Mutter stellen können, aber sie war zugegen und hatte so viel durchgemacht und all die Jahre gehofft und fest geglaubt, dass Scott bei Bewusstsein war.

Anne sollte daher unbedingt in diese Entscheidung eingebunden werden. *Sie* sollte diejenige sein, die sagte, »Machen Sie es!« Und sie sollte es auch wirklich wollen, für sich selbst und für Scott.

Anne sah zu mir auf. Sie war die ganze Zeit über gelassen gewesen, fast heiter. Ich stellte mir vor, dass sie sich schon vor

Jahren mit der Situation ihres Sohnes abgefunden haben musste.

»Legen Sie los«, sagte Anne. »Scott soll es Ihnen sagen.«

Ich ging zurück in den Scan-Raum, begleitet vom Filmteam. Die Atmosphäre war spannungsgeladen. Jeder wusste, was auf dem Spiel stand. Wir waren im Begriff, die Wachkomaforschung einen wichtigen Schritt voranzubringen. Es ging nicht mehr nur um wissenschaftlichen Fortschritt, sondern ganz klar um klinischen Nutzen. Erinnerungen an meine Streitgespräche mit Maureen über den Konflikt zwischen Forschung um der Forschung willen und klinischer Versorgung kamen wieder hoch, wie Geister aus der Vergangenheit.

»Scott, hast du irgendwelche Schmerzen? Tun dir gerade irgendwelche Körperteile weh? Stell dir bitte vor, du spielst Tennis, wenn die Antwort ›nein‹ lautet.«

Ich zittere immer noch, wenn ich an den Moment zurückdenke. Wir saßen angespannt da und konnten kaum atmen. Durch das Fenster sahen wir Scotts reglosen, mumienhaften Körper in der gleißenden Röhre liegen. Die Schnittstellen zahlreicher Apparaturen waren bis ins Kleinste miteinander synchronisiert und ermöglichten es uns, eine geistige Verbindung herzustellen und die einfache Frage zu stellen: Hast du Schmerzen?

Davinia und ich blickten gespannt auf den Bildschirm. Fergus stand dicht hinter mir und sah mir stumm über die Schulter. Wir hatten es weit gebracht, seit wir Kate gescannt hatten. Das war beinahe 15 Jahre her. Damals mussten wir eine Woche oder länger warten, um die Ergebnisse auszuwerten. Ich konnte kaum glauben, dass wir früher eine Woche lang herumsaßen und warteten, bis wir wussten, ob eine Reaktion aufgetreten war. Im Jahr 2012 erschienen die Resultate mehr oder weniger sofort vor uns auf dem Computermonitor. Und sie sahen auch viel ansprechender aus. 1997 bestanden unsere

»Ergebnisse« aus einem Haufen Zahlen auf einem Blatt, dem wir entnahmen, in welchem Hirnareal eine Aktivität auftrat und ob diese statistisch signifikant war. 2012 verfügten wir über ein dreidimensionales Strukturmodell des jeweiligen Gehirns, das auf dem Bildschirm absolut plastisch und lebensecht erschien. Dieses Modell diente als Abbildfläche, auf der die jeweilige Gehirnaktivität in Form bunt leuchtender Farbflecken dargestellt wurde. Diese wunderschönen Bilder lassen das Gehirn bei seiner Arbeit sichtbar werden.

Auf dem Monitor vor uns konnten wir sämtliche Falten und Furchen von Scotts Gehirn sehen, sowohl das gesunde Gewebe als auch die Teile, die durch den Unfall vor zwölf Jahren irreparabel geschädigt worden waren. Und dann sprang uns etwas Besonderes ins Auge. Scotts Gehirn erwachte zum Leben. Leuchtend rote Flecken tauchten auf, nicht an wahllosen Stellen, sondern genau dort, wo ich mit meinem Finger hindeutete.

Kurz zuvor hatte ich zu Fergus gesagt, »Falls Scott reagiert, sollten wir hier eine Aktivierung sehen«, und auf eine bestimmte Stelle auf der Glasscheibe gezeigt. Und genau da wurde sie sichtbar. Scott reagierte. Er beantwortete die Frage. Noch wichtiger war, dass er sie mit »Nein« beantwortete.

Alle im Raum jubelten und beglückwünschten einander. Scott hatte uns mitgeteilt: »Nein, ich habe keine Schmerzen.«

Ich war den Tränen nahe, versuchte aber, gefasst zu bleiben. Dies war ein Durchbruch in der medizinischen Forschung. Scott lag regungslos im Scanner, und mein Team war fassungslos vor Staunen. Auch das BBC-Filmteam war außer sich; die Reporter hatten genau das bekommen, was sie wollten, aber in diesem Moment stand das offenbar nicht im Vordergrund. Dies war Scotts großer Augenblick, und er hatte ihn genutzt. Das konnten wir alle sehen.

Nun legte sich die Spannung, und alle atmeten erleichtert auf. Alle außer Anne.

Als ich ihr das Ergebnis mitteilte, zeigte sie sich wenig beeindruckt.

»Ich wusste, dass er keine Schmerzen hat«, erklärte sie. »Andernfalls hätte er es mir gesagt.«

Ich war inzwischen vollkommen durcheinander und konnte nur stumm nicken. Der Mut der beiden beeindruckte mich. Anne hatte Scott all die Jahre zur Seite gestanden und beharrlich deutlich gemacht, dass er immer noch wichtig war und Zuneigung und Aufmerksamkeit verdiente. Sie hatte ihn nie aufgegeben.

Scotts Reaktion im Scanner bestätigte lediglich das, was Anne bereits wusste. Für sie war klar, dass Scott im Inneren noch präsent war. Wie sie das wissen konnte, werde ich nie ergründen. Aber sie wusste es.

Der ergreifende Moment, in dem Scott uns mitteilte, dass er keine Schmerzen hatte, bildete später das Herzstück des einstündigen BBC-Dokumentarfilms *The Mind Reader – Unlocking My Voice*. Wenn ich mir den Film heute ansehe, spüre ich immer noch die Spannung, die damals im Scanner-Raum herrschte. Der Film wurde durchweg positiv aufgenommen und mit Preisen ausgezeichnet. Im Grunde ging es jedoch um etwas viel Wichtigeres als die öffentliche Aufmerksamkeit und Anerkennung. Der Film offenbarte das Innenleben eines Menschen, der lebte und atmete, über eigene Ansichten, Erinnerungen und Erfahrungen verfügte und sich als lebendiger Mensch fühlte und an seiner Welt teilhatte, so seltsam und begrenzt diese, zumindest äußerlich gesehen, auch geworden war. Zwölf Jahre lang war Scott stumm geblieben und in seinem Körper eingeschlossen gewesen und hatte still zugesehen, wie das Leben um ihn herum weiterging. Seine

Mutter hatte keinen Zweifel daran gehegt, dass sein Bewusstsein unversehrt erhalten war. Ihr Sohn war immer noch ihr Sohn.

An jenem Tag und bei vielen weiteren Gelegenheiten in den folgenden Monaten konnten wir mit Scott im Scanner kommunizieren. Er drückte sich aus und sprach mit uns über die magische Verbindung, die wir zwischen seinem Gehirn und unserer Apparatur geschaffen hatten. Irgendwie kehrte Scott wieder ins Leben zurück. Er konnte uns sagen, dass er wusste, wer er war und wo er war; und er wusste, wie viel Zeit seit seinem Unfall vergangen war. Und zum Glück bestätigte er uns, dass er keine Schmerzen hatte.

Die Fragen, die wir Scott in den folgenden Monaten stellten, wurden mit zweierlei Zielsetzungen gewählt. Zum einen versuchten wir, ihm so weit wie möglich zu helfen, indem wir ihm Fragen stellten, mit denen sich vielleicht seine Lebensqualität verbessern ließ. So fragten wir ihn, ob er im Fernsehen gern Hockey sah. Vor seinem Unfall war Scott, wie so viele Kanadier, ein Hockeyfan gewesen, und so war es nur natürlich, dass seine Angehörigen und Pfleger so oft wie möglich den Fernseher anschalteten, wenn ein Hockeyspiel übertragen wurde. Doch seit Scotts Unfall waren mehr als zehn Jahre vergangen. Vielleicht hatte er inzwischen gar nichts mehr für Hockey übrig. Vielleicht hatte er schon so oft Hockey gesehen, dass er es nicht mehr ausstehen konnte. Indem wir abklärten, was seine aktuellen Vorlieben waren, ließ sich seine Lebensqualität vielleicht deutlich verbessern. Zum Glück sah Scott immer noch genauso gern Hockey wie in all den Jahren vor seinem Unfall.

Ich habe dies zahllose Male bei verschiedenen Patienten erlebt. Bei den Beschäftigungsangeboten richtet man sich weitgehend nach dem, was der Patient vor seinem Hirntrauma gern machte. Wenn jemand auf Heavy Metal stand, dann bekam er genau das zu hören, während er die Stunden und Tage in seinem Krankenhaus verbrachte. Allerdings können viele Jahre verstrichen sein; der Patient ist in seinem Krankenbett vom Jugendlichen zum Erwachsenen geworden, aber die Musik ist dieselbe geblieben. Es ist so, als wäre die Zeit stehengeblieben.

Einmal erzählte man mir von einer Patientin, die gern die kanadische Sängerin Céline Dion hörte. Sie besaß aber nur ein einziges Album von ihr. Zum Glück verbesserte sich ihr Gesundheitszustand. Als sie wieder genesen war, ließ sie ihre Mutter als Erstes wissen: »Wenn ich dieses Céline-Dion-Album noch einmal höre, bring ich dich um!« Stundenlang nur Céline Dion zu hören kann die Lebensqualität eines jeden Menschen gefährden, aber man stelle sich vor, man ist ans Bett gefesselt und kann nichts tun, um sie abzustellen. Das ist der beste Weg, um still und leise den Verstand zu verlieren.[2]

Zum anderen stellten wir Scott Fragen, um möglichst viel über seine Situation zu erfahren – was er wusste, an wie viel er sich erinnerte und wessen er sich bewusst war. Bei diesen Fragen ging es weniger darum, etwas über Scott als Menschen zu erfahren, sondern weiter in die Grauzone vorzustoßen. Es war unglaublich wichtig zu verstehen, was in dieser Gefangenschaft psychisch überhaupt möglich war, denn dazu konnte kein Experte etwas sagen. Und wie sich herausstellte, herrschten dazu die irrigsten Annahmen.

Wenn ich Vorträge über Wachkomapatienten hielt, hörte ich beispielsweise häufig Kommentare wie diese: »Vermutlich ist ihnen gar nicht bewusst, wie die Zeit vergeht« oder »Wahrscheinlich erinnern sie sich gar nicht an ihren Unfall« oder sogar »Ich bezweifle, dass sie sich ihrer Lage überhaupt bewusst sind«.

Scott belehrte uns eines Besseren. Er beantwortete all diese Fragen und sogar noch mehr. Als wir ihn nach dem aktuellen

Jahr fragten, gab er uns die richtige Antwort: Es war 2012 und nicht 1999, das Jahr seines Unfalls. Ganz eindeutig hatte er ein Bewusstsein für das Verstreichen von Zeit. Er wusste, dass er Scott hieß und sich in einer Klinik befand. Ganz eindeutig hatte er ein Bewusstsein davon, wer und wo er war. Scott konnte uns auch sagen, wie der Name seiner wichtigsten Betreuungsperson lautete.[3] Dies war eine wichtige Frage in der Wachkomaforschung, denn häufig war darüber spekuliert worden, was sich Patienten in dieser Situation überhaupt merken können. Scott hatte seine Betreuerin vor seinem Unfall noch gar nicht gekannt. Dass er ihren Namen wusste, war ein klares Indiz dafür, dass er noch immer etwas Neues in seinem Gedächtnis abspeichern konnte.

Erinnerungen abzuspeichern ist entscheidend für unser Gefühl dafür, wie Zeit verstreicht und wo wir im Fortlauf der Dinge stehen. Stellen Sie sich vor, Sie wachen jeden Morgen auf und können sich an nichts von dem erinnern, was seit einem Unfall vor, sagen wir, zehn Jahren passiert ist. Wie würde sich das anfühlen? Ihre Pflegerin, die Sie seit zehn Jahren Tag und Nacht versorgt, wäre Ihnen vollkommen fremd. Ihre Angehörigen und Freunde, an die Sie sich noch gut aus der Zeit vor Ihrem Unfall erinnern, würden alle plötzlich um zehn Jahre älter aussehen. Und falls Sie noch in Ihrem eigenen Haus wohnen, hätten Sie den Eindruck, Ihr Heim sei über Nacht komplett umgestaltet worden; sämtliche Veränderungen in der Zwischenzeit würden Ihnen so vorkommen, als wären sie erst in der letzten Nacht geschehen.

Schlimmer noch wäre es, wenn Sie nach dem Unfall in einem neuen Zuhause einquartiert worden wären. Sie hätten keine Ahnung, wo Sie überhaupt sind. Diese Situation käme dem gleich, was man als »anterograde Amnesie« bezeichnet. Wer unter anterograder Amnesie leidet, kann typischerweise keine neuen Erinnerungen abspeichern, wohingegen »alte

Erinnerungen«, die vor dem Einsetzen der Amnesie abgelegt wurden, weitgehend intakt bleiben.

Der berühmteste Fall anterograder Amnesie in den Vereinigten Staaten war Henry Molaison, der vor allem unter der Bezeichnung »Patient H. M.« bekannt wurde. Im Jahr 1953 unterzog sich H. M. einer Operation, um seine anhaltenden epileptischen Anfälle zu unterbinden; sein Hippocampus und Teile des medialen Temporallappens auf beiden Seiten seines Gehirns wurden entfernt. Die Folge war, dass sich H. M. nichts Neues, das ihm widerfuhr, merken konnte, obwohl er sich bestens an Ereignisse in seiner Kindheit zu erinnern vermochte. Viele wissenschaftliche Erkenntnisse über die Rolle des Hippocampus und der umliegenden Hirnareale für das Gedächtnis lassen sich auf die Folgen der bedauerlichen, aber notwendigen Operation des Patienten H. M. zurückführen.[4]

Auch der Brite Clive Wearing ist ein bemerkenswertes Beispiel für anterograde Amnesie. Wearing war bis März 1985 als Experte für Alte Musik Redakteur beim BBC-Rundfunk. Im Zusammenhang mit einer Herpes-simplex-Infektion griff das Virus auf sein Gehirn über. Auch bei ihm wurde der Hippocampus geschädigt, und auch er kann sich seit seiner Hirnschädigung nichts Neues länger als eine halbe Minute merken. Er erlebt jeden Tag etwa alle 20 Sekunden ein »Wiedererwachen«, bei dem sein Bewusstseinsstrom von neuem einsetzt. Er hat jegliches Gespür dafür verloren, wo er im Verlauf der Zeit gerade steht. Seine Frau begrüßt er jedes Mal erneut, wenn er ihr begegnet, auch wenn sie den Raum erst ein paar Minuten zuvor verlassen hat. Clive berichtet häufig, dass er sich so fühle, als wäre er gerade aus dem Koma erwacht. Er lebt ständig in der Gegenwart, wie eine Insel des Bewusstseins, die durch die Zeit treibt, und ist sich der Veränderungen seiner Umgebung überhaupt nicht gewahr. Es ist ein Alptraum, doch paradoxerweise verschont ihn eben dieser Zustand davor, seine missliche Lage vollkommen zu verstehen.

Angesichts von Fällen wie Henry Molaison und Clive Wearing hielten wir es für wichtig nachzuweisen, dass Scotts Erleben seines Daseins nicht mit einer Insel des Bewusstseins zu vergleichen war, die abgekapselt durch die Zeit trieb. Für uns war es wichtig festzustellen, dass Scott sich an Vergangenes erinnerte und sich der Gegenwart gewahr war und sich dessen bewusst war, dass die heutige Gegenwart morgen Vergangenheit ist. Wir wollten wissen, ob Scott real erlebte, in der Zeit zu existieren, als Teil einer sich entwickelnden Geschichte – als bewusstes Wesen, das durch die Zeit reist –, mit Tagen, die anfangen und enden, mit Ereignissen, die kommen und gehen und sich gegenseitig beeinflussen.

Scotts Mutter blieb in all der Zeit, in der ihr Sohn immer wieder in das Scan-Zentrum gebracht und zu seinem Leben in der Grauzone befragt wurde, überaus frohgemut und unterstützend. Es war klar, dass nicht all diese Fahrten dem Patienten zugutekamen, sondern der Forschung dienten. Aber wir fanden ein gutes Gleichgewicht und stellten Scott einerseits Fragen, mit denen sich möglicherweise sein Los verbessern ließ, und andererseits Fragen, die unser Verständnis der Grauzone insgesamt vertieften und vielleicht späteren Wachkomapatienten Nutzen bringen konnten.

Anne schien dies zu verstehen. Ich fragte mich, ob sie aufgrund ihrer früheren Tätigkeit als Labortechnikerin um diese Balance wusste – das Gleichgewicht zwischen dem Wohl des Patienten und dem Fortschritt der Wissenschaft. Ich habe sie nie gefragt.

Scott starb im September 2013 an den Folgen diverser Komplikationen, die von seinem früheren Unfall herrührten. Dies geschieht nur allzu häufig, selbst Jahre nach einem massiven Hirntrauma. Patienten, die ständig liegen und den unzähligen Viren, Bakterien und Pilzen im Krankenhaus ausgesetzt sind, verlieren ihre Immunabwehr und werden äußerst anfällig für Krankheiten wie Lungenentzündung. Nach wochenlangen Infektionen starb Scott im Parkwood Hospital.

Mein gesamtes Team war erschüttert. Wir hatten viele Stunden mit Scott verbracht. Er war gleichsam Teil der Familie. Wir hatten uns nie richtig mit ihm unterhalten, aber dennoch hatten wir alle seltsamerweise das Gefühl, ihn zu kennen. Er hatte uns tief berührt. Wir waren tief in sein Leben in der Grauzone vorgedrungen, und seine Antworten ließen uns über seine Stärke und seinen Mut nur so staunen. Sein Leben war eng mit dem Leben eines jeden von uns verflochten.

Ich freute mich, Anne und Jim bei der Trauerfeier wiederzusehen, auch wenn ich mir wünschte, wir wären uns unter anderen Umständen begegnet. Die Einsegnungshalle war brechend voll. Scotts Leichnam lag in einem offenen Sarg im vordersten Teil des Raums. Angehörige und Freunde von nah und fern waren gekommen. Obwohl Scott 14 Jahre lang in sich gefangen und von der Außenwelt abgeschnitten war, fühlten sich auch nach seinem Tod viele Menschen noch immer aufs Engste mit ihm verbunden.

Jim fragte, ob ich Scott sehen wolle. Ich wusste nicht, was ich sagen sollte. Ich hatte schon viele Begräbnisfeiern erlebt, aber in meiner britischen Heimat kennt man offene Särge nicht. Aus Respekt gegenüber Jim und der gesamten Familie willigte ich ein, Scott ein letztes Mal zu sehen.

Der Moment berührte mich sonderbar. Scott sah fast noch so aus, wie ich ihn immer gesehen hatte. Den »richtigen« Scott hatte ich nie gekannt, den Scott, der ein erfülltes und glückliches Leben geführt hatte, der gehen und reden und lachen konnte, bis ihm im Alter von 26 Jahren all dies plötzlich und für immer genommen worden war. Ich hatte nur den körperlich reaktionslosen Scott gekannt, den Scott, der in diesem Augenblick vor mir lag. Und da wurde mir klar, dass diese Grauzone, in die viele unserer Patienten verbannt sind, wirklich das Grenzgebiet zwischen Leben und Tod ist. Dieser Bereich liegt so nah am Tod, dass er sich manchmal nur schwer von der Sphäre des Lebens unterscheiden lässt.

Auf Scotts Nachrufseite im Internet schrieb ich: »Es war ein großes Privileg, Scott in den vergangenen paar Jahren kennengelernt zu haben. Sein heldenhafter Einsatz für die Wissenschaft wird nie vergessen werden und im Leben und Denken all jener nachhallen, die ihn kannten, und vieler weiterer Menschen, die ihn nicht kannten.«

Fergus Walsh schrieb: »Es war ein Privileg, Scott zu begegnen – er war ein bemerkenswerter und beherzter Mensch. Unsere Reportagen über Scotts Fähigkeit, trotz seiner Behinderungen zu kommunizieren, wurden in aller Welt verfolgt. Das gesamte BBC-Team bekundet Anne und Jim sein aufrichtiges Beileid.«

Mein Team hatte zu Scott und seiner Familie eine Beziehung aufgebaut, wie wir sie weder davor noch danach je wieder erlebten. Dies lag teilweise daran, dass uns die Angehörigen freundlich und offen begegneten und uns an ihrem Leben teilhaben ließen, vor allem aber daran, dass Scott selbst eine Bindung herstellte und besiegelte. Zum ersten Mal mit einem Menschen zu kommunizieren, der sich seit mehr als einem Jahrzehnt nicht mehr mitteilen konnte, ist eine außergewöhnliche Erfahrung. Es immer wieder zu tun ist magisch. Scott ließ uns in seine Welt ein. Wir lachten und wir weinten mit ihm. Und als Scott seinen letzten Atemzug tat und die Tür für immer verschlossen wurde, starb mit ihm wohl auch ein kleiner Teil von uns allen.

11

Leben oder sterben lassen?

Daß ich die Welt so ungesehn verlaß
Und mit dir fort, hinein ins Walddunkel verschwind …

John Keats, *Ode an eine Nachtigall*

Scotts Tod machte mir bewusst, wie gefährlich die moderne Lebensweise ist. Er wurde letztlich von einem rasenden Polizeifahrzeug getötet, brauchte aber vierzehn Jahre, um zu sterben. Der Straßenverkehr ist höchst riskant. Auf amerikanischen Straßen kommen jedes Jahr 37000 Menschen ums Leben. (In Deutschland zählte man 2016 rund 3300 Verkehrstote.) Und auf jeden Toten kommen zahlreiche Verletzte, die nicht gleich sterben, zumindest nicht am Unfallort. Einige gleiten in die Grauzone ab und schmachten dahin, bis sie schließlich doch sterben. Aber warum geschieht dies? Wie gelangen diese Menschen in diesen Zustand? Warum werden sie nicht wieder gesund? Warum sterben sie nicht sofort? Warum enden sie in dieser schrecklichen Zwischenwelt?

Auch nach fünfzehn Jahren Wachkomaforschung hatte ich noch keine Antworten auf diese Fragen. Warum schaltet das Gehirn in manchen Fällen ab und in anderen nicht? Sind einige Menschen von Natur aus robuster? Ist eine bestimmte Hirnregion Schuld daran? Wenn ja, welche?

Unsere Wachkomaforschung hatte mehr Fragen aufgeworfen als beantwortet. Wir hatten erkannt, dass viele Wege in die Grauzone führen. Häufig endet ein Patient mit Schädel-Hirn-Trauma in diesem Zustand, wenn ein bestimmtes »Zeitfenster« verpasst wird. Auf die Einlieferung in eine Klinik nach einer massiven Hirnverletzung folgt eine Zeitspanne, normalerweise einige Tage oder ein paar Wochen, in der die Prognose – und damit auch die Aussicht auf eine Genesung – vollkommen ungewiss ist. Dies liegt daran, dass jede Hirnverletzung anders ist.

Während dieser Zeit werden die Patienten meist künstlich am Leben erhalten. Sie liegen auf der Intensivstation und werden maschinell beatmet; die Intubation (Einführung eines Schlauchs in die Luftröhre) erleichtert die Atmung, und die Ventilation (die Belüftung der Lunge durch Pumpen) sorgt für Sauerstoffaustausch. Bevor diese erstaunlichen Apparaturen erfunden wurden, folgte auf eine ernsthafte Hirnverletzung zwangsläufig der Tod. Maschinen erhöhen jedoch die Überlebenschancen und bringen den Patienten über diese entscheidenden ersten Tage. Und einige Menschen überleben tatsächlich. Ihr Körper schafft einen Neustart, nicht aber ihr Gehirn. Zumindest nicht vollständig. So hat die moderne Medizin die Grauzone erschaffen oder jedenfalls die Möglichkeit erhöht, darin zu überleben.

Natürlich sind auch früher schon Menschen in die Grauzone abgeglitten, aber sie haben darin wahrscheinlich nicht lange überdauert. Nach einem schweren Schlag auf den Kopf dürfte ein Urmensch wie nach einem Knock-out beim Boxen bewusstlos zu Boden gegangen sein. Wenn diese Bewusstlosigkeit länger als ein paar Minuten anhielt, konnte auch ein längeres Koma folgen: Der Betroffene reagierte nicht mehr auf Reize, konnte nicht mehr willentlich handeln und hatte keinen normalen Schlaf-Wach-Rhythmus. Der vorgeschichtliche Mensch, der die moderne Apparatemedizin nicht kannte, dürfte wohl kaum aus diesem komatösen Zustand erwacht sein. Ohne Zufuhr von Nahrung und Flüssigkeit wird er höchstwahrscheinlich schnell gestorben sein. Auch heute sind die Chancen, ein längeres Koma zu überleben, nicht sehr groß. Von den Patienten, die wie Scott mit einem Glasgow-Koma-Skalenwert von 4 in der Notaufnahme landen und in den vollen Nutzen der modernen Medizin kommen, sterben 87 Prozent oder verharren für immer im Wachkoma. Die Aussichten, dass ein Neandertaler dem sofortigen Tod entkam und in die Grauzone durchschlüpfte, dürften äußerst gering gewesen sein.

Trotzdem lebten Menschen bereits vor der Erfindung des Beatmungsgeräts in den 1950er Jahren in der Grauzone. Die Griechen der Antike kannten einen Zustand, den sie als »Apoplexie« bezeichneten und der dem geglichen haben dürfte, was wir heute unter Wachkoma verstehen. »Wenn gesunde Leute sich plötzlich über Kopfschmerzen beklagen, sprachlos werden und röcheln, so sterben sie in sieben Tagen, wenn kein Fieber hinzutritt«, schrieb der antike Arzt Hippokrates.[1]

In der Diagnose und Behandlung von Patienten mit diesem Krankheitsbild hat sich seit der Antike nicht viel geändert. Mitte des 20. Jahrhunderts kamen andere Begriffe auf, mit denen der Zustand beschrieben wurde, darunter *Coma vigile* (Wachkoma), akinetischer Mutismus, stille Bewegungslosigkeit, apallisches Syndrom und schwere traumatische Demenz. Ob all diese Begriffe dasselbe oder Unterschiedliches bezeichneten, ist vollkommen unklar, weil jeder Patient (wie auch heute noch) ganz unterschiedlich ausgeprägte Symptome aufwies und somit ein völlig eigenständiges Bild darbot. Dies erklärt wahrscheinlich, warum keine dieser Bezeichnungen allgemein übernommen wurde. Bereits in den 1960er Jahren wurde der Begriff *»vegetativ«* verwendet, bevor im April 1972 in einem bahnbrechenden Artikel von Bryan Jennett und Fred Plum in *The Lancet* der Ausdruck *»persistent vegetative state«* (anhaltender vegetativer Zustand) eingeführt wurde. Dieser Begriff fand rasch Eingang in den Sprachgebrauch der Mediziner.[2]

Wenn heutzutage ein Patient in eine neurologische Intensivstation eingeliefert wird und aufgrund der Untersuchungsergebnisse zu befürchten steht, dass er bald sterben wird oder nie wieder ein halbwegs normales Leben führen kann, wird den Angehörigen vielleicht geraten, lebenserhaltende Maßnahmen einzustellen – die Beatmungsmaschine abzustellen beziehungsweise »den Stecker zu ziehen«, wie es umgangssprachlich häufig heißt. Manche Familien willigen ohne weiteres ein, vielleicht weil sie der Ärzteschaft blind vertrauen oder wissen, dass der Patient selbst unter den bestmöglichen Bedingungen nicht würde weiterleben wollen. Sie ziehen den Stecker, ohne lange zu zögern.

Anderen hingegen fällt die Entscheidung viel schwerer; sie zerbrechen sich tagelang den Kopf. Und eben hierin liegt das Problem: Wenn sich ein Patient innerhalb dieses Zeitfensters so weit erholt, dass er nicht mit dem Beatmungsgerät künstlich am Leben erhalten werden muss, dann hat man die Gelegenheit, den Stecker zu ziehen, verpasst. Der Patient ist in die Grauzone abgetaucht, und dann ist es nicht mehr so leicht, über sein Ableben zu entscheiden. In dem Fall lässt sich das Leben nur beenden, indem man dem Patienten Nahrungs- und Flüssigkeitszufuhr vorenthält.

Juristisch gesehen besteht ein feiner, aber wichtiger Unterschied darin, ob man Nahrungs- und Flüssigkeitszufuhr als »medizinische Behandlung« ansieht oder nicht. Beim Einsatz eines Beatmungsgeräts handelt es sich ganz klar um eine medizinische Maßnahme, und die Entscheidung zum Abschalten fällt in manchen Fällen relativ leicht (etwa wenn keine Aussicht auf Besserung besteht). Aber ist auch die Versorgung mit Nahrung und Flüssigkeit eine medizinische Behandlung? Manche Rechtsprechungen bejahen dies, für andere handelt es sich um ein Grundbedürfnis oder Recht, das niemandem versagt werden darf. Die jeweilige Auffassung wird zweifellos von der Frage beeinflusst, wie lange es dauert, bis der Betreffende im einen oder anderen Fall stirbt. Wird ein Beatmungsgerät abgeschaltet, stirbt der Patient normalerweise innerhalb von Minuten, weil das Gehirn nicht mehr mit Sauerstoff versorgt wird. Entzieht man dem Patienten Nahrung und Flüssigkeit, lässt man ihn buchstäblich verhungern und verdursten, und das kann bis zu zwei Wochen dauern.

Der Schritt vom »Steckerziehen« zum »Verhungernlassen« ist relativ klein, aber für Philosophen, Ethiker und Juristen von entscheidender Bedeutung. In diesem Fall müssen die Angehörigen nicht entscheiden, ob der Patient am Leben gehalten werden soll oder nicht, sondern ob man ihn sterben lassen soll.

Unlängst habe ich zusammen mit meinem Freund und Kollegen Mel Goodale an der Royal Society in London eine Konferenz zum Thema Gehirn und Bewusstsein organisiert.[3] Bei der Tagung ging es um die Frage, wie sich Bewusstsein am besten messen lässt. Viele Vordenker waren anwesend, darunter Philosophen, kognitive Neurowissenschaftler, Anästhesisten und Roboteringenieure. Es wurde lebhaft darüber diskutiert, wie sehr unsere Auffassung von Bewusstsein und Menschsein unsere Bereitwilligkeit beeinflusst, Lebewesen zu töten. Diese Bereitwilligkeit scheint eng damit zusammenzuhängen, welche äußeren Formen und Verhaltensweisen das Lebewesen aufweist, das getötet werden soll, und damit, ob es Ähnlichkeiten mit menschlichen Formen und Verhaltensweisen zeigt.

Nehmen wir als Beispiel das Kochen von Muscheln.[4] Nur wenigen Menschen bereitet es Schwierigkeiten, eine Handvoll Muscheln in kochendes Wasser zu werfen. Dies ist auf jeden Fall eine ziemlich brutale Art, das Leben einer Kreatur zu beenden. Aber Muscheln haben nicht viel mit dem Menschen gemeinsam. Sie besitzen keine Arme und keine Beine und auch keine erkennbaren menschenähnlichen Züge. Und sie verhalten sich auch nicht wie Menschen; weder bewegen sie sich ständig in ihrer Umgebung noch tauschen sie sich aktiv mit dieser aus.

Wie sieht es nun mit einem Hummer aus? Hier wird die Sache schon schwieriger. Viele Menschen hegen Skrupel, einen lebenden Hummer in kochendes Wasser zu werfen, und kaufen lieber bereits vorgekochtes Hummerfleisch. Auch Hummer haben nicht viel mit dem Menschen gemeinsam, aber sie ähneln dem Menschen eher als Muscheln. Sie haben Beine und vordere Gliedmaßen, die zumindest funktionell den menschlichen Armen entsprechen und Gegenstände greifen können. Sie haben Augen und, anders als Muscheln, so etwas wie ein Gesicht. Hummer bewegen sich in ihrem Habitat und interagieren mit diesem in einer Art, die trotz großer Unterschiede gewisse Ähnlichkeiten mit menschlichem Verhalten aufweist.

Ich möchte diesen Gedankengang nicht weiter verfolgen und mich mit der Feststellung begnügen, dass sehr wenige Menschen so ohne weiteres einen Affen in kochendes Wasser werfen dürften. Warum ist das so? Warum fällt es uns so viel leichter, eine Muschel zu Tode zu kochen als einen Hummer? Wenn wir eine Muschel oder einen Hummer kochen, wird unsere Wahrnehmung des eigenen Verhaltens sicherlich durch die äußere Form des jeweiligen Tiers geprägt. Die Handlung ist identisch, aber die Schalentiere unterscheiden sich.

Diese Haltung wird meines Erachtens vor allem dadurch bestimmt, wie viel Bewusstsein wir dem jeweiligen Lebewesen zuschreiben. Ein Hummer verfügt wohl über ein wenig mehr Bewusstsein als eine Muschel, weil er uns etwas mehr ähnelt als eine Muschel. Aber haben wir dafür irgendwelche Anhaltspunkte? Wie wir bereits gesehen haben, stützen sich unsere Annahmen über Bewusstsein viel stärker auf gewisse

Verhaltensmuster als auf bewiesene biologische Tatsachen. Selbst wenn wissenschaftlich nachgewiesen worden wäre, dass Hummer über mehr »Bewusstsein« verfügen als Muscheln, dürften die wenigsten Menschen die entsprechenden Fachartikel gelesen haben und die Entscheidung lieber intuitiv treffen.

Wo aber verläuft die evolutionsbedingte Grenze, nach der wir entscheiden, ob ein Lebewesen Bewusstsein besitzt? Wenn die meisten von uns davon ausgehen, dass Muscheln kein Bewusstsein haben, Affen aber sehr wohl, dann muss irgendwo dazwischen ein Bewusstsein in Erscheinung treten (oder zumindest das, was unserem intuitiven Gefühl nach Bewusstsein ist). Dass einige Menschen es fertigbringen, Hummer zu kochen, und andere nicht, beweist aus meiner Sicht, dass diese Tiere irgendwo nahe der kritischen Schwelle angesiedelt sind. Hingegen würde kaum jemand einer Muschel ein Bewusstsein zuschreiben, daher haben viel weniger Menschen Hemmungen, Muscheln in kochendem Wasser zu töten.

Diese kritische Spannbreite zwischen dem Unbewussten und dem Bewussten steht häufig im Mittelpunkt der qualvollen Entscheidungen, die Angehörige am Krankenbett treffen müssen. Patienten, die auf einer Intensivstation liegen, verhalten sich selten so wie wir. Die meisten bewegen sich nicht und zeigen keine Hinweise auf eine Interaktion mit ihrer Umgebung. Sie sind zwar genau genommen nicht wie eine Muschel, doch von ihrem Verhalten her gleichen sie nach einem Hirntrauma eher einer Muschel als vorher. Viele der äußeren menschlichen Grundzüge, die Familienangehörige an dem Patienten gekannt und geliebt haben, sind häufig grotesk verändert; Gesichter sind entstellt, Gliedmaßen sind unwiderruflich geschädigt, verdreht oder fehlen ganz.

Zweifellos prägen diese Faktoren unsere Vorstellungen von

Bewusstsein (genau wie bei nichtmenschlichen Lebewesen). Wenn sich der Patient nicht wie ein Mensch verhält und nicht einmal mehr wie ein Mensch aussieht, lässt sich viel leichter glauben, dass er auch nicht wie ein Mensch denkt. Und diese Umstände bestimmen wiederum mit darüber, wie leicht oder schwer es den Angehörigen fällt, darüber zu entscheiden, ob der geliebte Mensch leben oder sterben sollte. Fällt es schwerer, den Stecker bei einem äußerlich unversehrten Patienten zu ziehen als bei einem, dessen Körper bis zur Unkenntlichkeit entstellt ist? Warum ist das so? Bei einem meiner Treffen mit Maureens Bruder Phil erzählte mir dieser, dass sich die Familie seit Jahren den Kopf darüber zerbrochen habe, ob es besser sei, jede Infektion zu behandeln oder nicht mehr einzugreifen. Diese Frage stellt sich in solchen Fällen häufig. Ob diese Entscheidung durch Maureens bemerkenswert guten körperlichen Zustand erschwert wurde, weiß ich nicht, aber ich bin mir sicher, dass sie dadurch nicht leichter wurde.

Es ist bekannt, dass diese Entscheidung bei Patienten schwererfällt, die das Zeitfenster verpasst haben und in die Grauzone des Wachkomas eingetreten sind – scheinbar wach, aber unbewusst. Und fast ganz ausgeschlossen ist dieser finale Schritt, wenn eine körperliche Reaktion, selbst eine so unscheinbare wie das Blinzeln eines Auges, zu erkennen gibt, dass in dem ansonsten völlig reaktionslosen Körper ein Individuum präsent ist.

Unsere Bereitschaft, das Leben eines Menschen zu beenden, ist untrennbar damit verknüpft, was wir unter »Leben« verstehen und wie viel von dem jeweiligen Menschen noch da ist, wenn sich die ersten Wogen nach einem schweren Hirntrauma gelegt haben. Aber wie wir jetzt wissen, ist diese Haltung nicht gerechtfertigt. Wie viel von einem Menschen noch übrig ist, hat häufig wenig mit dem zu tun, was wir im Krankenbett vor uns sehen.

Abraham aus dem kanadischen Ontario war Mitte sechzig, als er 2014 einen schweren Hirnschlag erlitt. Seine Frau hatte ihn in die Notaufnahme gebracht, nachdem er plötzlich über Kopfschmerzen klagte, erbrechen musste und verwirrt wirkte. Eine Computertomographie zeigte, dass eine ausgedehnte Ventrikelblutung aufgetreten war – eine Ausblutung in die mit Hirnwasser gefüllten Hohlräume (Ventrikel) tief im Inneren des Gehirns. Abraham wurde sofort sediert, intubiert und auf die Intensivstation gebracht. Weitere Scans ergaben, dass ein Aneurysma (eine Arterienerweiterung aufgrund einer Wandveränderung) in der *Arteria communicans anterior* (einem kurzen Gefäßabschnitt, der die rechte und die linke vordere Hirnarterie verbindet) geplatzt war, wodurch das umliegende Areal, einschließlich des linken Frontallappens, stark geschädigt worden war.

Als wir Abraham 22 Tage nach seinem Schlaganfall scannten, war er noch komatös, entwickelte sich aber in Richtung Wachkoma. Er öffnete zeitweise die Augen und atmete hin und wieder selbständig. Abraham war ein großer Mann; mir fiel auf, dass seine Zehen fast über das Ende des Bettes hinausragten.

Es war ein wichtiger Tag für unser Labor. Meine Doktorandin Loretta Norton versuchte etwas völlig Neues: Sie scannte Patienten, die während der ersten wenigen Tage nach einem Hirntrauma noch auf der Intensivstation lagen. Diese Patienten waren nicht stabil so wie jene, die wir ab 1997 gescannt hatten – Patienten wie Kate, deren lebensverändernde Verletzungen meist Monate oder gar Jahre zurücklagen. Das Leben der Patienten, um die es jetzt ging, hing an einem seidenen Faden und bemaß sich in Stunden und Tagen, nicht in Wochen und Monaten. Falls es uns gelingen sollte, die Diagnose und sogar die Prognose dieser Patienten im Sinne ihrer Überlebenschance zu präzisieren, wäre dies ein großer Fortschritt für die Intensivmedizin. Es war eine zukunftsweisende Studie. Die Ethikkommission hatte uns die Erlaubnis erteilt, solche extrem labilen Patienten trotz der Risiken zu scannen.

Ungewöhnlich war nach meiner Erfahrung, dass Abraham seiner Frau gegenüber sehr deutlich gemacht hatte, was geschehen solle, falls er je von lebenserhaltenden Maßnahmen abhängen sollte. Er hatte keine Patientenverfügung geschrieben, in der klar dargelegt war, wie die medizinische Versorgung aussehen sollte, falls er seinen Willen nicht selbst äußern konnte. Abraham und seine Frau hatten aber eingehend über das Thema gesprochen, und seine Haltung stand außer Zweifel. Abraham hatte klar zum Ausdruck gebracht, dass er nicht künstlich am Leben erhalten werden wolle, und seine Frau gab diesen Wunsch an das Pflegepersonal und die Ärzte weiter. Seine Frau setzte alles daran, dass Abrahams Wünschen entsprochen wurde. Man diskutierte bereits darüber, wann und wie man Abraham sterben lassen wolle.

Wenn solche Entscheidungen getroffen werden müssen, setzen sich die Angehörigen mit einem Team von Fachkräften zusammen, um die Tragweite der Entscheidung und offene Fragen abzuklären. Das Team besteht meist aus dem leitenden behandelnden Arzt (häufig einem Neurologen) sowie einem Assistenzarzt, einer Pflegekraft und einer Sozialarbeiterin. Zunächst werden alle Optionen überdacht. Wenn die Familie zustimmt, die lebenserhaltenden Maßnahmen einzustellen, wird ein Zeitpunkt festgesetzt, in der Regel innerhalb von zwölf bis 24 Stunden, unter Umständen auch später, damit weitere Angehörige und Freunde zusammenkommen können. In manchen Fällen, etwa wenn alle Betroffenen anwesend sind, schreitet man sofort zur Tat. Man erklärt den Familienmitgliedern die Vorgehensweise. Im Allgemeinen dürfen die Angehörigen die ganze Zeit über beim Patienten sein. Der Arzt verabreicht einen Cocktail aus Schmerzmitteln, um zu verhindern, dass der Patient leidend erscheint, etwa wenn er röchelt oder nach Luft schnappt. Sobald die Schmerzmittel wirken, schaltet der Arzt das Beatmungsgerät entweder stufenweise herunter oder sofort ganz ab; jeder Arzt geht hier etwas anders vor. Weder die Gabe von Schmerzmitteln noch das Abschalten des Beatmungsgeräts können verhindern, dass der Patient noch selbständig weiteratmet. Dies geschieht häufig, meist nur für kurze Zeit, aber manchmal noch über Stunden. Der Tod ist unberechenbar.

Abrahams Wunsch konnte bedauerlicherweise nicht so ohne weiteres erfüllt werden, weil er und seine Frau einer Kirche angehörten, die eine strikte Auffassung von der Unantastbarkeit des Lebens vertrat. Abrahams Pastor, der auf der Intensivstation ständig zugegen war, erklärte sogar, es sei »der Wille Gottes«, Abraham am Leben zu erhalten. Abraham mochte eine klare Vorstellung von seinem Lebensende gehabt haben, doch dem Pastor zufolge hatte Gott etwas anderes mit ihm vor. Die endgültige Entscheidung liegt in solchen Fällen beim Bevollmächtigten. In diesem Fall war das Abrahams Frau. Ich war bestürzt und ein wenig verwirrt, als Abrahams Frau entschied, man solle ihren Mann trotz seiner spezifischen Anweisungen nicht sterben lassen.

»Ich habe bereits meinen Mann verloren«, erklärte sie. »Wenn ich nicht mache, was mein Pastor sagt, werde ich auch noch meine Kirche verlieren.«

Komplizierte Umstände bringen komplizierte Entscheidungen mit sich. Geht es um Leben, Tod und die Grauzone, ziehen diese Entscheidungen oft gewaltige ethische und moralische Folgen nach sich. Meiner Erfahrung nach sind in jedem einzelnen Fall immer ganz eigene Umstände zu berücksichtigen. Bei Terri Schiavo führte die Uneinigkeit zwischen Ehemann und Eltern bezüglich des Willens der Komapatientin dazu, dass der Fall ein nationales Spektakel entfachte und zur Blaupause für den Umgang mit solchen Fällen in den Vereinigten Staaten wurde. In Kanada hatten wir mit Abraham eine eigene kleine Schiavo-Affäre, aber die Sachlage war anders; hier standen ein Pastor und das »Wort Gottes« gegen eine Frau und deren Zukunft mit oder ohne Rückhalt durch die Kirche.

Für mich sind beide Fälle gleichermaßen beunruhigend. Als jemand, der nicht an gesetzgebende höhere Mächte glaubt, sehe ich Entscheidungen nach dem »Wort Gottes« als nicht rational an; man könnte ebenso gut mithilfe eines Würfels entscheiden. Im Grunde verstehe ich jedoch die missliche Lage, in der sich Abrahams Frau befand. Ersetzt man beispielsweise »die Kirche« durch »ihre engsten Freunde«, werden die Vertracktheiten religiösen Glaubens vollkommen beiseitegestellt, und das wahre Dilemma der Frau wird etwas verständlicher. Drohten ihre engsten Freunde sie zu verstoßen, falls sie in den Tod ihres Mannes einwilligte, musste sie damit rechnen, ihre sozialen Kontakte und ihre besten Stützen nach dem Tod ihres Mannes unwiederbringlich zu verlieren. Doch anders als im Fall Schiavo waren Abrahams Wünsche klar: Er wollte in dieser Verfassung nicht weiterleben. Meiner Meinung nach überwiegt dies alles andere, auch die fortlaufenden Beziehungen zu den engsten Freunden. Der eigene Wille hat Vorrang, selbst wenn er sich nicht mit den Bedürfnissen der Hinterbliebenen vereinbaren lässt.

Wie gesagt, jeder Fall liegt anders. Vor kurzem war ich in ein Gerichtsverfahren verstrickt, das sich um einen 56-jährigen Kanadier drehte. Der Patient – nennen wir ihn Keith – sowie seine Frau und ihre drei Kinder waren im September 2005 in einen schweren Autounfall verwickelt. Keith, der damals 49 Jahre alt war, erlitt massive und irreversible Hirnverletzungen. Der älteste Sohn starb an der Unglücksstelle. Die Frau und die beiden jüngeren Kinder kamen mit leichteren Verletzungen und einem psychischen Trauma davon. Keith lag jahrelang im Wachkoma. Im Jahr 2012 meinte seine Frau, es sei an der Zeit, Abschied zu nehmen. Sie wies Keiths Pfleger an, die Magensonde zu entfernen. Damit war innerhalb weniger Tage mit Keiths Ableben zu rechnen. Die Geschwister des Patienten waren aber strikt gegen diese Maßnahme und leiteten gerichtliche Schritte dagegen ein. Sie beantragten zudem, dass Keiths Frau nicht mehr als seine Bevollmächtigte fungierte (wohl um sie daran zu hindern, in Zukunft eine ähnliche Entscheidung treffen zu können) und dass ihnen diese Rolle übertragen werde.

Der Richter wies diese Anträge nach sorgfältiger Abwägung der Umstände schließlich ab. Keith und seine Frau waren vor dem Unfall zwölf Jahre verheiratet gewesen und hatten drei Kinder; es schien daher absolut begründet zu sein, dass sie seine Bevollmächtigte war, weil davon auszugehen war, dass sie ganz in seinem Interesse handelte. Mir erschien dies absolut sinnvoll. Bevollmächtigte werden im Allgemeinen aus guten Gründen eingesetzt, und es wäre abwegig, wenn ein anderer diese Verantwortlichkeit anfechten könnte, nur weil er eine andere Auffassung davon hegt, was mit einem Menschen geschehen solle, der seinen Willen nicht mehr selbst äußern kann.

Leider ist es nicht immer so einfach. In einem anderen neueren Fall, der bis vor den Obersten Gerichtshof von Kanada ging, stritt man sich über Hassan Rasouli, einen 61-jährigen iranischen Ingenieur, der 2010 mit seiner Frau und zwei Kindern nach Toronto eingewandert war. In jenem Oktober ließ er sich einen gutartigen Hirntumor entfernen. Infolge der Operation zog er sich eine Infektion zu, die ernsthafte Hirnschäden verursachte. Seine Ärzte erklärten, es bestehe keine Hoffnung auf Besserung und es sei sinnlos, ihn künstlich am Leben zu halten. Lebenserhaltende Maßnahmen würden nur zu weiteren, zunehmend schlimmeren Komplikationen, Infektionen und Beschwerden führen, deren Behandlung hohe Kosten verursachten. Und wozu? Die Ärzte empfahlen, die Schläuche abzunehmen. Die Ehefrau und Bevollmächtigte des Patienten, Parichehr Salasel, verweigerte die Zustimmung; sie verwies auf den schiitischen Glauben des Ehepaars und war davon überzeugt, dass die Bewegungen ihres Mannes auf ein gewisses minimales Bewusstsein hinwiesen.

Und tatsächlich hatten wir Hassan Rasouli einige Monate zuvor gescannt, worüber auch die überregionalen Zeitungen in Kanada berichteten. Unsere fMRT-Scans deuteten ebenfalls auf ein minimales Bewusstsein hin; Rasouli schien in der Lage zu sein, in seiner Vorstellung Tennis zu spielen und durch sein Haus zu gehen, allerdings nicht durchgehend. Als wir sein Verhalten begutachteten, ergab sich ein ähnliches Bild; er konnte mit den Augen einem Spiegel folgen und ein Familienfoto fixieren, wenn man dieses vor sein Gesicht hielt, aber auch diese Reaktionen waren uneinheitlich. Trotzdem bestand nach Auffassung erfahrener Fachleute mit großer Wahrscheinlichkeit keine Aussicht auf eine deutliche Besserung. Der Patient drohte also das kanadische Gesundheitswesen weiterhin stark zu belasten. Das letztgültige Urteil durch den Obersten Gerichtshof entschied, dass Ärzte nicht einseitig beschließen können, ohne Zustimmung des Patienten, seiner Angehörigen oder eines Bevollmächtigten lebenserhaltende Maßnahmen einzustellen. Auch wenn die Ärzte recht hatten und ihre Auffassung »ganz im Interesse des Patienten« war, konnten sich selbst Mediziner mit jahrelanger einschlägiger Erfahrung nicht über die Haltung des Bevollmächtigten hinwegsetzen, zumindest nicht in Kanada. Dies ist solch ein neuartiges Gebiet, dass die entsprechenden Gesetze in verschiedenen Teilen der Welt jeweils von Fall zu Fall erlassen werden.

In der Debatte »Recht auf Leben kontra Recht zu sterben« erlebten die Vereinigten Staaten sicherlich mehr als genügend Kontroverse. Abgesehen vom Fall Terri Schiavo haben zwei weitere berühmt gewordene Fälle die juristischen und ethischen Fragen rund um das »Recht zu sterben« ungemein beeinflusst.

Im Jahr 1975 besuchte Karen Ann Quinlan aus Scranton in Pennsylvania die Geburtstagsparty einer Freundin in einer kleinen Bar in New Jersey; sie trank ein paar Gläser hochprozentige Spirituosen und konsumierte das Rauschmittel Methaqualone (»Quaalude«). Karen Ann hatte eine Diät gemacht und seit mehreren Tagen nichts gegessen. Kurz darauf fühlte sie sich schwach und übel; man brachte sie nach Hause und steckte sie ins Bett. Als Freunde sie später fanden, atmete sie nicht mehr. Sie befand sich im Koma und wurde so schnell wie möglich in die Klinik transportiert.

Karen Anns Eltern, Joseph und Julia Quinlan, wiesen das medizinische Personal an, das Beatmungsgerät ihrer Tochter auszuschalten. Die Patientin schlug oft heftig um sich, und die Eltern glaubten, das Beatmungsgerät bereite ihr Schmerzen. Die Ärzte verweigerten dies. Sie fürchteten eine Anklage wegen Totschlags, falls sie dem Wunsch der Quinlans entsprachen. Die Eltern klagten um das Recht, das Gerät abzuschalten; sie argumentierten, die Beatmung sei eine außergewöhnliche Maßnahme zur Lebensverlängerung. Vor Gericht argumentierte der Anwalt der Quinlans, Karen Anns Recht zu sterben stehe über dem Recht des Staates, sie am Leben zu halten. Der vom Gericht eingesetzte Vormund der Patientin machte hingegen geltend, das Abschalten des Geräts stelle ein Tötungsdelikt dar. Der Richter entschied zuungunsten der

Quinlans. Nach einem Einspruch vor dem Obersten Gerichtshof von New Jersey wurde dem Wunsch der Quinlans schließlich entsprochen, und Karen Anns Beatmungsgerät wurde abgeschaltet. Was folgte, war unerwartet und bedauerlich. Karen Ann fing an, wieder selbständig zu atmen, und lebte noch neun Jahre in einem Pflegeheim, am Leben gehalten durch eine Ernährungssonde, die die Eltern nicht hatten entfernen lassen, weil sie diese nicht für eine »außergewöhnliche Maßnahme zur Lebensverlängerung« hielten. Karen Ann Quinlan starb 1985 infolge von Atemversagen. In vielerlei Hinsicht markiert ihr Fall den Beginn der Sterbehilfe-Bewegung in den Vereinigten Staaten. Und bis heute wird ihr Fall an Gerichten, in Ethikkomitees und unter Philosophen diskutiert.

Ein weiterer bedeutsamer Fall in den Vereinigten Staaten betraf Nancy Cruzan, die 1983 im Alter von 25 Jahren die Kontrolle über ihren Wagen verlor, sich überschlug und in einem Wassergraben landete. Nach drei Wochen völliger Bewusstlosigkeit lautete die Diagnose »Wachkoma«. Eine Magensonde wurde eingeführt. Fünf Jahre später baten ihre Eltern darum, die Nahrungssonde zu entfernen; die Klinik weigerte sich jedoch, weil dies den sicheren Tod der Patientin bedeutete. Ein Jahr vor ihrem Unfall hatte Nancy einer Freundin erklärt, dass sie im Fall einer schweren Erkrankung oder Verletzung nicht weiterleben wolle, wenn sie nicht zumindest halbwegs normal leben könne. Auf dieser Grundlage entsprach das Gericht dem Wunsch der Cruzans. Aber im Gegensatz zum Fall Karen Ann Quinlan hob der Oberste Gerichtshof von Missouri die Entscheidung des erstinstanzlichen Gerichts auf und urteilte, niemand dürfe im Namen einer anderen Person eine Behandlung verweigern, wenn keine ausreichend klare Patientenverfügung vorliege.

Der Fall Nancy Cruzan landete schließlich vor dem Obersten Gerichtshof der Vereinigten Staaten, der mit fünf zu vier Stimmen das Urteil des Obersten Gerichtshofs von Missouri bestätigte. Zur Begründung hieß es, laut Verfassung sei es dem Staat Missouri nicht verwehrt, »klare und schlüssige Nachweise« zu verlangen, bevor lebenserhaltende Maßnahmen eingestellt werden. Das Gericht entschied, dass in Fällen wie dem von Nancy Cruzan »klare und schlüssige Nachweise« erforderlich seien, weil Angehörige nicht unbedingt Entscheidungen im Sinne des Patienten treffen und diese Entscheidungen unumkehrbare Folgen haben könnten (etwa beim Einstellen lebenserhaltender Maßnahmen).

Nach diesem Urteil sammelten die Cruzans so viele Belege wie möglich dafür, dass Nancy unter den gegebenen Umständen keine lebenserhaltenden Maßnahmen wünschte. Damit konnten sie einen Amtsrichter vor Ort überzeugen und das Urteil erwirken, die Beweispflicht erfüllt und »klare und schlüssige Nachweise« erbracht zu haben. Kurz vor Weihnachten 1990 wurde Nancys Magensonde gemäß dem Urteil des Amtsrichters entfernt. Doch auch hier nahmen die Ereignisse eine groteske Wende. Nach Entfernung der Magensonde stürmten neunzehn Vertreter der Bewegung »Recht auf Leben« Nancys Krankenzimmer und versuchten, die Magensonde selbst wieder anzubringen. Sie wurden allesamt verhaftet. Am Tag nach Weihnachten 1990 starb Nancy Cruzan schließlich. Sechs Jahre später nahm sich ihr Vater das Leben.

So erschütternd diese Fälle auch sein mögen, sie veranschaulichen zugleich, welch komplexe juristische Fragen damit einhergehen und wie massiv sich Hirnverletzungen nicht nur auf betroffene Familien auswirken, sondern auch auf die Gesellschaft insgesamt. Genau wie der Fall Terri Schiavo haben die Debatten um Quinlan und Cruzan eine ganze Nation gespalten. Sie haben wichtige Fragen aufgeworfen, etwa über den juristischen Unterschied zwischen Behandlungsverweigerung, Suizid, Suizidbegleitung, ärztlicher Sterbehilfe und »jemanden sterben lassen«. Welche Rolle spielt der Staat bei solchen Entscheidungen? Wer sollte in solchen Situationen bestimmen dürfen – die engsten Angehörigen, der behandelnde Arzt oder ein Regierungsbeamter, der vielleicht eigene vorgefasste Meinungen über Leben, Tod und alles dazwischen hegt? Oder sollten wir uns ausschließlich auf Patientenverfügungen verlassen? Was aber geschieht, wenn keine Verfügung vorliegt? Für einige Menschen waren die Fälle Quinlan und Cruzan wichtige Beispiele in der Debatte »Recht zu sterben« versus »Recht auf Leben«. Für andere ging man dabei einen Schritt zu weit auf dem tückischen Weg zu klarem Mord.

Kehren wir zurück zu dem Kanadier Keith, der mit seiner Familie einen Autounfall erlitt. Ich wurde in diesen Fall hineingezogen, als seine Geschwister, die etwas über meine Arbeit gelesen hatten, meine Expertenmeinung darüber einholen wollten, ob man Keith scannen und so vielleicht nachweisen könne, dass er bei Bewusstsein war. Die Geschwister wollten zudem wissen, ob man Keith per Scan sogar fragen könne, was seinem Wunsch nach mit ihm geschehen solle.

Das Szenarium ließ sich ohne weiteres gedanklich durchspielen. Stellen wir uns vor: Wir bringen Keith in die Klinik nach London, Ontario, und legen ihn in unseren fMRT-Scanner. Wir stellen fest, dass er bei Bewusstsein ist und auf Ja-Nein-Fragen antworten kann. Keith war zum Zeitpunkt seines Hirntraumas relativ jung und gesund, was unserem aktuellen Wissen nach einen Scan-Test begünstigte. Es bestanden also sehr gute Aussichten, dass Keith bei Bewusstsein war und uns dies mitteilen konnte. Was aber, wenn Keith uns mithilfe des Scanners zu verstehen gab, dass er – entgegen der Auffassung seiner Frau – *weiterleben* wolle? Und was wäre, wenn Abraham die Sichtweise seiner Frau bestätigen und dem Pastor klarmachen könnte, dass er *sterben* wolle?

Wenn ein Wachkomapatient mit massiven Hirnschäden plötzlich kundtun könnte, dass er sterben möchte, würde man annehmen, dass diesem Wunsch entsprochen werden sollte. Hat jemand in dieser Situation nicht ganz klar ein »Recht zu sterben«? Die Antwort darauf ist leider nicht so klar und eindeutig.

Wenn ein ansonsten gesunder Mensch plötzlich äußern würde, dass er sterben möchte, würde man wohl als Erstes an seiner Zurechnungsfähigkeit zweifeln. Wenn man nicht grundsätzlich seinen Verstand in Frage stellt, dann zumindest seinen aktuellen Geisteszustand. Vielleicht ist er einfach depressiv und kann kein rationales Urteil fällen. Und selbst wenn sich bestätigen ließe, dass er bei klarem Verstand ist, sollte man am nächsten Tag und in der folgenden Woche nachhaken, ob er es sich nicht anders überlegt hat. Vielleicht hatte er ja nur eine wirklich miese Phase durchgemacht. Die extreme Morbidität könnte sich mit der Zeit wieder legen.

Selbst wenn der Wunsch zu sterben anhielte und der Patient ihn über Wochen immer wieder äußerte, bliebe die Frage, was man tun könnte. Die Antwort lautet »nichts«. In den meisten Kulturen und Gesellschaften werden Suizid und Sterbehilfe nicht gebilligt. Warum sollte dies bei einem Patienten mit schwerem Hirntrauma anders sein? Die Antwort »Ja« auf die Frage »Wollen Sie sterben?« könnte irgendeine tieferliegende psychische Instabilität widerspiegeln. Der Todeswunsch könnte nur vorübergehend auftreten.

In jedem Fall stellt sich die Frage, warum die Gesellschaft mehr Freiheit einräumen sollte, »den Stecker zu ziehen«, nur weil sich ein Patient in der Grauzone befindet. Sollte jeder Mensch entscheiden dürfen zu sterben, nur weil er dies will?

Die Gesellschaft insgesamt verneint dies, aber die Technologie ermöglicht es dem Wachkomapatienten inzwischen, selbst zu entscheiden, ob er sterben oder weiterleben möchte. Zumindest wissen wir jetzt, dass viele von ihnen nicht so sind, wie sie zu sein scheinen. Daher sollte jeder gründlich nachdenken, bevor er für einen anderen diese Entscheidung trifft.

Steven Laureys und seine Kollegen führten eine Studie durch, die aufschlussreiche Erkenntnisse brachte: Ein für die Zukunft formulierter Wunsch, beispielsweise in einem Wachkoma nicht weiterleben zu wollen, deckt sich nicht unbedingt mit dem, was man will, wenn die Katastrophe eingetreten ist. Laureys' Team befragte 91 Patienten mit dem Locked-in-Syndrom – Menschen, die bei Bewusstsein waren, aber nur durch Blinzeln oder vertikale Augenbewegungen kommunizieren konnten. Man befragte sie zu ihrer Krankengeschichte, ihrem gegenwärtigen Zustand und zu Fragen der Sterbebegleitung. Ihre Lebensqualität wurde ebenfalls beurteilt, und zwar mit einer Skala von +5 (das Wohlbefinden entspricht dem der besten Lebensphase vor Auftreten des Locked-in-Syndroms) bis –5 (das Wohlbefinden entspricht dem der schlimmsten Lebensphase, die je durchgemacht wurde). Entgegen der allgemeinen Erwartung erklärte ein signifikanter Anteil der Patienten (72 Prozent all derer, die auf die Fragen antworteten), glücklich zu sein. Darüber hinaus brachte die Studie ein weiteres interessantes Ergebnis: Je länger ein Patient schon »in sich selbst gefangen« war, desto ausgeprägter war sein Wohlbefinden.[5]

Während die meisten Menschen wohl erklären würden, nach einem schweren Hirntrauma nicht mit dem Locked-in-Syndrom weiterleben zu wollen, äußerten nur sieben Prozent der gesamten untersuchten Gruppe ein Verlangen nach Sterbehilfe. Dies deutet darauf hin, dass unsere vorgefasste Auffassung davon, was wir denken würden, falls das Schlimmste eintritt, nicht Bestand hat. Im Gegenteil: Die meisten Locked-in-Patienten sind im Grunde recht zufrieden mit ihrer Lebensqualität; die meisten wünschen sich nicht den Tod, wenn sie tatsächlich erlebt haben, wie man sich in dieser Situation fühlt.

Studien wie diese sind natürlich unvollkommen. Es antworteten nur 91 der 168 Patienten, an die man sich ursprünglich gewandt hatte, und es ist möglich, dass viele der Unzufriedensten gar nicht an der Befragung teilnahmen. Diese Verzerrung, die auch als Selektionseffekt bezeichnet wird, bedeutet, dass die Stichprobe nicht repräsentativ für die untersuchte Gesamtheit ist. Ein Selektionseffekt kann irreführende Ergebnisse hervorbringen.

Trotzdem ist dies die beste Studie, die zu dieser Fragestellung vorliegt. Die Daten zeigen, dass ein signifikanter Anteil langjähriger Locked-in-Patienten sein Leben als sinnvoll empfindet und überraschend selten den Wunsch zu sterben äußert. Die Studienergebnisse widerlegen die gängige Auffassung, solch ein Leben könne nicht »lebenswert« sein. Ich finde diese Erkenntnis erstaunlich und zugleich bestätigend in Hinsicht auf die vielen Patienten und Familien, denen ich im Lauf der Jahre begegnet bin. Ich frage mich, wie ist dies möglich? Wie können so viele dieser Patienten zufrieden sein? Das ergibt keinen Sinn.

Wie Laureys und seine Kollegen in ihrem Artikel schrieben, handelte es sich bei den »zufriedenen« Locked-in-Patienten vielleicht um jene, die ihre Werte und Bedürfnisse neu ausrichten konnten. Ähnlich einem Paralympioniken, der trotz einer Behinderung einen Sieg feiert, scheinen diese Menschen neue Möglichkeiten entdecken zu können, Erfahrungen zu machen und das Leben zu genießen.

Die Studie zieht in Zweifel, dass irgendein Mensch beurteilen kann, welche Wünsche und Bedürfnisse er nach einer schweren Hirnverletzung haben könnte. Ist es also bedenklich, eine Patientenverfügung zu verfassen? Man stelle sich den Alptraum vor, den man durchmachen muss, wenn man eine Anordnung zum Verzicht auf Wiederbelebung erlassen hat und dann bewusst miterlebt, wie diese entgegen dem aktuellen Wunsch tatsächlich unterlassen wird.

Die Technologie macht rasante Fortschritte, und der Tag wird kommen, an dem wir Bewusstsein, wenn es vorhanden ist, am Krankenbett (oder sogar am Straßenrand) feststellen können – zuverlässig, kostengünstig und effizient. Wir werden diejenigen Patienten ausfindig machen können, die innerlich noch präsent sind, werden Kontakt mit ihnen aufnehmen und ihre Wünsche erfahren. Ob wir diesen Wünschen werden entsprechen können, ist jedoch eine ganz andere Frage.

Abraham blieb im Krankenhaus und erlag schließlich den langwierigen Komplikationen infolge seines Schlaganfalls. Seine Frau schien ihren Verlust einigermaßen zu verwinden und fand im Kreis ihrer Familie und ihrer Kirche Trost und Zuspruch. Keith durfte entsprechend dem Wunsch seiner Frau 2013 sterben. Seine Geschwister wurden zur Bestattung eingeladen. Bei Redaktionsschluss war Hassan am Leben und wurde in einer Klinik in Toronto betreut.

12
Alfred Hitchcock präsentiert

Ich kenne ein gutes Heilmittel gegen Halsschmerzen: die Kehle durchschneiden.

Alfred Hitchcock

Bis 2012 hatten wir fast schon sieben Jahre lang Patienten im Scanner aufgefordert, sich vorzustellen, sie spielten Tennis. Wir hatten festgestellt, dass eine signifikante Minderheit der Patienten, die wie Carol vermeintlich reaktionslos waren, durch eine Veränderung ihrer Hirnaktivitätsmuster zu erkennen geben konnten, dass sie über ein Bewusstsein verfügten. Genau gesagt waren es fast 20 Prozent. Wir hatten sogar ein paar ausgesprochen bekannte Persönlichkeiten – von Anderson Cooper bis Ariel Scharon – aufgefordert, sich im Scanner vorzustellen, Tennis zu spielen. Einige unserer Wachkomapatienten, wie etwa Scott, konnten sogar mit der Außenwelt kommunizieren, einfach indem sie sich *vorstellten*, sie spielten Tennis. Das imaginäre Tennisspielen hatte sich großartig entwickelt – von einer spleenigen kleinen Idee, auf die wir in einem Sommer im Garten der Unit in Cambridge gekommen waren, zu einem regelrechten Gewerbezweig in der Forschung und Medienarbeit. Und wir glaubten, diese Idee liefere die perfekte Lösung für ein ungeheuer kniffliges klinisches Problem – Zugang zu Menschen mit dem Locked-in-Syndrom zu finden. Dem war aber nicht so.

Allmählich kristallisierte sich ein Muster von Daten heraus, welches erkennen ließ, dass wir uns noch mehr anstrengen mussten. Etlichen unserer Patienten war es nicht gelungen, im Scanner imaginär Tennis zu spielen – zumindest hatten wir nicht erkennen können, ob sie in ihrer Vorstellung Tennis spielten oder nicht. Allerdings konnten sie andere Aufgaben erfüllen, die uns zeigten, dass sie bei Bewusstsein waren. Wir hatten keine Ahnung, warum das so war. Martin Monti hatte bereits in seiner Zeit in Cambridge eine geniale Scanner-Aufgabe entwickelt, die sichtbar machte, dass einige dieser Patienten ihre Aufmerksamkeit auf ein Gesicht oder ein Haus richten konnten, wenn sie dazu aufgefordert wurden. Dies war ein klarer Beweis dafür, dass sie Anweisungen folgen konnten. Die Aufgabe stützte sich auf die Tatsache, dass das menschliche Gehirn spezialisierte Regionen aufweist, in denen Informationen über Gesichter beziehungsweise Örtlichkeiten verarbeitet werden.

Es wurde bereits dargelegt, dass bei der Gesichtswahrnehmung der sogenannte Gyrus fusiformis aktiviert wird (bei Kate war diese Hirnregion angesprungen, als wir ihr 1997 Fotos von Gesichtern zeigten). Der sogenannte Gyrus parahippocampalis dagegen verarbeitet Informationen über Örtlichkeiten. Im Jahr 2006 hatte Carol diesen Teil ihres Gehirns aktiviert, als sie sich vorstellte, sie gehe durch ihr Haus.

In Martins Experiment wurden diese beiden Fakten auf brillante Weise verknüpft. Man zeigte Patienten ein Foto, auf dem wie durch Doppelbelichtung gleichzeitig ein unbekanntes Haus und das Gesicht eines Fremden zu sehen waren. Die Patienten konzentrierten sich entweder auf die Gesichtszüge (wie sehen die Augen, die Nase und der Mund aus?) oder auf die Einzelheiten des Hauses (wo befindet sich die Eingangstür und wie viele Fenster hat es?).

Dies ist viel leichter, als man meinen würde. Obwohl das Gesicht und das Haus übereinandergeblendet sind, bleiben beide nach wie vor als unterscheidbare Abbilder bestehen und verschmelzen nicht zu einem Bild, das sich aus der Summe der beiden addiert. Man sieht nicht etwa ein Haus mit Augen oder ein Gesicht mit Fenstern. Man sieht ein vollständiges Gesicht oder aber ein vollständiges Haus, je nachdem worauf man die Aufmerksamkeit richtet. Fokussiert man auf die Fenster, sieht man das Haus, und das Gesicht wird praktisch unsichtbar. Fokussiert man dagegen auf die Augen, wird das Haus ausgeblendet. Diesen Effekt können Sie selbst überprüfen, indem Sie durch die Frontscheibe eines Autos auf ein anderes Objekt blicken, etwa ein anderes Fahrzeug. Diese übereinandergeblendete Gesamtszene lässt zwar auf der Netzhaut ein einziges Abbild entstehen, doch das Gehirn verarbeitet das Bild der Windschutzscheibe und das des anderen Autos als gesondert und eigenständig. Man sieht entweder die Scheibe oder aber das Auto, je nachdem worauf man die Aufmerksamkeit richtet.

Martin Monti konnte mit seinem genialen Experiment Folgendes nachweisen: Fordert man gesunde Probanden beim Scannen auf, sich zuerst auf das Gesicht und dann auf das Haus zu konzentrieren, verschiebt sich ihre Hirnaktivität vom Gyrus fusiformis auf den Gyrus parahippocampalis, und zwar genau dann, wenn der Fokus verlagert wird.[1] Erstaunlich dabei ist, dass der Stimulus (das Bild mit übereinandergeblendetem Gesicht und Haus) vollkommen unverändert bleibt; es ändert sich nur der Aspekt des Bildes, auf den sich der Proband konzentriert. Daran ließ sich ablesen, inwieweit der Teilnehmer Anweisungen befolgen konnte – genau wie beim imaginären Tennisspielen oder Umhergehen im Haus. Martin stellte schließlich fest, dass einige unserer Patienten diese Aufgabe ausführen konnten, nicht aber die Tennisaufgabe. Wir konnten uns das nicht erklären, aber ich vermutete, dass es für einige unserer Patienten *kognitiv zu anstrengend* war, in der Vorstellung zwischen Tennisspiel und Hausspaziergang hin und her zu wechseln. Es erfordert *zu viel Mühe*, vor allem wenn man es in einem Scanner liegend geschlagene fünf Minuten lang alle 30 Sekunden machen muss. Eines wissen wir mit Sicherheit über Gehirnverletzungen in allen Erscheinungsformen: Sie verringern die Fähigkeit, kognitiv anspruchsvolle Aufgaben zu meistern.

Selbst geringfügige Hirnschädigungen, die sich nicht massiv auf die Ausführung vieler kognitiver Aufgaben auswirken, betreffen auf jeden Fall schwierige Aufgaben stärker als einfache. Dies liegt daran, dass schwierige Aufgaben, etwa Kopfrechnen, mehr kognitive Ressourcen – in Ermangelung einer besseren Formulierung könnte man von »Hirnschmalz« sprechen – in Anspruch nehmen als leichte, etwa sich den Namen einer Person zu merken. Was geschieht, wenn man nicht genug Schlaf abbekommen hat und sich durch den Tag schleppt? Leichte, eingespielte Tätigkeiten, wie das Füttern der Katze oder sogar Autofahren, sind einfach zu verrichten, weil sie die nicht genügend aufgeladenen kognitiven Ressourcen nicht allzu sehr beanspruchen. Versucht man aber, die Steuererklärung auszufüllen oder einen Familienurlaub zu buchen, stößt man schnell an Grenzen. Solche Tätigkeiten erfordern höhere Denkleistungen und werden daher am stärksten behindert, wenn das Gehirn nicht auf vollen Touren arbeitet – etwa aufgrund von Schlafmangel oder Hirnschäden.

Einfach abwechselnd ein Gesicht und ein Haus in den Fokus zu rücken, erfordert sicherlich weniger Kognitionsleistung, als sich 30 Sekunden lang vorzustellen, eifrig Tennis zu spielen. Vielleicht war imaginäres Tennisspielen wirklich zu anstrengend für einige Patienten. Sie gingen uns durchs Netz, nicht weil sie *kein Bewusstsein* hatten, sondern weil die Aufgabe, mit der sie uns zeigen sollten, dass sie *tatsächlich bewusst* waren, einfach zu schwer für sie war.

Die von Martin entwickelte Aufgabe war zwar leichter, brachte aber ihre eigenen Probleme mit sich. Um sich auf das

Gesicht oder das Haus zu konzentrieren, muss man die Augen einigermaßen gut steuern können, und genau das gelang den meisten unserer Patienten nicht. Sie konnten den Fokus ihres Blicks nicht lenken und hatten somit keinerlei Kontrolle darüber, auf welchen Aspekt eines übereinandergeblendeten Bildes sie sich konzentrieren sollten. Wir brauchten unbedingt eine andere Art von Aufgabe, nämlich eine, die alle bewussten Patienten lückenlos erfasste, egal ob diese über eingeschränkte kognitive Ressourcen verfügten oder nicht.

Eine der Postdoktorandinnen, die mit mir von Großbritannien nach Kanada kam, war die Albanerin Lorina Naci. Bereits in ihrer Zeit in Cambridge hatte sie meinen Freund und Kollegen Rhodri Cusack geheiratet. Ich war damals Trauzeuge gewesen. Rhodri erhielt 2011 einen Ruf an das Brain and Mind Institute der Universität von Western Ontario. Da er sein Labor mitnahm, konnte auch Lorina mitgehen. Die beiden haben einen Sohn namens Calin, der ein paar Monate jünger ist als mein Sohn Jackson.

Seit Rhodris Einstieg beim Brain and Mind Institute hatten Lorina, Rhodri und ich versucht, neue und einfachere Aufgaben zum Aufdecken von Bewusstsein zu entwickeln. Wir konzentrierten uns auf Methoden, die vom Patienten leichter auszuführen waren und die etwaiges Bewusstsein in einem ansonsten reaktionslosen Körper mehr oder weniger automatisch ausmachten, ohne dass der Patient irgendwie »melden« musste, dass er über ein Bewusstsein verfügte.

Hierin lag ein wichtiger theoretischer Unterschied, der für unsere Forschungsarbeit immer bedeutsamer wurde. Testverfahren wie das »Tennisspiel« konnten Bewusstsein nicht auf direkte Weise *messen* und verrieten in diesem Sinn nichts besonders Wichtiges über das Bewusstsein selbst, außer dass es vorhanden war. Dasselbe galt für Martins Aufgabe mit dem

Bild eines übereinandergeblendeten Gesichts und eines Hauses. Diese Methoden maßen eine »Mitteilungsfähigkeit« – in diesem Fall die Fähigkeit mitzuteilen, dass man bei Bewusstsein ist. Problematisch dabei war, dass es durchaus Menschen gab, die über Bewusstsein verfügen, dies aber trotzdem nicht mitteilen konnten, selbst über Gehirnaktivitäten im Scanner, weil sie vielleicht nicht über die notwendigen kognitiven Ressourcen verfügten, um diesen zusätzlichen Schritt zu vollziehen. Konnten wir folgern, dass sie nicht bei Bewusstsein waren, nur weil sie uns nicht mitteilen konnten, dass sie es sind? Wir rangen mit dem gleichen theoretischen Problem, das wir seit Jahren versucht hatten zu lösen: Wie lässt sich Bewusstsein messen, wenn es nicht mitgeteilt werden kann? Wir hatten bisher immer mit dem Problem gekämpft, dass etwaiges Bewusstsein *körperlich* bedingt nicht mitgeteilt werden konnte, aber vielleicht war die *mentale* Mitteilungsfähigkeit genauso problematisch.

Diese Frage stand genau im Zentrum von Rhodris eigener Forschungsrichtung; er versuchte, mittels fMRT die Entwicklung von Bewusstsein bei Neugeborenen abzubilden. Sowohl Jackson als auch Calin waren bereits in ihrem ersten Lebensjahr häufiger gescannt worden als die meisten Erwachsenen in ihrem ganzen Leben. Säuglinge sind ausgezeichnete Beispiele für Lebewesen, die über bestimmte Aspekte eines Bewusstseins verfügen, dies aber nicht mitteilen können, weil sie noch nicht die dafür erforderlichen introspektiven und sprachlichen Fähigkeiten besitzen. Einfach gesagt: Man kann ein Kleinkind nicht auffordern, sich vorzustellen, es spiele Tennis, weil es noch keine Ahnung hat, was Tennis ist und was »sich vorstellen« überhaupt bedeutet. Um kindliches Bewusstsein richtig zu evaluieren, kann man sich nicht auf eine *Mitteilungsfähigkeit* stützen; man braucht eine direktere Anzeige für das im Gehirn vorliegende Bewusstsein.

Ab 2012 wurde uns klar, dass wir bei Patienten, die reaktionslos zu sein schienen, mit genau dem gleichen Ansatz vorgehen mussten. Anstatt sie aufzufordern, im Scanner eine Aufgabe auszuführen, etwa in ihrer Vorstellung Tennis zu spielen, brauchten wir einen direkteren Maßstab für Bewusstsein. Wir brauchten eine Methode, die unmittelbarer und viel einfacher war als die bisher eingesetzten Aufgaben.

Unsere Suche führte uns in eine neue, spannende Richtung. Wir entwickelten fortan Techniken zum Nachweis von Bewusstsein, indem wir Patienten im Scanner klassische Filme zeigten. Die Idee entsprang einer Studie, die fast zehn Jahre zuvor von Kollegen in Israel durchgeführt worden war und gar nichts mit Hirnschädigungen oder Bewusstseinsstörungen zu tun hatte.[2] Die israelischen Forscher hatten gesunden Probanden im Scanner Filme gezeigt und festgestellt, dass sich im Fortgang der Handlung die Gehirne aller Teilnehmer gleichsam synchron schalteten, das heißt, unterschiedliche Hirnregionen wurden genau zum gleichen Zeitpunkt aktiviert beziehungsweise deaktiviert. Auf den ersten Blick erscheint dies absolut plausibel. Wird in einem Film mit einer Pistole geschossen, aktiviert sich der auditive Cortex, der Geräusche verarbeitet. Und weil jeder Zuschauer den Schuss genau im selben Augenblick hört, springt die Hörrinde bei allen gleichzeitig an.

Diese Synchronisierung betrifft auch viele andere Elemente, die in Filmen vorkommen. Erscheint beispielsweise ein Gesicht in Großaufnahme, wird bei jedem einzelnen Zuschauer der Gyrus fusiformis aktiviert. Sind in einer rasanten Verfolgungsjagd Straßenzüge zu sehen, feuert bei jedem Zuschauer der Gyrus parahippocampalis. Nimmt man all dies zusammen, ergibt sich ein klares Bild: Im Verlauf eines Films werden bei allen Zuschauern gleichzeitig verschiedenste Hirnregionen angeschaltet. Dies spiegelt ihr gemeinsames bewusstes Erleben dessen wider, was sich auf der Leinwand nach und nach abspielt.

Dieses bemerkenswerte Phänomen – die Synchronschaltung der Gehirne aller Zuschauer während eines Films – brachte Lorina, Rhodri und mich auf eine Idee, die das Messen von Bewusstsein im Wachkoma in den kommenden Jahren grundlegend ändern sollte.

Angenommen, wir scannen einen Wachkomapatienten, während er einen Film sieht, und sein Gehirn weist synchron die Prozesse eines gesunden Probanden auf, der denselben Film sieht. Wäre dies nicht ein ausreichender Beweis dafür, dass der Patient die gleiche umfassende bewusste Erfahrung machen kann? Und wenn er die gleiche bewusste Erfahrung beim Betrachten eines Films hat, wäre es dann plausibel zu folgern, dass er eine ähnlich reiche bewusste Erfahrung seines eigenen Lebens hat? Ein Film ist oft nur ein Abbild eines anderen Lebens, besonders wenn sich die Handlung um menschliche Beziehungen dreht. Wenn ein Film den Zuschauer wirklich packt, nimmt er dessen Bewusstsein ein; er fühlt sich für den Moment in die Welt des Films versetzt, und die wahre Welt außerhalb dieser kleinen Blase des Bewusstseins verflüchtigt sich. Gut gemachte Filme fesseln unsere Aufmerksamkeit und übernehmen die Kontrolle über unsere bewusste Erfahrung.

Meine Kollegen und ich glaubten, auf ein direkteres Messinstrument für Bewusstsein gestoßen zu sein, das viel einfacher anzuwenden war als das imaginäre Tennisspiel. Wir mussten nur einem Wachkomapatienten einen Film zeigen und dabei seine Gehirnaktivität mit unserem fMRT-Scanner beobachten. Zeigte sein Gehirn während des Zuschauens die gleichen Aktivitätsmuster wie das Gehirn gesunder Probanden, konnten wir dies als klaren Hinweis auf ein Bewusstsein deuten.

Lorina bemühte sich, alle theoretischen und praktischen Probleme zu lösen, bis wir ein anwendbares Experiment hatten. Die schwierigste Frage war, welchen Film wir verwenden sollten. Wir probierten etliche aus; einige funktionierten besser als andere. Wir hatten große Hoffnungen auf Charlie Chaplins *Der Zirkus* von 1928 gesetzt, der eine urkomische Szene enthält, in der Chaplin mit einem Löwen in einem Käfig eingesperrt ist. Die Probanden fanden den Film lustig, aber leider fiel die Synchronisation ihrer Gehirne nicht so deutlich aus, wie es unser Experimentdesign erforderte. Für unsere Zwecke eigneten sich solche Filme am besten, die eine klare, überzeugende Handlung und scharf umrissene Charaktere aufwiesen.

Dies schien einzuleuchten. Will man alle Zuschauer in der gleichen Weise fesseln, muss man deren Aufmerksamkeit zur gleichen Zeit auf die gleichen Ziele lenken, seien es nun Orte oder Personen der Handlung. Einfach gesagt: Man muss das Gehirn jedes einzelnen maximal und möglichst *ähnlich* in Anspruch nehmen. Zudem schien eine gute Portion Spannung von Vorteil zu sein. Dieses letztere Element führte uns schließlich zu Alfred Hitchcock, dem Meister des Suspense.

Das menschliche Gehirn liebt Filme von Alfred Hitchcock, jedenfalls mehr als viele andere Filme. Dies liegt wohl an ihrer Machart, die darauf abzielt, dass der Zuschauer mitdenkt, mitfühlt, bangt, erwartet und reagiert. Hitchcock-Filme lösen bei den Zuschauern ähnliche Hirnprozesse aus. Die Spannung speist sich aus überraschenden Wendungen der Handlung und nicht aus endlosen Actionszenen und grellen Effekten, wie sie viele neuere (und meiner Meinung nach schlechtere) Filme prägen. Natürlich aktivieren auch Actionfilme das Gehirn, aber nicht in demselben Maß wie die subtilen und teils absichtlich in die Irre führenden Handlungsbögen, die Hitchcocks Markenzeichen sind.

Wir wählten einen kurzen Hitchcock-Film aus, der 1961 in Schwarz-Weiß für das Fernsehen gedreht wurde. Der Film mit dem Titel *Bang! You're Dead (Peng! Du bist tot)* erzählt die Geschichte eines fünfjährigen Jungen, der den Revolver seines Onkels findet, diesen mit einigen Patronen lädt und zu Hause sowie in der Öffentlichkeit damit herumspielt, ohne zu wissen, was er damit anrichten kann. Die extrem spannende Handlung entwickelt sich ganz langsam. Der Zuschauer gelangt immer mehr zu der Überzeugung, dass die Waffe irgendwann losgehen und jemanden töten wird.

Lorina scannte eine Gruppe gesunder Probanden, denen der Film gezeigt wurde. Das Experiment funktionierte wunderbar. Die festgestellten Hirnaktivitäten waren in hohem Maß synchron. Alle Teilnehmer reagierten ausgesprochen ähnlich. Wir hatten unseren Film gefunden. Nun brauchten wir nur noch einen Patienten.

Im August 1997 wurde der damals achtzehn Jahre alte Jeff Tremblay vor dem Haus eines Freundes in Lloydminster, einer kleinen Stadt ungefähr zwei Stunden östlich von Edmonton in der kanadischen Provinz Alberta, angegriffen und schwer verletzt. Seinem Vater Paul zufolge war Jeff ein aufgeschlossener Teenager mit vielen Freunden. Der Junge hatte gerade die Highschool abgeschlossen.

Jener Abend, der das Leben der Familie für immer veränderte, begann in einem Nachtclub. Jeff bandelte mit der Ex-Freundin eines ehemaligen Türstehers des Clubs an, der an jenem Abend ebenfalls dort war. Jeff und das Mädchen verließen den Club und gingen zum Haus eines Freundes, um sich einen Film anzusehen. Der Ex-Türsteher folgte ihnen und rief Jeff heraus, wie Paul berichtete. Der Kerl schlug Jeff zu Boden und trat ihm gegen die Brust. Jeff brach zusammen. Er erlitt einen Herzstillstand. Man brachte ihn in das Gemeindekrankenhaus von Lloydminster und flog ihn von dort in eine größere Klinik in Edmonton.

Paul, der beruflich unterwegs war, erfuhr am nächsten Morgen von dem Vorfall und flog sofort nach Edmonton. Sein Sohn lag im Koma und wurde künstlich am Leben gehalten. Damals ging man davon aus, dass sich Patienten wie Jeff niemals erholten und bestenfalls im Wachkoma verharrten. Einige von Jeffs Ärzten rieten Paul dringend, sich zu überlegen, ob es nicht am sinnvollsten wäre, den Stecker zu ziehen.

Jeff wachte nach drei Wochen aus dem Koma auf und fing wieder an, selbständig zu atmen. Auch sein Wach-Schlaf-Rhythmus regulierte sich wieder. Aber er blieb reaktionslos.

Paul pendelte zwischen Lloydminster und Edmonton hin und her. Als Jeff aus dem Koma aufwachte, sah er »glasig« aus, wie sich Paul erinnerte. »Da war kein Leben in seinen Augen. Kein Ausdruck. Nichts.«

Eines Tages saß Paul am Fußende des Bettes in einem Sessel und beobachtete seinen Sohn im Schlaf. »Ich löste ein Kreuzworträtsel. Man betet Tag für Tag, dass sich etwas verändert. Aber es tat sich nichts. Als ich aufschaute, machte Paul die Augen auf und sah mich an. Und plötzlich strahlte ein breites *Lächeln* über sein Gesicht! Er hatte Leben in den Augen. Es war erstaunlich, so als wäre vor seinem Aufwachen ein Kabel eingesteckt worden. Er *erkannte* mich. Ich wusste, dass er wieder da war. Es war so, als wäre er sehr, sehr weit weg gewesen und wieder zurückgekommen.«

Trotzdem änderte sich an der Diagnose »Wachkoma« nichts. Jeff konnte nicht auf Anweisungen reagieren, und die Ärzte sahen keine Anzeichen jener »Verbindung«, die Paul so deutlich empfunden hatte.

Jeff wurde nach Lloydminster zurückverlegt und in einem Langzeitpflegeheim untergebracht.

Im Jahr 2012, 15 Jahre nach dem Angriff auf Jeff, machte sich Paul immer noch über das Thema »Hirntrauma« kundig und hoffte verzweifelt, auf etwas zu stoßen, mit dem sich nachweisen ließ, dass sein Sohn im Inneren präsent war. Jeff war inzwischen 33 Jahre alt, körperlich gesund, aber nicht in der Lage, zu sprechen beziehungsweise einfache Anweisungen zu befolgen.

Paul stieß im Internet auf einen Bericht über die Forschungsarbeiten in meinem Labor und schickte mir sofort eine E-Mail. »Ich würde Jeff sehr gern auf sein Bewusstsein testen lassen«, schrieb er. »Es würde sowohl Jeffs Bruder als auch mich ausgesprochen glücklich machen zu wissen, dass Jeff versteht, was wir ihm sagen. Ich glaube, auch Jeff würde sich dadurch besser fühlen. Ich bin mir sicher, dass Jeff versteht, was ich ihm sage, aber ich kann es nicht beweisen. Ich möchte wissen, ob er Schmerzen hat, ob er zufrieden oder unglücklich ist und ob er weiß, wie sehr wir ihn lieben und vermissen. Ich wäre bereit, alles Erforderliche zu tun, damit dieser Test durchgeführt werden kann.«

Wir willigten ein, Jeff zu begutachten. Paul veranlasste im Juli 2012 den Transport seines Sohnes mit einem normalen Verkehrsflugzeug von Edmonton in der Provinz Alberta nach Hamilton in der Provinz Ontario, ungefähr 80 Meilen von London. Von Hamilton ließen wir die beiden mit einem Krankenwagen nach London bringen. Jeff wurde im Parkwood Hospital aufgenommen, und Paul stieg in einem Hotel direkt gegenüber ab.

Paul erinnerte sich an die 2000 Meilen lange Reise: »Jeffs Reaktion auf die ganze Erfahrung war erstaunlich. Als die Stewardess die Sicherheitsbestimmungen erklärte, drehte er den Kopf und sah sie genau an. Ich hatte das Gefühl, er nimmt alles bewusst wahr. Und ich staunte, wie reibungslos alles lief.«

Am nächsten Tag wurde Jeff von meinem Team beurteilt. Er wurde aufgefordert, einen Stift anzuschauen – nichts. Er sollte in einen Spiegel sehen – wieder nichts. Er sollte seine Zunge herausstrecken – keine Reaktion. Eigenartigerweise schien sein Blick gelegentlich einem Gegenstand zu folgen, in diesem Fall einer Spielkarte, die vor seinem Gesicht hin und her bewegt wurde. Mit diesem klinischen Test wurde Jeff ein »minimaler Bewusstseinszustand« attestiert. Trotzdem entdeckte mein Team keine Anzeichen für Bewusstsein, und es fanden sich auch keine Hinweise dafür, dass Jeff kommunizieren konnte.

Aber eine der Einzelheiten, von denen wir erfuhren, verblüffte uns alle: das wöchentliche Ritual, das Paul für seinen Sohn eingeführt hatte. Mehr als zehn Jahre lang war Paul jedes Wochenende mit Jeff ins Kino gegangen. Der Vater schob den Sohn in seinem rot gepolsterten Rollstuhl durch die Innenstadt von Lloydminster in ein Kinocenter. So unglaublich es auch schien, war Paul davon überzeugt, dass Jeff – der unserem Eindruck nach *bestenfalls* minimal bewusst war – alles in sich aufnahm, was auf der großen Kinoleinwand passierte. Paul zufolge stand Jeff eher auf Komödien und war ein Fan von Jerry Seinfeld. Einerseits fragte ich mich, ob sich Paul in Bezug auf Jeffs Bewusstsein nicht etwas vormachte, andererseits fand ich Jeffs angebliche Vorliebe für Seinfeld interessant. Seinfeld kommt fast ganz ohne platte visuelle Komik aus; sein Humor kann recht subtil sein und bezieht sich meist auf Beziehungen, die sich im Lauf der Zeit bilden und entwickeln.

Am Tag darauf ließen wir Jeff und Paul mit einem Krankenwagen vom Parkwood Hospital zum Scan-Zentrum bringen. Paul, ein großer, attraktiver Mann mit vollem grauem Haar, begleitete die fahrbare Krankenliege, auf der Jeff durch die schwere Sicherheitstür in den Scan-Raum gerollt wurde. Jeff hatte ein schmales Gesicht und kurz geschnittenes Haar. Er war hellwach und aufmerksam. Ich dachte darüber nach, wie viel Liebe und Hingabe Paul bewiesen hatte, indem er diese Reise mit seinem Sohn unternommen hatte, und hoffte, dass wir die beiden mit guten Nachrichten entlassen konnten. Ich erklärte Jeff, dass wir ihn in einen Scanner legen und ihm einen Film zeigen würden. Es war ein merkwürdiger Moment, beinahe wie in einem Film. Dass wir unsere neu entwickelte Hitchcock-Aufgabe gerade an diesem Patienten – einem routinierten Kinobesucher – ausprobieren sollten, erschien uns wie jene Art von Zufall, die nur im Film vorkommt.

Als Jeff in den Scanner geschoben wurde, fragte ich mich unwillkürlich, ob Alfred Hitchcock Paul schließlich das liefern konnte, was er brauchte – den Beweis dafür, dass sein Sohn Jeff tatsächlich bei Bewusstsein war. Was für eine merkwürdige Ironie das wäre! Was, wenn Jeff all diese Filme an all den Wochenenden genau so wahrgenommen hatte wie du und ich, während die Menschen um ihn herum überhaupt nicht ahnten, dass er überhaupt etwas mitbekam?

Ich ging hinaus in den Raum, in dem Paul geduldig wartete. »Wir zeigen Jeff gerade einen Hitchcock-Film«, erklärte ich. »Wir wollen sehen, ob wir sein Gehirn aktivieren können.«

Im Scanner-Raum lief auf dem Bildschirm über Jeffs Kopf *Bang! You're Dead*. Mithilfe eines Spiegels vor seinem Gesicht stellten wir sicher, dass er den Bildschirm sehen konnte, aber wir konnten nicht fest davon ausgehen, dass er überhaupt zusah. Als der Film zu Ende war, zogen wir Jeff aus dem Scanner und brachten ihn zurück ins Parkwood Hospital.

Es dauerte ein paar Tage, bis wir die Daten ausgewertet hatten. Das Testverfahren war komplizierter als bei der Tennis-Aufgabe, und Lorina versuchte immer noch, die letzten Unebenheiten zu glätten. Für dieses Vorgehen gab es schließlich keinen fertigen Leitfaden. Wie testet man das Gehirn eines Menschen, der einen Film anschaut, und stellt dann fest, ob er ihn *bewusst erlebt?* Wir wussten es nicht, weil es noch nie jemand gemacht hatte. Wir hatten bereits die Daten von Kontrollgruppen analysiert, aber bei denen *wussten* wir, dass sie über ein Bewusstsein verfügten. In diesem Fall war mehr erforderlich. Wir mussten die Methoden erst im Zuge der Praxis entwickeln. Als die Ergebnisse schließlich vorlagen, war ich erstaunt. Während Jeff den Film verfolgte, war seine Gehirnaktivität zwar etwas verringert verglichen mit den gesunden Probanden unserer Kontrollgruppe, doch alle entsprechenden Hirnareale waren *zum richtigen Zeitpunkt* aktiviert worden. Seine Hörrinde hatte auf Geräusche reagiert. Wenn sich der Kamerawinkel änderte oder der Junge quer durch das Bild lief, sprang Jeffs Sehrinde an. Vor allem aber reagierten Jeffs Frontal- und Parietallappen bei allen entscheidenden Wendungen des Plots – also an jenen Stellen, an denen ein klares Verständnis der Leinwandstory wichtig ist – genauso wie bei einem Menschen mit uneingeschränktem Bewusstsein. Jeff nahm den Film wahr. Mehr noch: Er erlebte den Film bewusst. Mit einem Hitchcock-Film hatten wir nachgewiesen, dass Jeff, der 15 Jahre lang für reaktionslos gehalten worden war, über ein Bewusstsein verfügte und den Film genauso erlebte wie jeder andere. All die Kinobesuche, alle Bemühungen seines Vaters waren nicht umsonst gewesen. Und wir hatten dies ausschließlich aus Jeffs Hirnreaktionen abgeleitet.

Warum konnten wir davon ausgehen, dass Jeff wirklich bei Bewusstsein war? Wie immer steckte der Teufel im Detail, und in diesem Fall waren die Einzelheiten in Hitchcocks Film ausschlaggebend. *Bang! You're Dead* aktiviert jene Teile des

Gehirns, die bekanntlich bei bewussten Alltagserfahrungen in Gang gesetzt werden. Dies hatte Lorinas Studie mit gesunden Probanden bereits gezeigt. Ein Film mit viel Getöse stimuliert zweifellos die Hörrinde; allerdings bedeutet eine aktivierte Hörrinde nicht, dass der Patient bei Bewusstsein ist, wie wir bei unseren Scans mit Debbie und Kevin gesehen hatten. Und ein Film mit ständigem Wechseln zwischen Hell und Dunkel, mit viel Bewegung und zahlreichen Szenenwechseln regt die Sehrinde an; aber auch dies könnte lediglich eine automatische Hirnreaktion widerspiegeln und wenig darüber aussagen, ob der Patient diese Veränderungen bewusst *erlebt*.

Bang! You're Dead steckt jedoch voller Subtilität und feiner Nuancen, die wir ausnutzen konnten. Wie wir feststellten, sind bestimmte Elemente wesentlich für die Handlung, beispielsweise der Revolver und die Möglichkeit, damit Menschen zu erschießen. Jede der Hauptfiguren konnte schießen oder erschossen werden. Eine große Rolle spielte auch der Begriff der »Mentalisierung« *(Theory of Mind)*, also die Fähigkeit, die Bewusstseinsvorgänge, Gefühle, Bedürfnisse, Absichten, Erwartungen und Meinungen einer anderen Person nachzuvollziehen – einfach gesagt, sich in diese Person hineinzuversetzen. Für das Verständnis des Hitchcock-Films ist diese Mentalisierung unerlässlich, denn der Zuschauer muss vor allem eines erkennen: Er selbst weiß zwar, dass die Waffe echt ist, sieht aber, dass der Junge sie für eine Spielzeugpistole hält. Deswegen ist die Geschichte so spannend. Der Junge spielt mit seinen kleinen Freunden gern »Ballerspiele«, weiß aber nicht, dass die Knarre echt ist. Der Zuschauer weiß es jedoch.

Inzwischen ist bekannt, dass viele Hirnareale den Menschen zur Mentalisierung befähigen, aber eine bestimmte Region scheint besonders wichtig zu sein – ein Teil des Frontallappens im vorderen und mittleren Bereich der beiden Hirnhälften. Im Jahr 1985 äußerten der Cambridge-Forscher Simon Baron-Cohen und seine Kollegen erstmals die Vermutung, autistische Kinder seien zu keiner Mentalisierung fähig.[3] Viele Probleme autistischer Kinder scheinen daher zu rühren, dass sie nicht verstehen, was die Menschen um sie herum denken und fühlen. Im Übrigen wird nach wie vor eifrig darüber diskutiert, ob normal entwickelte Kinder unter drei bis vier Jahren mentalisieren können und ob auch nichtmenschliche Spezies diese Fähigkeit besitzen.

Sieht man einen Film wie *Bang! You're Dead*, wird nicht nur Mentalisierung verlangt, sondern eine Vielzahl weiterer komplexer kognitiver Prozesse, die für das Bewusstsein kennzeichnend sind. Man muss beispielsweise aus dem Langzeitgedächtnis das nötige Wissen abrufen, um zu verstehen, was der Junge in der Hand hält (einen geladenen Revolver) und wozu dieser Gegenstand benutzt werden kann (um jemanden zu erschießen). Wenn ein Zuschauer noch nie etwas von Handfeuerwaffen gehört oder eine gesehen hat, würde er nicht bangen und keine Spannung empfinden, weil er nicht weiß, dass der Junge mit etwas Gefährlichem herumspielt.

Unser gespeicherter Wissensschatz über Waffen lässt uns zusammenzucken, wenn ein Kind mit einem Revolver spielt. Waffen können töten. Und wir können uns gut in Kinder hineinversetzen: Sie verstehen nichts von Waffen und wissen nicht, wie gefährlich diese sind. Dieses Wissen ist grundlegend dafür, dass wir Spannung erleben. Eine ungeladene Waffe in der Hand eines Kindes macht keine Angst. Eine Waffe, geladen oder ungeladen, in der Hand eines Erwachsenen (vor allem eines verantwortungsvollen) macht weniger Angst als eine in der Hand eines Kindes. Eine geladene oder ungeladene Waffe macht einem Affen nicht mehr Angst als eine Banane (es sei denn, er hat erlebt, wie Jäger andere Affen mit Waffen töten), weil Affen nicht über das umfassende Hintergrundwissen verfügen, das unseren bewussten Realitätssinn erzeugt. Es ist faszinierend, dass unser Bewusstsein – oder besser gesagt, unser bewusstes Erleben der Welt um uns herum – allein durch unsere *Erfahrungen* hervorgebracht wird.

Jeffs außergewöhnliche Reaktion auf den Film *Bang! You're Dead* im Scanner unseres Labors war ein Meilenstein unserer Forschung. Wir hatten erstmals nachgewiesen, dass mithilfe der Hirnaktivität, die bei verschiedenen Personen durch ähnliche bewusste Erfahrungen erzeugt wird, bei körperlich reaktionslosen Patienten auf ein Bewusstsein geschlossen werden kann, ganz ohne *self-report*. Jeff musste lediglich im Scanner liegen und sich einen Film anschauen. Um es klar zu sagen: Wir konnten nicht die genauen Details seiner Gedanken ablesen, aber wir konnten zeigen, dass seine Gedanken beim Sehen des Films denen einer völlig gesunden Person höchst ähnlich waren.

Als wir Jeffs Fall und unseren neuen Ansatz zum Messen von Bewusstsein 2014 in der renommierten amerikanischen Fachzeitschrift *Proceedings of the National Academy of Sciences* veröffentlichten, weckten wir erneut ein starkes Medieninteresse.[4] Lorina trat in verschiedenen TV-Nachrichtenmagazinen auf und wurde von Rundfunksendern und Zeitungen aus aller Welt interviewt. Das Feedback war ausgesprochen positiv. Seit wir erstmals nachgewiesen hatten, dass mithilfe von Neuroimaging (neurologischen Bildgebungsverfahren) bei einigen Patienten, die als reaktionslos gegolten hatten, ein verborgenes Bewusstsein aufgedeckt werden konnte, schienen sich die Medien und die Forscherkreise an den Gedanken gewöhnt zu haben. Es gab nur noch ganz wenige Kritiker.

Besonders wichtig waren unsere Erkenntnisse für Jeffs

Bruder Jason. »Ich rede inzwischen überzeugter mit ihm. Ich frage mich nach wie vor, was zu ihm durchdringt und was nicht.«

Jason sagt seinem »kleinen« Bruder, er solle nicht aufgeben. »Kämpfe weiter. Ich weiß nicht, ob das egoistisch von mir ist. Es ist schwer, jemanden zu verlieren und doch nicht ganz zu verlieren. Ich möchte, dass er weiß, wie viel er mir bedeutet. Dies ist ein ganz neuer Jeff. So ist er wirklich«, erzählte Jason.

Jason weiß jetzt, dass Jeff verstanden hat, was er ihm sagen wollte. »Mit 18 oder 21 gesteht man einander nicht, wie viel man einander bedeutet«, erklärte Jason. »Die Tests in Ihrem Labor haben all das bestätigt, was ich im Stillen mit ihm ausgetauscht habe, all die Gespräche, die ich mit ihm geführt habe. Zu wissen, dass er mich gehört hat, gibt mir ein wirklich gutes Gefühl.«

13

Aus dem Jenseits zurückgekehrt

Everything dies baby that's a fact
But maybe everything that dies someday comes back.

Bruce Springsteen

Am 19. Juli 2013 verbrachte Juan den Abend bei Freunden und kam gegen Mitternacht nach Hause. Er verzehrte noch einen kleinen Imbiss, sagte seinen Eltern gute Nacht und ging ins Bett. Alles schien normal zu sein. Aber der nächste Tag begann alles andere als normal. Um halb sieben in der Früh wachte seine Mutter auf, weil sie hörte, wie ihr 19-jähriger Sohn in seinem Zimmer nebenan würgte und keuchte, so als würde er sterben. Sie eilte zu ihm und fand ihn reglos mit dem Gesicht nach unten in seinem Erbrochenen liegen.

Juan wurde umgehend in die Notaufnahme eines Krankenhauses südlich von Toronto gebracht. Eine toxikologische Untersuchung ergab, dass er Drogen konsumiert hatte. Eine Computertomographie ließ ausgedehnte Schädigungen der weißen Substanz seines Gehirns erkennen; betroffen waren auch die Frontal- und Parietallappen, die für das Arbeitsgedächtnis, die Aufmerksamkeit und andere höhere kognitive Funktionen wichtig sind. Geschädigt war zudem der Okzipitallappen (Hinterhauptlappen), der für das Sehen zuständig ist. Stark beeinträchtigt war auch ein Teil tief im Inneren des Gehirns, der als Globus pallidus bezeichnet wird. Dieser Bereich spielt eine große Rolle bei der willkürlichen Bewegung; eine Störung seiner normalen Funktion ist an der Entstehung der Parkinson-Krankheit beteiligt.

Diese Art der Hirnschädigung – ausgedehnt und ohne scharfe Grenzen zwischen gesundem und geschädigtem Gewebe – tritt häufig auf, wenn das Gehirn nicht ausreichend mit Sauerstoff versorgt wird. Bei Sauerstoffmangel schaltet das Gehirn nach und nach ab, Stück für Stück, bis nicht einmal genügend intaktes Gewebe übrig ist, um die einfachsten Körperfunktionen wie das Atmen aufrechtzuerhalten. Juan war fast nicht mehr da. Bei seiner Einweisung hatte er auf der Glasgow-Koma-Skala ganze drei von möglichen fünfzehn Punkten aufgewiesen. Weniger als drei Punkte kann man gar nicht haben, jedenfalls nicht ohne tot zu sein.

Auch zwei Monate später zeigte Juan keinerlei Reaktionen auf irgendwelche äußeren Stimuli. Er wurde für reaktionslos erklärt und mit einer Sonde ernährt. Seine Eltern, die vom ersten Tag an nicht von seinem Krankenbett gewichen waren, nahmen Kontakt mit mir auf und brachten Juan in unser Labor. Sie hofften, wir würden ihnen mehr über seinen Zustand sagen und vielleicht eine Prognose für die Zukunft abgeben können.

Auf mein Team machte Juan genau den gleichen Eindruck wie die meisten Patienten, mit denen wir uns befassen: Er war wach, aber scheinbar unbewusst und vollkommen reaktionslos. Wir führten einige fMRT-Scans mit ihm durch, in der Hoffnung, mehr über den Zustand seines Gehirns und die Wahrscheinlichkeit einer Besserung zu erfahren. Wir forderten ihn auf, in seiner Vorstellung Tennis zu spielen. Nichts. Er sollte sich vorstellen, durch sein Haus zu gehen. Wieder nichts.

Lorina versuchte es mit der Hitchcock-Aufgabe. Wir waren gespannt darauf, ob Juans Gehirn auf die Wendungen des spannungsreichen Films reagieren würde. Die Ergebnisse waren uneinheitlich. Es gab klare Anzeichen dafür, dass Juans Hörrinde auf die Geräusche des Films ansprach. Aber merkwürdigerweise zeigte sich kaum eine Aktivität in seinem Okzipitallappen, der für das Sehen zuständig ist. Vielleicht hatte Juan aufgrund seiner ausgedehnten Hirnschädigung, die auch den Okzipitallappen beeinträchtigt hatte, seine Sehkraft verloren? Wir konnten nichts Genaues sagen. Eines war klar: Wenn Juan den Film gar nicht sehen konnte, vermochte er auch nicht der Handlung zu folgen, was zwangsläufig dazu führte, dass wir keine Aktivität im Frontal- und Parietallappen feststellten – jene Aktivität, die uns erkennen ließ, ob er bei Bewusstsein war oder nicht. Zwei Tage später wiederholten wir die gesamte Prozedur. Jeder Patient verdient eine zweite Chance, und das galt auch für Juan. Wir setzten ihn allen möglichen Reizen aus, aber es kam nichts zurück.

Nach vier Tagen brachten die Eltern Juan wieder nach Hause. Er war und blieb uns ein Rätsel.

Sieben Monate später rief meine Forschungskoordinatorin Laura Gonzalez-Lara bei Juans Mutter, Margarita, an und erkundigte sich nach den Fortschritten des Patienten. Wir machen das bei all unseren Patienten, einerseits weil einige im Lauf der Zeit tatsächlich Besserungen zeigen und wir diese möglichst genau nachverfolgen wollen, und andererseits weil wir so mit den Familien unserer Patienten in Kontakt bleiben können.

Mir war nie wohl dabei, die Angehörigen nach einer Begutachtung mit einem einfachen »Danke vielmals, wir können nichts weiter tun« wegzuschicken. Häufig können wir tatsächlich nicht viel tun, aber es bleibt ein ungutes Gefühl, wenn man nichts anbietet – keine Nachuntersuchung, keine Verlaufskontrolle, keine Hoffnung.

»Wie ist es ihm ergangen?«, erkundigte sich Laura.

»Fragen Sie ihn doch am besten selbst«, antwortete Margarita.

Entgegen allen Erwartungen konnte Juan wieder sprechen, essen, sich die Zähne putzen und sogar einigermaßen gehen. Als Laura mir dies berichtete, fiel ich fast vom Stuhl. Ich konnte es nicht glauben.

»Heißt das, er ist wieder gesund? Er ist aus dem Jenseits zurückgekehrt!«, rief ich. Wenn mich die Begeisterung packt, neige ich bekanntermaßen zu Übertreibungen.

»Anscheinend«, erwiderte Laura in ihrer typisch nüchternen Art.

Ich hatte noch nie von einer Genesung gehört, die der von Juan auch nur annähernd geglichen hätte. Gelegentlich bessert sich der Zustand eines Patienten von *komatös* zu *minimal bewusst* oder von *reaktionslos* zu *zeitweise reagierend*. Aber das hier war etwas ganz anderes. Wie meine erste Patientin, Kate, konnte auch Juan wieder sprechen. Anders als Kate konnte er aber auch wieder einigermaßen gehen.

Angesichts der beispiellosen Besserung fragte ich mich, ob Juan überhaupt reaktionslos gewesen war, als wir ihn scannten. War er wirklich aus der Grauzone aufgetaucht oder war es denkbar, dass er gar nicht darin abgeglitten war? Vielleicht hatte es sich bloß um eine Art vorübergehender körperlicher Lähmung gehandelt, die den Eindruck vermittelte, er sei ohne Bewusstsein, während er in Wirklichkeit einfach nur nicht reagierte. Ich überprüfte seine Krankenakte noch einmal; sein zuweisender Arzt hatte uns Kopien von allen Tests und Scans geschickt. Juans Zustand war von mehreren Neurologen und Therapeuten im Lauf seiner Erkrankung klar beschrieben worden. Alle stimmten darin überein, dass Juan aufgrund massiver Hirnschädigungen aller höheren Hirnfunktionen beraubt war. Und die Computertomographie hatte gezeigt, wie umfangreich diese Schädigungen waren.

Ich berief sofort eine Dringlichkeitssitzung des Labors ein. Alle, die mit unseren hirngeschädigten Patienten arbeiteten, auch jene, die sich nicht mit Juan befasst hatten, versammelten sich im kleinen Seminarraum des Brain and Mind Institute – mehr als ein Dutzend Kollegen, Postdoktoranden und Studenten. Ich wollte so viele Meinungen wie möglich hören. Es war klar, dass wir Juan möglichst schnell zu einer erneuten Untersuchung zurückholen mussten. Wenn wir trödelten, stand zu befürchten, dass er bald kein Interesse mehr daran hatte, uns bei der Beantwortung der Fragen zu helfen, die uns auf den Nägeln brannten. Schlimmer noch: Er konnte einen Rückfall erleiden und in den Zustand zurückfallen, in dem wir ihn sieben Monate zuvor erstmals begutachtet hatten.

Ich wusste genau, was ich erfahren wollte. Ich musste wissen, ob er sich an irgendetwas aus der Zeit seiner Scan-Untersuchung im Jahr zuvor erinnerte. Das war nicht nur bloße Neugier. In all den Jahren, in denen wir Patienten gesehen hatten, die letztlich bewusster waren, als sie nach ihrem klinischen Bild zu sein schienen, war mir nie einer begegnet, der zu einem späteren Zeitpunkt über seine Erfahrung im Scanner hätte berichten können. Wie fühlte es sich an, bei Bewusstsein zu sein, wenn alle um einen herum glaubten, man sei in einem »vegetativen« Zustand?

Hatte Juan versucht, sich zu bewegen, zu sprechen oder auf andere Weise mitzuteilen, dass er im Inneren noch präsent war? Ich wollte wissen, wie es sich *anfühlte*, dort zu sein, wo er war – mit all den klinischen Apparaturen und diagnostischen Werkzeugen, die wir in Fällen wie seinem einsetzten. Wichtiger noch war die Frage: Konnte es ein überzeugenderes Indiz für Bewusstsein geben als einen persönlichen Bericht aus erster Hand? Wenn Juan die für ihn neue und ungewöhnliche Erfahrung, in einem Scanner zu liegen, beschreiben konnte, dann war für uns klar, dass er in jenem Moment bei Bewusstsein gewesen sein musste. Wie hätte er sonst wissen können, was damals vor sich ging? In Juans Fall war dies wichtig, weil seine Scan-Daten so uneindeutig gewesen waren. Diese Daten ließen nicht darauf schließen, dass er während der Scans bei Bewusstsein war. Angesichts dieser offenen Fragen gab es nichts Besseres, als ihn selbst zu befragen.

Wir entwickelten eine Reihe von Tests, um herauszufinden, ob Juan sich an irgendetwas erinnerte, was in unserem Labor mit ihm geschehen war. Rein wissenschaftlich war dies gar nicht so einfach, wie es erscheinen mochte, denn wir mussten Juans sieben Monate zurückliegenden Aufenthalt vollständig rekonstruieren, um überhaupt zu klären, was wir ihn fragen sollten. Angenommen, ich würde einem fremden Menschen vorgestellt werden und sollte herausfinden, ob wir beide vor sieben Monaten gleichzeitig auf einer Party waren. Wie würde ich vorgehen? Würde ich den anderen als Erstes fragen, ob er sich erinnert, wer sonst noch anwesend war? Oder würde ich ihm ein Foto der Wohnung zeigen, in der die Party stattfand?

Dieser Ansatz warf indes ein Problem auf: Was tun, wenn die Ergebnisse negativ ausfielen? Nur weil der andere sich nicht an irgendwelche Partygäste beziehungsweise die Räumlichkeiten erinnerte, bedeutete dies nicht, dass er nicht zugegen war. Vielleicht war er nicht aufmerksam oder konnte sich an solche Dinge schlecht erinnern. Ich selbst erinnere mich kaum daran, ob ich vor sieben Monaten auf irgendeiner Party war, geschweige denn daran, wer sonst noch da war beziehungsweise wo sie stattfand. Und selbst wenn ich mich daran erinnerte, vor sieben Monaten eine Party besucht zu haben, könnte ich nicht mehr sagen, ob eine ganz bestimmte Person auch bei dieser oder bei einer anderen Party zugegen war.

Sich daran zu erinnern, wer bei einem bestimmten Ereignis anwesend war und wie das Umfeld aussah, ist gar nicht so einfach. Leicht wäre es, wenn man sich nur an ein einziges Gesicht an einem einzigen Ort bei einem einzigen Anlass erinnern müsste. Schwieriger für das Gedächtnis wird es dadurch, dass die meisten Menschen im Lauf eines Jahres mehrere Partys mit unterschiedlichen Gästen besuchen, teils in fremden und teils in vertrauten Räumlichkeiten. Dies ruft ein Phänomen hervor, das Psychologen als Interferenz bezeichnen: Erinnerte Fakten durchmischen und überlagern einander. Das Gedächtnis wird im Lauf der Zeit etwas getrübt.

In Juans Fall kamen uns zum Glück einige Faktoren zugute. Die meisten Menschen liegen nicht so häufig in einem Scanner wie sie auf Partys gehen (Ausnahmen von dieser Regel sind die meisten Mitarbeiter meines Labors!). Für Juan war dies sicherlich eine einmalige Erfahrung. Und auch die anderen Tests, die wir in jener Woche durchführten – die neurologischen Untersuchungen einschließlich EEGs –, dürften einmalige Erlebnisse für ihn gewesen sein, die sich nicht mit anderen ähnlichen Erfahrungen verwechseln ließen. So ziemlich jede Person und jede Örtlichkeit, der Juan in jener Woche begegnete, stellte wohl eine einmalige Erfahrung für ihn dar, anhand derer wir sein Gedächtnis erforschen konnten. Nach wie vor standen wir vor einem Problem: Wenn Juan sich an nichts erinnerte, bedeutete dies nicht unbedingt, dass er zu jener Zeit ohne Bewusstsein war. Aber wenn er sich daran erinnerte, dass er im Scanner lag und den Hitchcock-Film sah und von meinen Studenten untersucht wurde, lieferte uns das sehr gute Hinweise darauf, dass er tatsächlich bei Bewusstsein war.

Wir stellten eine Liste aller Örtlichkeiten auf, die Juan aufgesucht hatte, vom Parkwood Hospital bis zum Scanner-Raum im Robarts Research Institute. Und wir verzeichneten alle Personen, die ihn begutachtet hatten. Darunter waren meine Forschungskoordinatorin Laura, der Student Steve, der gerade seine Magisterarbeit schrieb, und Damian Cruse, einer meiner Postdoktoranden, der das EEG-Labor leitete. Wir besorgten Fotos von allen Räumlichkeiten und Personen. Dann sammelten wir eine entsprechende Reihe von »Kontrollfotos« – Bilder von Räumen, die Juan nicht aufgesucht hatte, und von Personen, denen er nicht begegnet war.

Wir mussten alles richtig machen, weil wir nur einen einzigen Versuch hatten. Wir konnten nur einige wenige Fotos von ganz bestimmten Orten und Personen auswählen, und wenn wir diese Juan einmal gezeigt hatten, ließ sich später nicht mehr eindeutig sagen, ob er sich von seinem ursprünglichen Aufenthalt als Wachkomapatient an sie erinnerte oder von dem nachfolgenden Gedächtnistest.

Juan kam mit seinen Eltern nach London und wurde im Parkwood Hospital aufgenommen. Während er im Rollstuhl sitzend auf den Gedächtnistest wartete, wirkte er seltsam ernst, fast bedrückt. Rückblickend erscheint es mir sonderbar, dass jemand, der in seinem Leben eine solch dramatische Wendung erfahren durfte, nicht begeistert und dankbar dafür war, sich aus dem Nichts zurückgekämpft zu haben. Aber John war still und wirkte unbeteiligt. Vielleicht hing dies mit seiner Genesung zusammen. Vielleicht waren nur bestimmte Teile seiner Persönlichkeit zurückgekehrt, andere nicht. Oder vielleicht brauchte er einfach mehr Zeit.

Mein gesamtes Team saß wie auf Kohlen. Im Testraum knisterte es förmlich vor Spannung. Steve und Damian führten den Gedächtnistest durch, den wir schnell, aber sorgfältig nur für Juan zusammengestellt hatten. Juans Antworten waren erstaunlich. Ja, er erinnerte sich daran, wie er gescannt wurde, wie er in eine dunkle Röhre geschoben wurde und wie bange ihm dabei zumute war. Er erinnerte sich an den Hitchcock-Film. Er beschrieb Lauras Gesichtszüge detailgetreu und erinnerte sich auch an Steve, der das EEG mit ihm gemacht hatte. (Zusätzlich zu den beiden fMRT-Scans und einigen Verhaltensanalysen in jener ersten Woche hatten wir auch ein paar unserer neuen EEG-Techniken an Juan erprobt, in der Hoffnung, mit einem dieser Ansätze ein positives Ergebnis zu erzielen.)

Juan erinnerte sich an Steve: »Er setzte mir Elektroden an den Kopf und sprach mit einer tiefen Stimme.« Beides traf zu. Juan wusste noch alles von seinem ersten Besuch, bis ins kleinste Detail.

Ich kann gar nicht genug betonen, wie außergewöhnlich das war. Im Lauf der Jahre haben wir viele Patienten gesehen, die sämtliche klinischen Standardtests durchliefen und danach als »reaktionslos« eingestuft wurden und dann trotzdem in unserem Scanner in ihrer Vorstellung Tennis spielen konnten oder andere Reaktionen zeigten, die erkennen ließen, dass sie tatsächlich bei Bewusstsein waren. Aber dass jemand wieder gesund wurde und uns alles über seine Eindrücke im Scanner berichtete – das hatten wir noch nie erlebt, nicht einmal ansatzweise.

Nun besaßen wir endlich absolut unanfechtbare Belege dafür, dass ein Patient vollkommen reaktionslos erscheinen konnte und trotzdem ganz bei Bewusstsein war und alles bis ins kleinste Detail mitbekam, ohne dass irgendjemand dies merkte. Man muss sich das einmal vorstellen. Wie hätte Juan das Innere eines fMRT-Scanners beschreiben können, wenn er nicht voll bei Sinnen war, als wir ihn in die Röhre schoben? Wie hätte er wissen können, mit welchem Film wir seine Hörrinde aktivierten, wenn er nichts davon mitbekommen hätte? Woher sollte er Steve kennen, dem er vor seiner Untersuchung in London noch nie begegnet war und mit dem er nach dem Beginn seiner erstaunlichen Genesung nicht mehr zusammengekommen war? Es gab nur eine einzige Erklärung: Juan hatte den ärztlichen Gutachten zum Trotz seine Umgebung wahrgenommen und sich diese Erlebnisse monatelang gemerkt, obwohl er während jener Zeit reaktionslos zu sein schien. Am bemerkenswertesten daran war allerdings, wie genau Juans Erinnerungen an diese Zeit tatsächlich waren. Sein Gehirn hatte aufgrund von Sauerstoffmangel massive Schäden davongetragen. Wie war das möglich?

Je länger ich über Juan nachdachte, desto klarer wurde mir, wie wenig wir immer noch über das Bewusstsein und seine zahlreichen Facetten wussten. Wir hatten alles an Juan ausprobiert, jede Art von Hirn-Scan, jedes neumodische Verfahren, das uns zur Verfügung stand. Und trotzdem war es uns nicht gelungen, eindeutig vorhandenes Bewusstsein nachzuweisen.

Noch eigenartiger schien mir, dass dieser unsichtbare Wesenskern von Juan sich aus der Grauzone herausgekämpft hatte. Dies erinnerte mich auf eindringliche Weise an die Widerstandsfähigkeit des Bewusstseins und zwang mich, ganz neu über das Wesen des *Seins* nachzudenken. Ich fragte mich, was es heißt, am Leben zu sein, und ob überhaupt je von einem Menschen gesagt werden könne, er sei unwiederbringlich verloren. Maureens Scans hatten nichts zu erkennen gegeben. Dasselbe war aber auch bei Juan der Fall gewesen. Bestand vielleicht immer noch eine gewisse Hoffnung für Maureen und andere Menschen in ihrem Zustand?

Vieles an Juan blieb uns ein Rätsel. Warum konnten wir mit unseren Scans kein Fünkchen Bewusstsein bei ihm feststellen, wenn er doch bei seinem ersten Aufenthalt in London alles bewusst wahrgenommen hatte? Warum konnte er sich nicht vorstellen, Tennis zu spielen oder durch sein Haus zu gehen? Warum aktivierte der Hitchcock-Film nur seinen auditiven Cortex und nicht den Frontal- und Parietallappen, was uns klar zu erkennen gegeben hätte, dass er bei Bewusstsein ist und die Wendungen der Filmhandlung genauso mitverfolgt wie jeder andere? An zwei verschiedenen Tagen hatten wir ihn gescannt, und beide Male hatten wir kein Glück gehabt. Wie gesagt, negative Ergebnisse bei Patienten wie Juan sind sehr schwer zu interpretieren. Wir wussten, dass er nicht eingeschlafen war, denn wir konnten über eine kleine Kamera im Inneren des Scanners sehen, dass seine Augen geöffnet waren. Und wie hätte er sich an die Einzelheiten der Scan-Sitzung in solch feinen Details erinnern können, wenn er geschlafen hätte? Vielleicht war Juan aufgrund der Besonderheit seiner Hirnschädigung zwar bei Bewusstsein, aber irgendwie außerstande, zum geeigneten Zeitpunkt Reaktionen zu zeigen. Oder vielleicht schwankte seine Aufmerksamkeit. Denkbar war, dass er zuweilen ausreichend im Hier und Jetzt präsent war, um die Ereignisse mitzubekommen, und dann wieder nicht. Oder vielleicht wollte er einfach nicht reagieren. Wir konnten es nicht sagen. Eines wussten wir jedoch: Er besaß genügend Bewusstsein, um fast alles, was damals geschah, zu erleben, aus dem Gedächtnis abzurufen und zu schildern, unabhängig davon, wie sein Gehirn während des Scans agiert hatte.

Etwas mehr als ein Jahr nach Juans zweitem Besuch in London und seiner bemerkenswerten Leistung bei unserem Gedächtnistest fuhr ich in seinen Heimatort, um zu sehen, wie es ihm ging. Laura hatte sich regelmäßig mit Margarita in Verbindung gesetzt, und so wusste ich, dass er weiterhin gute Fortschritte gemacht hatte, aber ich wollte ihn selbst sehen und ihm weitere Fragen stellen, die mich beschäftigten.

Die Familie wohnte in einem bequemen zweistöckigen Haus in einem dicht bebauten Neubauviertel am Rand von Toronto. Margarita, eine freundliche dunkelhaarige Frau empfing mich. Das Haus war mit Rampen für Juans Rollstuhl ausgestattet worden.

»Er kommt heute etwas später«, erklärte Margarita. »Normalerweise fährt er mit dem Bus zur Schule, aber heute holt ihn sein Vater ab.«

Juan fährt mit dem Bus? Ganz allein? Zur Schule? Ich traute meinen Ohren nicht. Ich wusste, dass sich Juans Zustand stetig gebessert hatte, aber dies übertraf all meine Erwartungen.

Ich hoffe, ich wirkte nicht allzu ungläubig, während ich mich mit Margarita unterhielt. »Wir befanden uns an einem absoluten Tiefpunkt in unserem Leben, als wir Sie damals aufsuchten«, gestand Juans Mutter. »Aber Sie gaben uns Hoffnung. Die Ärzte sagten, mit seinem Gehirn sei nichts mehr zu machen. Keine Chance auf Besserung und keine Optionen. Und dann erwähnte der Leiter der Intensivstation Ihren Namen.«

Die Haustür ging auf, und Juan rollte selbständig herein. Meine Verwunderung und meine Neugier verstärkten sich. Seine stetige Genesung war klar zu erkennen, und trotzdem war ich verblüfft. Inzwischen kam seine Persönlichkeit in einer Weise zum Vorschein, wie sie ein Jahr zuvor in London nicht sichtbar gewesen war.

»Worüber möchten Sie mit mir sprechen?«, fragte er mich.

Ich bat ihn, mir von seinen Erfahrungen im Krankenhaus zu erzählen, gleich nach seinem Unfall, bevor er zu uns zum Scannen überwiesen wurde.

»Ich kam mir vor wie eingeschlossen«, erinnerte sich Juan. »Aber ich hatte keine Angst und war nicht verzweifelt. Ich wusste, dass ich irgendwann wieder rauskomme.« Seine Äußerungen ließen deutlich Emotionen erkennen. Der fühlende Teil von Juan war wieder präsent.

»Vermutlich haben Sie versucht, sich zu bewegen und zu sprechen.«

»Ich habe ständig versucht, zu sprechen.«

»Hatten Sie Schmerzen?«

»Nein. Ich hatte das Gefühl, in meinem Körper eingeschlossen zu sein, ihn aber nicht steuern zu können.«

»Ich hielt damals Eiswürfel an seine Füße«, berichtete Margarita. »Oder ich hielt ihm Kaffeebohnen unter die Nase. Ich setzte alles daran, dass er ins Reha-Zentrum kam. Ich sorgte dafür, dass er 120 Sitzungen in der Überdruckkammer bekam.«

Viele Familien von Patienten mit dem Syndrom reaktionsloser Wachheit probieren aus Verzweiflung Therapien ihrer eigenen Wahl aus, etwa die hyperbare Sauerstofftherapie, von der Margarita sprach. Dabei atmet der Patient in einer Überdruckkammer reinen Sauerstoff ein. Dies ist eine gängige Form der Behandlung nach einer Dekompressionskrankheit, die auftreten kann, wenn ein Taucher zu schnell an die Oberfläche aufsteigt. In der Überdruckkammer herrscht ein dreifach überhöhter Luftdruck, wodurch die Lunge mehr Sauerstoff aufnimmt als bei normalem Luftdruck; dies erhöht den Sauerstoffgehalt im Blut. Einiges deutet darauf hin, dass sich diese Therapie auch zur Behandlung schwerer Infektionen eignet.

Margarita und ihre Familie nutzten diese Möglichkeit, weil es für Juans Zustand einfach keine konventionellen Behandlungsformen gab.

»Im Krankenhaus wussten sie nicht, was sie tun sollten«, erzählte die Mutter. »Sie tischten immer nur noch mehr Medikamente auf. Sieben Antibiotikatherapien innerhalb von drei Monaten. Sein Immunsystem versagte. Er hatte immer wieder vier oder fünf Tage lang hohes Fieber. Durch die Sauerstofftherapie wurde sein Immunsystem gestärkt. Ich zog eine Ernährungsberaterin hinzu, die sich mit Hirnschädigungen auskannte und ganz spezielle Ergänzungsmittel empfahl. Wir managten alles selbst. Juans Besserung war kein Wunder, sondern jede Menge harte Arbeit.«

Wir kamen wieder auf Juans Erinnerungen und Erlebnisse zurück.

»Was wissen Sie noch vom ersten Mal, als wir Sie scannten?«, fragte ich ihn.

»Ich hatte Angst.« Auch diesmal klangen seine Worte hochemotional. Ich fragte mich, ob Juan schrittweise aus der Grauzone zurückgekehrt war. Als er damals den Gedächtnistest bei uns gemacht hatte, waren einige Teile von ihm auf jeden Fall präsent, nämlich sein Körper und sein Gedächtnis. Andere Teile fehlten jedoch eindeutig, und erst jetzt, ein Jahr später, war klar, welche das waren. Nun war seine Persönlichkeit wieder da; er konnte auch wieder Gefühle aufbringen, vielleicht noch nicht ganz, aber genug, um zu wissen, dass er es irgendwann schaffen würde, wieder ein kompletter Mensch zu sein.

In unseren Scannern sind tausende von Menschen untersucht worden, sowohl Patienten als auch gesunde Freiwillige. Der eine oder andere fühlte sich beklommen, aber das erlebten wir nur sehr selten.

»Warum hatten Sie Angst?«

»Ich wusste nicht, was passiert.«

Ich musste ihm die nächste Frage stellen. »Würden Sie sagen, dass wir Ihnen nicht genug mitgeteilt haben, was passieren wird, als wir Sie jenes erste Mal in die Röhre schoben?«

Er schaute mich direkt an. »Auf jeden Fall«, antwortete er.

Ich war entsetzt. Wir waren zwar immer bemüht, unseren Patienten, ob sie nun reaktionslos erschienen oder nicht, vorab alles Wichtige über die Scan-Sitzung mitzuteilen, aber manchmal waren wir wohl nicht sorgfältig genug.

Es kam noch schlimmer. »Ich hatte solche Angst, dass ich weinte«, fuhr Juan fort.

Wir filmten die Gesichter unserer Patienten üblicherweise mit einer winzigen Kamera in der Röhre und überwachten die Patienten sehr genau. In den Akten fanden sich aber keine Notizen, aus denen hervorging, dass Juan während des Scans geweint hätte.

»Sind Ihnen Tränen gekommen?«

»Tränen sind mir nicht gekommen, aber ich habe trotzdem geweint.«

Es war ein herzzerreißender Moment, an den ich immer denken werde, wenn ich einen Patienten auf einen Scan vorbereite. Ich bohrte noch tiefer. »Glauben Sie, dass Sie sich an alles von jenem ersten Aufenthalt erinnern?«

»Ja, an alles.«

Es stand wohl außer Zweifel, dass Juan kognitiv wieder ganz er selbst war. Seine Antworten fielen kurz und knapp aus, aber sie waren klar und umfassend. Er lieferte mir immer gerade so viel Information, um meine Fragen zu beantworten, aber kaum mehr. Hin und wieder entschlüpften ihm jedoch kleine Bemerkungen, denen ich entnehmen konnte, dass sein Blick auf das Leben und alles, was ihm zugestoßen war, für jemanden in seiner Situation vollkommen normal war.

Im Lauf der folgenden Stunde erzählte und zeigte mir Juan viele unglaubliche Dinge. Er stemmte sich aus seinem Rollstuhl hoch und schob sich mühsam Schritt für Schritt an dem parallelen Gestänge entlang, das seine Eltern in einem Raum neben der Küche installiert hatten. Mir fiel auf, dass sich sein linkes Bein nicht so mühelos bewegte wie das rechte.

»Wie fühlt es sich an, wenn Sie versuchen, Ihren linken Fuß zu bewegen?«, fragte ich.

»Wie wenn ich ihn nachziehe.«

»Sie meinen, er tut nicht, was Sie wollen?«

»Ganz genau.«

»Wie ist es mit Ihrem rechten Bein?«

»Mein rechtes Bein gehorcht mir.«

Juan ging geduldig von einem Ende des Gestänges zum anderen und zurück, drehte sich langsam herum und ließ sich wieder in den Rollstuhl fallen.

»Fantastisch!«, rief ich und kam mir sofort idiotisch vor. Meine Ekstase verblasste vollkommen neben seiner Leistung.

Vor seiner Hirnschädigung war Juan ein aufstrebender DJ gewesen. Inzwischen war er schon wieder am Mischpult aktiv. Er spielte uns einige seiner Tunes vor und bewegte dabei geschickt die Computermaus, um Klänge ein- und auszublenden. Seine Feinmotorik war wieder vollkommen hergestellt, wenn auch etwas verzögert.

Ich fragte Juan, ob er kognitive Defizite bei sich feststellte.

»Beim Denken. Da bin ich langsamer als die anderen. Aber ich komme trotzdem mit.«

Eine Verlangsamung geistiger Funktionen (die sogenannte »Bradyphrenie«) tritt nach Hirnschädigungen häufig auf und kennzeichnet auch einige neurodegenerative Erkrankungen wie Parkinson, aber ich war noch nie einem Patienten mit einer Hirnschädigung begegnet, der mir *davon berichtete*.

Bei der Parkinson-Krankheit gehört die kognitive Verlangsamung zu den Hauptsymptomen. Parkinson-Patienten bewegen sich langsam und denken auch langsam. In meiner Zeit als Doktorand hatten wir nachgewiesen, dass Parkinson-Patienten für einfache Problemlösungsaufgaben viel länger brauchen als gesunde Senioren, auch wenn sie die Aufgabe letztendlich lösen. Den genauen Grund dafür kennt niemand; vielleicht bedingt der Dopaminmangel in ihrem Gehirn, der die Bewegungen verzögert, auch ein verlangsamtes Denken. Es ist so, als ginge alles ein wenig langsamer vonstatten als zuvor; es ist noch Benzin im Tank, aber die Bremse ist ständig angezogen.[1]

Juan litt nicht an der Parkinson-Krankheit, aber in gewisser Hinsicht zeigte er ähnliche Symptome. Vielleicht war die

Schädigung seines Globus pallidus der Grund dafür. Juans Schilderung, »Mein linkes Bein gehorcht mir nicht«, erinnerte mich an die Äußerungen einiger Parkinson-Patienten. Es schien so, als wäre das Bein nicht mehr Teil des Patienten – als führte es ein Eigenleben.

Etwas Ähnliches hatte ich sogar erst vor kurzem gehört. Kate, die erste Hirntraumapatientin, die wir 1997 gescannt hatten, berichtete ebenfalls von einer Art Abspaltung zwischen ihrer Persönlichkeit und ihrem Gehirn, als ich sie 2016 wiedersah. »Mein Gehirn mag mich nicht mehr«, erklärte sie. »Es gehorcht mir nicht.«

Juan erlebte ebenfalls eine Abkoppelung, in seinem Fall aber zwischen seiner Persönlichkeit und einem Körperteil. Er hatte das Gefühl, ein Bein nicht mehr unter Kontrolle zu haben. Trotz der ungewöhnlichen Besserung hatte Juan das Gefühl, ein bestimmter Teil von ihm sei irgendwo anders, außerhalb seines eigenen Kontrollbereichs – eingeschlossen in der Grauzone.

Juan war nicht der Erste, der eine scheinbar wundersame Genesung erfahren hatte und aus der Grauzone zurückgekehrt war. Jan Grzebski, ein 65-jähriger polnischer Bahnarbeiter, machte Schlagzeilen, als er 2007 nach 19 Jahren Koma »aufwachte«. Ins Koma gefallen war er aufgrund eines Hirntumors. Die Welt um ihn herum hatte sich inzwischen vollkommen verändert. Er erinnerte sich, dass die Geschäfte in der kommunistischen Ära nur »Tee und Essig führten … Fleisch war rationiert, und um Benzin musste man Schlange stehen. Jetzt sehe ich Menschen mit Mobiltelefonen auf der Straße, und in den Läden gibt es so viele Waren, da wird mir ganz schwindelig«, erklärte er im polnischen Fernsehen. Und er hatte elf Enkel bekommen, während er in der Grauzone war.

Grzebskis Fall hätte die Vorlage für den bekannten deutschen Film *Goodbye Lenin* sein können. Die bemerkenswerte Geschichte ging um die ganze Welt. Die Schlagzeile von *Fox News* lautete: »Lebender Leichnam erwacht.«

Grzebski schrieb sein Erwachen seiner Frau Gertruda zu. Sie gab einfach nicht auf, obwohl die Ärzte erklärt hatten, er werde nie wieder gesund werden, und ihm nur noch zwei oder drei Jahre gaben. Gertruda drehte ihn 19 Jahre lang jede Stunde um, damit er sich nicht wundlag. Was für ein außergewöhnlicher Beweis der Liebe. Grzebski erlag 2008, nur ein Jahr nach seinem »Erwachen«, dem Tumor, aufgrund dessen er ins Koma gefallen war.

Ein weiterer gut dokumentierter Fall war Terry Wallis aus Arkansas, der intensive Hirnverletzungen erlitt, als sein Truck 1984 von einer Brücke schlitterte. Wallis war nach dem Unfall komatös und später minimal bewusst. Die Prognose war düster. Die Ärzte schlossen jede Besserung aus. Dennoch geschah etwas Rätselhaftes: Im Jahr 2003 tauchte er im Lauf von drei Tagen allmählich aus der Grauzone auf. Er dachte, er sei immer noch im Jahr 1984 und 20 Jahre alt. 19 Jahre waren wie mit einem Wimpernschlag vergangen. Wo war »er« in all dieser Zeit gewesen? Was war in seinem Gehirn vor sich gegangen?

Der Körper von Wallis war gealtert. Jeder Körper altert ständig, manchmal aber beschleunigt, etwa durch Muskelschwund. Wallis war nach seinem Erwachen körperlich behindert und verfügte über kein Kurzzeitgedächtnis; an sein Leben vor dem Unfall erinnerte er sich allerdings ganz klar. Genau wie in Juans Fall ließ sich nicht erklären, was sein Erwachen ausgelöst hatte. Unklar blieb auch, warum er keine neuen Informationen und Eindrücke speichern konnte.

Juan eröffnete uns eine vollkommen neue Sichtweise auf die Grauzone. Seine Genesung ist einzigartig. Von null an die

Spitze, einfach so. Viel schlimmer als drei Punkte auf der Glasgow-Koma-Skala kann es gar nicht kommen, aber als ich Juan das letzte Mal sah, mixte er Tunes wie ein professioneller DJ.

Margarita betonte, dass die positive und aktive Haltung der Familie zu Juans Genesung beigetragen habe. Sie hatte sich sechs Monate von ihrer Arbeit freistellen lassen, um sich um ihren Sohn und dessen zusätzliche Therapien kümmern zu können. Über eine Website hatte die Familie Spendengelder in Höhe von 45 000 Dollar gesammelt.

Man ist versucht zu glauben, dass mit genügend Willenskraft, familiärer Unterstützung, mit genügend Geld und vielleicht auch Glück jeder solch eine wundersame Wendung erfahren könnte. Ich halte dies jedoch für unwahrscheinlich. Jedes Gehirn ist anders, und jede Gehirnschädigung ist anders. Die Grauzone ist eine rätselhafte und komplexe Sphäre, in der sich nichts vorhersagen lässt. Wir haben in den vergangenen 20 Jahren viel über sie in Erfahrung gebracht und wissen inzwischen, wie zart und zerbrechlich das Bewusstsein ist, aber wir können immer noch sehr wenig darüber sagen, wie und warum sich einige Menschen wieder fangen und andere nicht. Und selbst wenn es wieder bergauf geht, bedeutet »Besserung« oder »Genesung« nicht immer dasselbe.

Den wenigen Glücklichen ergeht es vielleicht wie Juan. Sie können mit ihrem bisherigen Leben weitermachen. Bei anderen sieht es eher wie bei Kate aus. Die Grauzone ist eindeutig überwunden, und es ist möglich, über das Verlorene allmählich hinwegzukommen und sich schrittweise den Herausforderungen der Zukunft zu stellen. Für die meisten aber sieht die bittere Wahrheit so aus, dass sie nur um ein paar Punkte auf der Coma-Recovery-Scale aufsteigen und ein wenig mehr Reaktionsfähigkeit zeigen.

Vor einigen Jahren hörte ich auf, gegenüber Journalisten

von Besserung zu sprechen. Nicht weil ich nicht glaube, dass sich der Zustand irgendeines Patienten je bessern würde, sondern weil der Begriff für uns relativ Gesunde so klar vorgefasst ist. Das Wort kann einfach nicht widerspiegeln, was die um »Besserung« Bemühten erwarten und tatsächlich erreichen.

Ich bin 1981 von einer Krebserkrankung »genesen«. Ich habe ein paar Restbeschwerden, aber im Wesentlichen bin ich gesund und führe ein normales Leben. Die »Genesung« nach einer schweren Hirnschädigung ist etwas ganz anderes. Sehr wenige der Patienten, denen ich begegnet bin, können auch nur ansatzweise wieder so etwas wie ein »normales« Leben führen. Bedauerlicherweise bessert sich der Zustand der meisten im Grunde überhaupt nicht. Juan, die allerbeste »Erfolgsstory«, von der ich nach 20 Jahren in diesem Tätigkeitsbereich berichten kann, bildet die ungeheuer seltene Ausnahme, die uns bestätigt, dass immer eine gewisse Hoffnung besteht, egal wie gering diese auch sein mag. Juan ist fast vollständig aus der Grauzone zurückgekehrt und verfügt aufgrund seiner Erfahrung in jener Sphäre zweifellos über Ansichten und Eigenschaften, die er zuvor nicht besaß. Juan hat Dinge erlebt, die die meisten Menschen in ihrem gesamten Leben nicht durchmachen – und auch nicht durchmachen sollten.

Jede Art von Hirnverletzung bringt sehr wahrscheinlich langanhaltende und tiefgreifende Folgen mit sich. Das Gehirn ist nicht mit irgendeinem anderen Organ des menschlichen Körpers vergleichbar. Inzwischen können verschiedenste Organe transplantiert werden – Herz, Lunge, Niere und Leber. Dabei bleibt der Patient im Wesentlichen er selbst, eine Zeitlang vielleicht ein wenig wackelig, aber von der Persönlichkeit her unverändert. Vielen gelingt es, wieder ein normales und erfülltes Leben zu führen, trotz der emotionalen Narben, die sie zwangsläufig davontragen, wenn die eigene Existenz bedroht war.

Eine massive Hirnschädigung ist jedoch etwas grundsätzlich anderes. Sie verändert den ganzen Menschen – seine Fähigkeit, sich zu bewegen und zu reagieren. Eine Besserung gelingt viel schwerer, wenn überhaupt. Chirurgen können keine Gehirne verpflanzen (zumindest zum jetzigen Zeitpunkt), aber selbst wenn dies möglich wäre, bedeutete dies keine Genesung in dem Sinn, wie eine Herz- oder Nierentransplantation sie ermöglicht. Nach einer Gehirntransplantation würde schließlich nicht »ich« genesen. »Ich« wäre dann ein ganz anderer. Mein Aussehen bliebe unverändert, aber mit dem Gehirn eines anderen Menschen im Kopf wäre ich eine völlig andere Person. Verpflanzte man umgekehrt mein Gehirn in einen anderen Körper, bliebe »ich« weiterhin »ich«, selbst im Körper eines anderen. Es ist verlockend, sich vorzustellen, dass man dann vielleicht anders fühlen und empfinden würde, aber man bliebe im Wesentlichen derselbe Mensch, nur in einem anderen Körper. Ich hätte dieselben Erinnerungen, dieselben Gedanken und dieselbe Persönlichkeit. Das Seinsgefühl, alle Gedanken- und Gefühlsströme, alles, was mein bewusstes Erleben ausmacht, bliebe weitgehend identisch. Es wäre wie in einer perfekten Verkleidung: Das Aussehen ändert sich, aber die Person darunter bleibt gleich.

Kate erzählte mir, dass ihre körperlichen und geistigen Fähigkeiten zwar vermindert seien, dass sie im Inneren aber der gleiche Mensch sei, der sie vorher war, und die gleiche Liebe, Aufmerksamkeit und Achtung verdiene, die gesunde Menschen erwarteten. Auch Juan fühlt sich bestimmt wie der gleiche Mensch; verändert hat sich höchstens etwas jenseits der messbaren Einschränkung körperlicher und kognitiver Funktionen, die ohnehin schwer zu definieren sind. Es erstaunt mich, dass die Essenz dessen, was jeden Menschen zu dem macht, was er ist, unglaublich resistent gegenüber Veränderungen ist, selbst durch verhängnisvolle Hirnschädigungen.

Der Mensch hat keine andere Wahl. Sein Gehirn bestimmt, wer und was er ist.

14

Bring mich nach Hause

I've seen the nations rise and fall
I've heard the stories, heard them all
But love's the only engine of survival

Leonard Cohen

Juans Rückkehr aus der Grauzone erinnerte uns auf ernüchternde Weise daran, dass uns das Phänomen Bewusstsein stets einen Schritt voraus war. Mit der Hitchcock-Aufgabe glaubten wir, das perfekte Messinstrument und ein unfehlbares Werkzeug gefunden zu haben, um das Bewusstsein in seinem tiefsten, dunkelsten Versteck aufspüren zu können. Aber es war uns abermals durch die Finger geschlüpft. In Juans Erleben und Wahrnehmen hatte sich ein Bewusstsein in seiner ausgeprägtesten Form gezeigt, aber wir hatten es nicht feststellen können. Die funktionelle Magnetresonanztomographie war ein ungeheuer wirksames Instrument, und wir entwickelten die Anwendungsweisen unaufhörlich weiter. Durch erhöhte Computerleistung waren wir in der Lage, Patienten wie Scott und Jeff Fragen zu stellen, und kamen immer näher an den Punkt, mit Wachkomapatienten in Echtzeit kommunizieren zu können. Gleichzeitig trug unsere Erforschung der Grauzone dazu bei, die Grundbausteine des Bewusstseins zu enträtseln. Wir kamen dahinter, wie in jenem drei Pfund schweren Klumpen grauer und weißer Substanz im menschlichen Schädel Prozesse wie Denken, Fokussieren und Erinnern entstehen und zu einheitlichen Begriffen wie »Intelligenz« beitragen.[1] Auf der ganzen Welt setzten Forscher wie wir diese außergewöhnliche Technologie ein, um die Strukturen menschlichen Denkens und Fühlens zu kartieren und die entscheidenden Verbindungen zwischen Hirnfunktionen und bewusster Erfahrung zu bestimmen und zu erklären, wie der Mensch ein Ichgefühl entwickelt und wie dieses durch lebenslange Erfahrungen geprägt wird. Unser abenteuerliches Experiment mit einem Film des Meisters der Spannung hatte gezeigt, dass Bewusstsein eng mit dem Bewusstsein anderer verkoppelt ist, die genau dasselbe erleben, und mit dem Einfühlungsvermögen in das Denken und Fühlen anderer.

Der Einsatz der funktionellen Magnetresonanztomographie war jedoch kostspielig, und es war schwierig, Patienten zum Scanner zu transportieren. Dies schränkte die Möglichkeiten ein, Menschen helfen zu können, die unbedingt mit einem geliebten Angehörigen kommunizieren wollten, der in der Grauzone eingeschlossen war. Es zeichnete sich ab, dass ein Großteil unserer künftigen Arbeit davon abhing, diese teure und schwerfällige Apparatur transportabel und benutzerfreundlich zu machen, so dass nicht nur Forscher wie ich und spezialisierte Mediziner damit hantieren konnten, sondern auch jene, die sich unermüdlich dafür einsetzten, einen Menschen zurückzuholen, der in der Grauzone verlorengegangen war. Und nur wenige Menschen setzten sich so unermüdlich ein wie Winifred.

Eines Nachts im Mai 2010, es war gegen halb vier in der Früh, wachte Winifred plötzlich auf; sie glaubte, ihren Mann, Leonard, neben sich im Bett schnarchen zu hören. Sie musste intuitiv gespürt haben, dass etwas nicht stimmte. »Er hatte mich nie mit seinem Schnarchen geweckt«, erzählte sie. »Es wurde sogar darüber gewitzelt, dass die Welt untergehen könnte und ich nichts davon mitbekommen würde.«

In jener Nacht ging die Welt dieser Familie tatsächlich zu

Bruch. Irgendwie wusste Winifred, dass es ernst um ihren Mann stand. Sie dachte zunächst, er habe einen Alptraum, und versuchte, ihn zu wecken. Weil er nicht reagierte, rief sie ihren Sohn und ihre Tochter, die in benachbarten Zimmern schliefen. Ihr Sohn wählte die Notrufnummer. Winifred und ihre Kinder wurden angewiesen, Leonard aus dem Bett zu heben und flach auf den Boden zu legen. Das war gar nicht so einfach. Leonard war ein stämmiger Kerl; in früheren Jahren war er Matrose und Werftarbeiter in den Vereinigten Arabischen Emiraten gewesen.

Der Krankenwagen traf zehn bis 15 Minuten später ein. Winifred hatte das Gefühl, es habe ewig lang gedauert. Leonard atmete nicht mehr. Die Rettungssanitäter stellten schnell einen Herzstillstand fest und leiteten eine kardiopulmonale Wiederbelebung ein. Das Herz fing wieder an zu schlagen, wurde aber immer schwächer. Man brachte Leonard ins nächstgelegene Krankenhaus, das Brantford General Hospital, und versetzte ihn in ein künstliches Koma, um eine weitere Schädigung des Gehirns zu verhindern. Nach einem schweren körperlichen Kollaps wird der Gehirnstoffwechsel häufig stark beeinträchtigt, wodurch bestimmte Areale nicht ausreichend mit Blut versorgt werden. Indem man den Energiebedarf der gefährdeten Hirnareale verringert, können diese während des Genesungsprozesses geschützt werden.

Leonard wurde am Herz operiert; zwei Arterien – eine vollständig und eine weitgehend verschlossene – wurden stabilisiert. Der Herzchirurg war mit dem Ergebnis zufrieden. »Er ist jetzt in einer guten körperlichen Verfassung. Wir müssen nur abwarten, wie lange es dauert, bis er aus dem Koma erwacht«, erklärte er Winifred.

Eineinhalb Tage später erwachte Leonard tatsächlich aus dem Koma, aber nicht ganz. Er verharrte in der Grauzone. »Es sieht nicht gut aus«, erklärte der Arzt. »Leonards Gehirn ist schwer geschädigt. Er zeigt keine höheren Hirnfunktionen und wird wahrscheinlich nicht durchkommen.«

Die Ereignisse vom Mai 2010 bedeuteten, dass Leonard und Winifred irgendwann den Weg zu meinem Team am Brain and Mind Institute finden würden. Es war nur eine Frage der Zeit …

Damian Cruse, unser Experte für Elektroenzephalographie (EEG), hatte die geniale Idee, einen Jeep zu kaufen, um damit Patienten aufsuchen zu können. Noch genialer war sein Einfall, dieses mobile Labor »EEJeep« zu nennen. Dies war der nächste nötige Schritt, um in die Tiefen des Bewusstseins vorzudringen, genau das, was mir vorgeschwebt hatte: eine mobile Einrichtung, mit der wir Wachkomapatienten im weiten Umkreis erreichen und wieder in Kontakt mit ihren Angehörigen bringen konnten. Auf diese Weise brachten wir Menschen und Maschinen zusammen, verschmolzen Organisches mit Künstlichem, verbanden Synapsen mit Silizium. Aus einer Laune, die mich an meine verrückte Zeit in Cambridge erinnerte, beauftragte ich einen befreundeten Künstler, Wes Kinghorn, Embleme für die Motorhaube, die vorderen Seitentüren und die Heckscheibe zu entwerfen. »Es soll aussehen wie das Logo des Films *Jurassic Park*, aber nicht so deutlich angelehnt, dass wir verklagt werden«, sagte ich.

Das Ergebnis war fantastisch. An die Stelle des unvergesslichen Skeletts von T-Rex setzte Wes das schematisierte Abbild eines Gehirns. Die ursprünglichen Farben – Rot eingefasst von Gelb – ersetzte er durch Weiß umgeben von Violett, die Farben der Western University. Am unteren Rand des Kreises verwendete er statt der Silhouette eines Urwalds das Schattenbild der Universität mit ihren beiden imposanten Türmen. Immer wenn er in jenem Sommer mit dem Jeep durch die Stadt fuhr, schauten ihm die Leute nach.

Der Jeep war ein aufwendiger Liefermechanismus für unsere neue »Geheimwaffe«, eine mobile EEG-Gehirnbildgebungsapparatur. Das technische Verfahren unterschied sich von dem der Magnetresonanztomographie beziehungsweise der Positronenemissionstomographie, aber die Zielsetzung war die gleiche: Aufdecken von Bewusstsein und, wenn möglich, Kommunikation mit reaktionslosen Patienten. Indem wir unsere Ausrüstung mobil machten, waren wir endlich in der Lage, Patienten wie Leonard in ihrem Zuhause, in ihren Pflegeheimen oder Kliniken aufzusuchen. Dies war von großer Tragweite, nicht nur für Gehirntraumata, sondern auch für neurodegenerative Erkrankungen wie Parkinson und Alzheimer, die Körper und Geist beeinträchtigen und infolge erhöhter Lebenserwartung immer häufiger auftreten.

Es sprach einiges für unsere mobile Einrichtung. Die funktionelle Magnetresonanztomographie, die es uns erstmals ermöglicht hatte, ein Fenster zum Bewusstsein zu öffnen und hineinzuspähen, war teuer und alles andere als mobil. Der Transport von Patienten zum Scanner brachte hohe Kosten mit sich – für Krankenfahrzeuge, Hotelübernachtungen der Angehörigen, für Pflegepersonal und die Unterbringung in Pflegestationen, ganz zu schweigen von den Kosten für die eigentlichen Scans. Die Entwicklung von Technologien, die eine Kommunikation nicht bloß im Scanner ermöglichten, sondern zu Hause, eröffnete ganz neue Perspektiven. Mehr Patienten konnten gescannt werden, die Kosten wurden deutlich gesenkt, und die Erforschung der Grauzone und des menschlichen Bewusstseins in seiner grundlegendsten Form ließ sich auf ungeahnte Weise beschleunigen.

Im Sommer 2015 stiegen Damian, Laura und ich in unseren neuerworbenen Jeep und machten uns auf die einstündige Fahrt von London nach Brantford, eine beschauliche Kleinstadt im südwestlichen Ontario. Wir waren auf dem Weg zu Winifred und Leonard.

Leonards missliche Lage ließ mir keine Ruhe. Zuletzt begegnet war ich den beiden einige Monate zuvor in meinem Büro, was ungewöhnlich war. Normalerweise sehe ich die Patienten und ihre Angehörigen in unserem Scan-Zentrum, bei ihnen zu Hause oder in Kliniken beziehungsweise Pflegeheimen. Damals besuchten Winifred und Leonard ihre Tochter, die an der Western University studierte, und sie hatten angefragt, ob sie bei mir vorbeischauen könnten. Ich finde es immer unglaublich, dass Menschen in der Grauzone – die reaktionslos und hochgradig abhängig von ihren Pflegern und Bezugspersonen sind – über weite Entfernungen reisen können, ins Kino gehen (mit Begleitung), fernsehen und an Feiertagen mit der Familie am Tisch sitzen. Und bei alldem ist nie ganz klar, ob sie etwas mitbekommen oder nicht.

Als die beiden mich in meinem Büro aufsuchten, herrschte eine optimistische, fast ausgelassene Stimmung. Voller Begeisterung brachte mich Winifred auf den neuesten Stand. Leonards wundgelegene Stellen waren geheilt, und er zeigte von Tag zu Tag mehr Reaktionen. Er freue sich sogar, mich zu sehen, sagte sie. Unsere Einschätzungen gingen aber weit auseinander. Mein Team und ich hatten uns Leonards fMRT-Scans angeschaut, und es war nicht leicht, den beiden unsere Erkenntnisse zu vermitteln.

Laura und ich hatten die Daten immer wieder analysiert und diskutiert. Wir ergänzten uns sehr gut in Sachen Sorgfalt und Präzision. Bei unserer jüngsten Überprüfung lieferte Leonards Verhalten keinen Hinweis darauf, dass er sich dessen bewusst war, wer und wo er war und was um ihn herum geschah. Selbst unser Nonplusultra, das imaginäre Tennisspiel, hatte in diesem Fall nichts gebracht. Obwohl Leonard mehr als zwei Stunden lang im Scanner gelegen hatte, waren in seinem Gehirn keine Anzeichen von Leben zu erkennen. Nichts war aus der Grauzone zu uns durchgedrungen.

Winifred hörte sich an, was ich zu sagen hatte, legte aber Wert darauf, unsere Beobachtungen zu ergänzen. Wir hatten bemerkt, dass Leonard körperlich gesünder aussah als beim letzten Mal. Winifred fügte hinzu, dass er inzwischen mehr Reaktionen zeige und es genieße, einmal aus der üblichen Routine auszubrechen. Wir stellten beruhigt fest, dass seine Beininfektion abgeklungen war. Winifred war ebenfalls froh darüber; nun war Leonard viel mobiler als zuvor. Ich möchte nicht behaupten, Winifred sei unaufrichtig gewesen oder habe sich etwas vorgemacht. Sie war im Grunde unglaublich ehrlich und hatte sehr viel mehr Zeit mit Leonard verbracht als wir. Sie wusste mit Sicherheit, wo Anzeichen einer Besserung zu erkennen waren, die uns vielleicht entgingen. Ich fragte mich, ob Winifred bei Leonard Facetten von Bewusstsein ausmachte, die er gar nicht aufweisen konnte. War ein gewisser Aspekt seiner Persönlichkeit immer noch präsent? Vielleicht hatte sie Zugang zu einem Teil von ihm, der uns völlig verschlossen blieb. Um dies abzuklären, mussten wir sein Gehirn in seiner gewohnten Umgebung unter die Lupe nehmen.

Und so kam es, dass Damian, Laura und ich im Sommer 2015 auf dem Highway 401 nach Brantford flitzten. Auf einer ruhigen Straße, die durch weite goldene Kornfelder führte, hielten wir vor einem ausgedehnten Bungalow. Es war ein herrlicher Tag. Winifred kam freudig aus dem Haus und begrüßte uns überschwänglich.

Damian lud die Apparaturen aus dem EEJeep und trug die eleganten schwarzen Boxen, in denen wir unsere EEG-Gerätschaften transportieren, ins Haus. Winifred kümmerte sich um Leonard. Sie war gerade erst mit ihm nach Hause gekommen und hatte ihn über die eigens montierten Metallrampen von der Garage ins Haus geschoben. Ich schaute über die strahlenden Kornfelder und dachte zurück an den Tag, an dem die beiden mich in meinem Büro aufgesucht hatten. Ich fragte mich, ob es an diesem Tag anders laufen würde? Ließen sich vielleicht bessere Ergebnisse erzielen? Musste ich wieder eine ernüchternde Beurteilung abgeben? Die Bedingungen hatten sich geändert, seit wir Leonard zuletzt gesehen hatten. Wir verfügten über bessere Testmethoden, ausgereiftere Analyseverfahren für unsere Daten und sensiblere Instrumente zum Erkennen von Bewusstsein. Ich wollte unbedingt erfreulichere Resultate.

Leonard saß in einer Ecke des Wohnzimmers in seinem Rollstuhl. »Ich habe fieberhaft gearbeitet«, berichtete Winifred. »Er hat kleine, aber wichtige Schritte nach vorn gemacht. Und er lächelt schon wieder!«

Winifred erzählte uns, dass sie und ihr Mann vor dessen Herzstillstand eine Reise nach Indien geplant hatten; sie wollten Leonards Familie besuchen, die sich in Goa zur Ruhe gesetzt hatte. »Wir wollten einen Flug buchen. Aber wir haben im Fernsehen *Dancing with the Stars* gesehen, und nach dem Ende der Sendung war es schon spät, also beschlossen wir, es am nächsten Tag zu machen. Aber so weit kam es nicht.«

Winifred forderte Leonard auf, mit einem Strohhalm aus einem Plastikbecher Wasser zu trinken. »Du musst es *ansaugen*«, schimpfte sie. Dann streichelte sie ihn sanft an der Wange und am Hals. »Wenn du mir zeigst, dass du schlucken kannst, gebe ich dir mehr. Du musst es mir *zeigen*. Ich versuche, dich aufzuwecken. Noch einen Schluck, dann ist es geschafft. Ich will sehen, dass du *schluckst*.« Ihre Kraft und ihre Geduld waren erstaunlich. »Nicht schlafen. Du musst wach bleiben!« Sie umschlang seine Finger mit den ihren. »Haben Sie dieses Seufzen gesehen?«, fragte sie mich.

Ich wusste nicht, was ich antworten sollte. Ich sah Leonard aufatmen, aber handelte es sich wirklich um eine bewusste Reaktion auf Winifreds Zureden oder war es bloß ein automatischer, unterbewusster Reflex, der nichts bedeutete? Während ich beobachtete, wie Winifred mit Leonard umging, fragte ich mich, was einen Menschen wirklich ausmacht. Leonard war eindeutig da, er saß direkt vor mir, aber ein wichtiger Teil seines *Wesens* war nicht präsent. Für mich jedenfalls nicht. Für Winifred war Leonard vollständig anwesend, selbst jene Anteile, die für alle anderen unsichtbar blieben. Leonard lebte in seiner Frau weiter. Es schien fast so, als trüge sie sein Bewusstsein und hielte es lebendig und gegenwärtig, bis er eines Tages wieder selbst dazu imstande war.

Damian verlangte etwas Wasser; er füllte damit eine kleine Schüssel, die wir mitgebracht hatten. Er holte eine unserer EEG-Hauben hervor und warf sie in die Schüssel. Wasser ist ein guter Leiter für Elektrizität. Und so machte Damian sämtliche Elektroden richtig nass, um brauchbare elektrische Signale von Leonards Kopfhaut zu erhalten.

Zu unserer EEG-Apparatur gehörte eine Haube aus Gummischlingen mit 128 Elektroden. An jede Elektrode war ein Kabel angeschlossen. Diese Drähte wurden jeweils bündelweise in ein Gerät eingesteckt, das wie ein HiFi-Verstärker aussah und wiederum mit einem leistungsstarken Laptop verbunden war.

Die Elektroenzephalographie funktioniert ganz anders als die Magnetresonanztomographie. Wenn Neuronen aktiv werden beziehungsweise »feuern«, geben sie elektrische Impulse ab – winzige Schwankungen der Spannung, die an der Kopfhaut feststellbar sind. Im Allgemeinen ist es nicht möglich, die elektrische Aktivität eines einzelnen Neurons zu messen, jedenfalls nicht ohne Elektroden direkt in das Gehirn einzusetzen (was wiederum riskante und kostspielige neurochirurgische Eingriffe erfordert). Neuronen feuern jedoch in Bündeln, und die allgemeine Spannungsschwankung einer bestimmten Gruppe lässt sich wahrnehmen, auch außerhalb des Schädels. Das Signal ist zwar ungeheuer gering und muss durch einen Verstärker geleitet werden, damit man es auswerten kann, aber es ist dennoch feststellbar.

Wenn wir davon sprechen, dass ein Teil des Gehirns »aktiv« wird (etwa wenn beim imaginären Tennisspiel der prämotorische Cortex im Scan aufleuchtet), bedeutet das im Grunde, dass viele Neuronen in jener allgemeinen Region stärker feuern als sonst. Dies ruft eine Veränderung der elektrischen Aktivität hervor, die wir mithilfe unserer EEG-Elektroden an der Oberfläche des Kopfes messen können. Die Methode ist nicht ganz fehlerlos, weil hier das sogenannte inverse Problem auftritt: Das elektrische Signal, das an einer Elektrode auf dem Kopf empfangen wird, kann von den unterschiedlichsten Quellenkonfigurationen feuernder Neuronen stammen. Es ist durchaus möglich, dass die Neuronen direkt unterhalb dieser bestimmten Elektrode feuern; aber auch andere, weiter entfernte Nervenzellen können zu dem elektrischen Signal beitragen, das die Elektrode wahrnimmt. Die Anzahl und Kombination der möglicherweise beteiligten Neuronen ist praktisch unbegrenzt, und das bedeutet, dass sich ein EEG-Signal unmöglich mit einem ganz bestimmten Areal des Gehirns in Verbindung bringen lässt. Das Verfahren wird laufend optimiert. Es kann sinnvoll sein, EEG und fMRT zu kombinieren. Derzeit werden auch neue statistische Methoden entwickelt, um die Prozedur zu vervollkommnen, doch das inverse Problem lässt sich letztendlich nicht umgehen.

Der Nutzen der Elektroenzephalographie ist zudem begrenzt, weil sämtliche Elektroden außen an der Kopfhaut befestigt werden, weswegen der Großteil der festgestellten

Aktivität nah an der Oberfläche des Gehirns zu verorten ist. Es ist nicht möglich, beispielsweise eine Aktivität im Gyrus parahippocampalis aufzuspüren, der für das Ortsgedächtnis zuständig ist; er liegt im unteren Bereich des Gehirns, viel zu weit weg von der äußeren Oberfläche.

Damian nahm die tropfende EEG-Haube aus der Schüssel.

»Wir empfangen in der Regel ungefähr 30 bis 45 Minuten lang brauchbare Signale, bevor die Schwämme austrocknen«, erklärte er. Sorgfältig stülpte er Leonard die Haube über den Kopf. Dem armen Leonard tröpfelte Wasser über das Gesicht, während Damian an der Kappe hin und her zupfte, bis sie richtig saß.

»Ich weiß, zu Hause sein zu können tut ihm gut«, sagte Winifred. »Manchmal öffnet er seine Finger. Heißt das, er fühlt und reagiert? Für mich bedeutet das, dass sich *etwas* verbindet. Er bekommt Massagen. Aber wenn er nicht dazu aufgelegt ist, zuckt er zusammen und schaut böse. Wenn man ihn tagsüber beschäftigt, ist er abends erschöpft und schläft die Nacht durch.«

Abermals verwunderte es mich, wie Winifred ihrem Mann Gedanken, Gefühle und Stimmungen zuschrieb – Emotionen, die sie zweifellos *spürte*, unabhängig davon, ob Leonard selbst sie erlebte. Die Grauzone lehrt uns, dass das Bewusstsein eben kein Schwarz oder Weiß, kein Alles oder Nichts ist. Das Grau hat viele Abstufungen.

»Gut, mein Lieber, ich stecke Ihnen jetzt Ohrhörer ein«, kündigte Damian an.

»Du musst jetzt dein Köpfchen einsetzen!«, rief Winifred.

Damian schloss den Verstärker an, klappte seinen Laptop auf und startete das Programm. »Wir müssen jetzt alle still sein, damit Leonard nicht abgelenkt wird«, erklärte er. Alle Anwesenden verstummten und beobachteten Leonard aufmerksam.

Die Art von Gehirnbildgebung, die wir mit dem EEJeep durchführten, wurde dadurch ermöglicht, dass die Rechnergeschwindigkeit enorm erhöht und die Apparaturen transportabel wurden. Wir können gewaltige Datenmengen in Echtzeit analysieren sowie Fragen stellen und Antworten auswerten, während der Patient die Haube auf dem Kopf hat. Das EEG-Verfahren ist inzwischen erheblich optimiert und viel einfacher als früher. Als wir Kate 1997 scannten, mussten wir den Code für die Datenanalyse weitgehend selbst schreiben. Das war nicht leicht. Die MATLAB-Software hatte keine ausgetüftelte Oberfläche wie etwa MS Word. Wer nicht speziell im Computerwesen geschult war, hatte keine Ahnung, wie die Software anzuwenden war. Es gab keine Handbücher, keine Hilfesysteme. Wir improvisierten. Mittlerweile hat sich viel geändert. Software zur Auswertung von EEG-Daten gehört nicht gerade zur regulären Massenware großer Elektronikhändler, doch unter Wissenschaftlern ist sie allgemein verfügbar, und man tauscht die Codes häufig untereinander aus.

Leonard saß ruhig da. Wir konnten nicht hören, was er durch seine Ohrhörer wahrnahm, und hatten keine Ahnung, ob er überhaupt etwas mitbekam. Wir mussten abwarten, um zu sehen, was die Daten ergaben.

Eingespielt wurde über das Audiosystem eine ganze Reihe von Wörtern und Ausdrücken, die sich Damian sorgfältig ausgedacht hatte, um ans Licht zu bringen, was in Leonards Gehirn vor sich ging.[2] Die Worte wurden immer paarweise angegeben. Die Begriffe mancher Paare standen eindeutig in Beziehung zueinander, beispielsweise »Tisch« und »Stuhl«. Andere, etwa »Hund« und »Stuhl«, hatten keinen semantischen Bezug. Hinter diesem Vorgehen stand folgende Erkenntnis: Wenn Wörter paarweise auftreten, löst das zweite Wort einen stärkeren elektrischen Impuls im Gehirn aus, wenn es nicht mit dem ersten in Verbindung steht. Diese

Spannungsschwankung, die bei semantischen Verarbeitungsproblemen auftritt, wird als »N400« bezeichnet. Der Grund für dieses neurologische Phänomen ist nicht ganz geklärt, aber er könnte mit dem zusammenhängen, was man in der Psychologie als »Priming« bezeichnet. (Unter *Priming* bzw. *Bahnung* versteht man die Beeinflussung der Reizverarbeitung dadurch, dass ein vorangegangener Reiz bestimmte Assoziationen aktiviert hat.) Priming hat also etwas mit Erwartung zu tun. Hört man das Wort »Tisch«, erwartet das Gehirn, dass als Nächstes »Stuhl« genannt wird, weil die beiden Begriffe häufig gleichzeitig auftauchen. Entsprechend lässt das Wort »Hund« per Assoziation »Katze« erwarten. Insofern ist das Gehirn »überraschter«, wenn die Wortfolge »Hund – Stuhl« folgt statt »Tisch – Stuhl«. Und diese Überraschung äußert sich in einer wahrnehmbaren Veränderung der Hirnaktivität. In beiden Fällen handelt es sich um genau dasselbe Wort – »Stuhl«. Dass dieses identische Wort eine unterschiedliche Hirnaktivität auslösen kann, je nachdem auf welches Wort es folgt, bedeutet daher zwangsläufig, dass das Gehirn die *Beziehung* zwischen den beiden Wörtern verarbeitet. Es muss verstehen, dass »Tisch« und »Stuhl« enger zusammenhängen als »Hund« und »Stuhl«. Dies beweist, dass das Gehirn *Bedeutung* verarbeitet. Etwas Ähnliches geschieht, wenn man einen Satz wie diesen hört: »Zur Arbeit fuhr der Mann mit seiner Kartoffel.« Er bewirkt eine stärkere Veränderung der elektrischen Aktivität als der Satz »Zur Arbeit fuhr der Mann mit seinem Auto«. In diesem Fall überrascht ein unerwartetes und als unlogisch empfundenes Satzende.

In dem Raum, in dem wir uns befanden, herrschte eine fast tranceartige Stille. Draußen fuhr hin und wieder ein Auto vorbei. Leonard schien immer wieder kurz wegzudämmern. Über die Ohrhörer ertönte Damians sonderbares Gedicht:

Adler – Falke; Gepard – Anhänger
Krähe – Star; Leguan – Pullover
Keller – Speicher; Mandarine – Zaun
Dolch – Messer; Strumpfhose – Kamel

Zusätzlich zu etlichen hundert Wortpaaren mit und ohne assoziativen Bezug spielten wir Leonard die gleichen signalkorrelierten Geräusche vor, mit denen wir mehr als 15 Jahre zuvor bereits Debbie getestet hatten – kurze Salven sorgfältig gesteuerter Störgeräusche, wie das Rauschen eines alten Radios, bei dem man die Senderwahl dreht. Wir wollten feststellen, ob sich die elektrische Aktivität bei Wortpaaren mit und ohne Bezug veränderte und ob Wörter eine andere Veränderung auslösten als signalkorrelierter Schall, um so herauszufinden, was Leonards Gehirn noch zu leisten vermochte. Das Verfahren unterschied sich nicht grundlegend von dem, das wir bei Debbie angewandt hatten, aber in diesem Fall benutzten wir Geräte, die ungefähr 60 Mal billiger waren, und wir testeten den Patienten *in seinem eigenen Wohnzimmer.*

Der EEG-Test schien ewig lang zu dauern, aber irgendwann hatten wir es geschafft. Damian schob seine Finger zu beiden Seiten von Leonards Kopf unter die Haube, zog diese auseinander und hob sie nach oben ab. Leonard zuckte kein bisschen. Überhaupt hatte er sich während der gesamten Prozedur kaum gerührt. Das war wichtig; je weniger er sich bewegte, desto wahrscheinlicher war es, dass wir klare, brauchbare Daten erhielten.

Damian packte die Ausrüstung zusammen. Winifred ging mit mir hinaus zu unserem Jeep. Ich bemerkte ein graues Ford-Mustang-Kabrio, das in der Einfahrt stand. Es schien irgendwie gar nicht zu Winifred zu passen, und so fragte ich danach.

»Es war Leonards Stolz und Freude«, erklärte sie. »Ich kutschiere ihn manchmal damit herum. Ich weiß, dass ihm das Spaß macht!«

Bevor wir uns verabschiedeten, erwähnte Winifred, dass sie unbedingt durchziehen wollten, was sie geplant hatten, bevor Leonard aufgehört hatte zu atmen.

»Ich will *immer noch* mit ihm nach Goa reisen. Ich hoffe, wir schaffen es. Wenn ich davon spreche, hellt sich seine Miene auf. Seine Augen weiten sich. Er hat nicht vergessen, was wir geplant hatten.«

Winifred erkundigte sich nach meinem Buchprojekt und erklärte sich bereit, alles zu tun, um es zu unterstützen. »Seit dem ersten Tag setze ich mich ein«, erklärte sie. »Menschen wie Leonard brauchen eine Stimme. Wenn Sie mit Ihren Tests nichts aus Leonards Gehirn herausbekommen, müssen Sie Ihre Tests verbessern!«

Winifreds Worte hallten in mir nach, während wir nach London, Ontario, zurückfuhren. »Menschen wie Leonard brauchen eine Stimme«, hatte sie gesagt. Sie verlieh ihm jene Stimme. Sie erinnerte mich daran, dass es in der Wachkomaforschung darum ging, den Wert jeden Lebens zu bejahen. Die Suche nach dem universellen Wesen des Bewusstseins führt unweigerlich zu der Erkenntnis, dass jeder von uns auf ganz unterschiedliche Weise einzigartig ist. Jeder Mensch hat ganze Universen in seinem Kopf, die auf lebenslangen Erfahrungen beruhen und zum größten Teil ganz sein eigen sind.

Ungefähr einen Monat später rief ich Winifred von meinem Büro aus an. Wie immer saß Laura neben mir. Wir hatten uns die Ergebnisse von Leonards EEG lange und gründlich angeschaut.

»Wie geht es Leonard?«, erkundigte ich mich.

Winifred klang so lebhaft wie immer. »Es geht ihm von Tag zu Tag besser! Er gibt sogar Laute von sich, um mir mitzuteilen, dass er sich besser als letzte Woche fühlt!«

Es war unmöglich, nicht von ihrem grenzenlosen Optimismus angesteckt zu werden. »Das ist fantastisch«, erwiderte ich. »Ähm, leider können wir Ihnen nichts Neues mitteilen.«

Sosehr wir uns auch bemühten, konnten wir in Leonards EEG keinen Hinweis darauf entdecken, dass sein Gehirn Wörter und reine Geräusche zu unterscheiden vermochte. »Ich war wirklich froh zu sehen, dass sich Leonards körperlicher Zustand bessert«, sagte ich, um wenigsten ein bisschen hoffnungsvoll zu klingen.

»Sehen Sie!«, rief Winifred begeistert. »Ich habe Ihnen ja gesagt, dass es ihm von Tag zu Tag besser geht!«

Ich versprach Winifred, in Kontakt mit ihr zu bleiben und Leonard ganz oben auf meiner Liste zu behalten, wenn es so weit kam, unsere nächste große Idee in der Praxis zu erproben. Als ich den Hörer auflegte, fragte ich mich insgeheim, ob Winifred in Bezug auf Leonard nicht die ganze Zeit schon recht gehabt hatte. All die kleinen Veränderungen, die körperlichen Fortschritte, die fast unmerklichen Zeichen waren nicht zu übersehen.

Vielleicht fand Leonard allmählich aus der Grauzone zurück. Aber zurück wohin? An welchem Punkt auf dem Weg vom Nichts zum vollen Bewusstsein fängt der Mensch wieder an, er selbst zu werden? Bei meiner Wachkomaforschung war ich so vielen Patienten wie Leonard begegnet; sie schienen irgendwie präsent zu sein, zumindest nach dem, was ihre Angehörigen glaubten und spürten. Ein bestimmter Teil dieser Menschen bestand weiterhin fort, unabhängig von den körperlichen Einschränkungen ihres Körpers und ihres Gehirns – ein Teil von ihnen, der nicht messbar war und unserem Radar entging. Was war dieser Teil?

Ich wusste, dass Winifred recht hatte: Wir brauchten bessere Tests. Wir mussten unsere Methoden weiter verfeinern, unsere Algorithmen optimieren und neue Möglichkeiten entdecken, mit Wachkomapatienten in Kontakt zu treten. Winifred hatte immer wieder darauf hingewiesen, dass die menschliche Verbindung das Wichtigste sei. Die Beziehung zwischen Menschen geht weit über ausgeklügelte Tests und umwerfende Technologien hinaus.

Inzwischen hoffte ich, Winifred würde eines Tages das Versprechen erfüllen können, das sie und Leonard sich gegeben hatten, bevor Leonard in die Grauzone stürzte. Mit seiner Frau an seiner Seite konnte er vielleicht noch einmal nach Indien zurückkehren, wo ihre Reise vor so vielen Jahren begonnen hatte. Damit würde sich der Kreis schließen. Dann würde Winifred ihren Mann nach Hause bringen.

15
Gedanken lesen

Der traurigste Aspekt des Lebens derzeit ist,
dass die Wissenschaft schneller Wissen sammelt,
als die Gesellschaft Weisheit.

Isaac Asimov

Als ich unlängst im kleinsten und möglicherweise französischsten Fünf-Sterne-Restaurant in Paris saß, staunte ich insgeheim darüber, wie sehr sich die Wachkomaforschung weiterentwickelt hat und inzwischen die Suche nach der Erkenntnis dessen einschließt, was das Bewusstsein eigentlich ausmacht. Das Lokal lag mitten in einem gemütlichen Viertel am linken Ufer der Seine und bot seit 200 Jahren kulinarische Wunder. Es war Anfang Juli. Auf den Straßen herrschte an jenem wunderbar warmen Abend reges Treiben; die Pariser kamen entweder von der Arbeit nach Hause oder gingen aus. In dem Restaurant standen rotschwarze Samtsessel um kleine runde Tische, die mit schneeweißen Tischtüchern und großen Weingläsern eingedeckt waren.

Mein Freund und Kollege Tim Bayne bestellte Schnecken. Tim ist Philosophieprofessor in Neuseeland und konzentriert sich in seiner Forschung unter anderem auf Fragen der Kognition: Was ist das Wesen der Kognition, wie ist es mit Sprache verknüpft, lassen sich Gedanken steuern, und gibt es kulturspezifische Denkweisen? Tim hat viel über Wachkomaforschung geschrieben und meine eigene Forschungsarbeit immer begeistert unterstützt.

Tim und mir gegenüber saß der belgische Psychologe Axel

Cleeremans, ein weltweit anerkannter Experte für Lernprozesse im Gehirn – mit und ohne Bewusstsein. Axel und Tim haben gemeinsam mit ihrem Kollegen Patrick Wilken den großartigen Sammelband *Oxford Companion to Consciousness* herausgegeben.[1] Abgerundet wurde unsere kleine Gruppe durch Sid Kouider, einen kognitiven Neurowissenschaftler aus Paris, der EEG-Untersuchungen an Kleinkindern durchführt, um zu ermitteln, wie und wann Bewusstsein entsteht. Alle Anwesenden interessierten sich leidenschaftlich für Schwellenzustände, die schwer fassbaren Grenzen zwischen Gehirn und Geist, Sein und Nichtsein sowie Bewusstsein und reinem Nichts.

Unser erster Gang wurde aufgetragen – Schnecken aus der Region, in rotem Knoblauch gedünstet. Die Speise war erstklassig angerichtet und sollte allein schon optisch die Kunst des Chefkochs erkennen lassen. Es dauerte nicht lange, bis der Wein die Zungen löste. Wir hatten etwas zu feiern. Das Canadian Institute for Advanced Research (CIFAR) hatte uns und einigen Kollegen vor kurzem Fördergelder bewilligt, um eine Seminarreihe zum Thema »Gehirn, Geist und Bewusstsein« zu organisieren – zwei oder drei intensive Workshops pro Jahr an Orten unserer Wahl.

Im Jahr zuvor hatte das CIFAR in einer weltweiten Ausschreibung Beiträge für »Vier weltverändernde Ideen« gesammelt. Damals waren 262 Anträge aus 28 Ländern auf fünf Kontinenten eingegangen. Unser Projekt über Gehirn, Geist und Bewusstsein war eines von nur vier Konzepten, die international gefördert wurden.

An jenem Abend in Paris konzentrierten wir vier uns auf die Frage, wie die Verheißungen neuer Technologien dazu beitragen konnten, endlich zu verstehen, welche Teile des Gehirns aktiv oder vernetzt sein müssen, damit Bewusstsein entsteht. Der Einsatz eines Hitchcock-Films an Wachkomapatienten, den ich mit meinem Team erprobt hatte, zeigte enge Parallelen mit Sids jüngsten Untersuchungen an Kleinkindern im Alter von fünf, zwölf und fünfzehn Monaten. Sid und seine Kollegen hatten unlängst nachgewiesen, dass ein EEG-Signal, welches bei Erwachsenen auf Bewusstsein hindeutet, bereits bei winzigen Säuglingen auftritt – ganz ähnlich unserem Nachweis, dass eine auf Bewusstsein hinweisende fMRT-Reaktion bei einigen unserer Patienten auftrat, die *Bang! You're Dead* sahen.

Wir diskutierten die gewonnenen Erkenntnisse. Sogenannte physiologische »Signaturen« des Bewusstseins – egal ob sie mittels EEG, fMRT oder irgendeiner anderen Methode abgeleitet werden – lösen ausnahmslos hitzige Debatten aus, denn es herrscht selten Einigkeit darüber, was diese »Signaturen« *genau* bedeuten. Verkörpern die geschlängelten Linien der EEG-Anzeige wirklich das Bewusstsein selbst, oder handelt es sich lediglich um die neuralen Leitsignale, die uns erkennen lassen, dass Bewusstsein vorhanden ist? Aber ist das wirklich entscheidend? Wenn die Leitsignale auftreten, wissen wir, dass der Patient (oder das Kleinkind) über ein Bewusstsein verfügt – unabhängig davon, ob wir tatsächlich Zugang zu seinem Bewusstsein an sich gefunden haben oder nicht.

Stellen wir uns in Analogie dazu vor, wir versuchten, die physiologische »Signatur« einer bestimmten Erinnerung aufzuspüren. Wir wollen beispielsweise wissen, wo und wie die Erinnerung an den Titel dieses Buchs abgespeichert ist. In der neuropsychologischen Literatur wird diese schwer fassbare Signatur häufig als »Engramm« bezeichnet – als Erlebniseindruck, der eine Gedächtnisspur hinterlässt. Ich sage »schwer fassbar«, weil wir noch immer nicht richtig wissen, wo und wie Erinnerungen im Gehirn abgespeichert werden. Wir könnten mittels EEG oder fMRT Ihr Gehirn beobachten, während Sie versuchen, sich an den Titel dieses Buchs zu erinnern, und zweifellos würden wir genau in dem Moment, wo Ihnen das Wort »Zwischenwelten« einfällt, eine Reihe von Schlangenlinien beziehungsweise bunt leuchtende Flecken erkennen. Was aber stellt diese Signatur dar? Ist sie das Engramm? Wahrscheinlich nicht. Wir haben es vermutlich nicht mit der Essenz des Gedächtnisses an sich zu tun, sondern mit den Gehirnprozessen, die vonstattengehen, wenn Sie in Ihrem Gedächtnis nach einem dort abgespeicherten Begriff suchen.

Mit dem Bewusstsein ist es genau das Gleiche. Wenn wir Bewusstsein messen wollen, messen wir im Grunde immer Gehirnaktivitäten, die mit der *Erfahrung bewussten Seins* zusammenhängen, und nicht das Bewusstsein selbst.

Es war eine lebhafte und anregende Diskussion in der denkbar angenehmsten Umgebung, die durch die endlose Abfolge vorzüglicher Speisen und erlesener Tropfen noch unterstrichen wurde. Während der Abend voranschritt und der Wein seine Wirkung zeigte, malten wir uns eine Zukunft aus, in der die Technologie sich so weit entwickelt, dass die Grenze zwischen dem Biologischen und dem Technologischen verschwimmt. Unsere Arbeit wies in eine nahe Zukunft, in der Telepathie (Gedankenlesen und Gedankenübertragung) möglich sein wird, nicht durch eine magische Verschmelzung zweier Geister, sondern durch technologische Mittel: Supercomputer in der eigenen Hand, die unsere Gedanken dekodieren und an andere übermitteln können.

In 20 Jahren werden sogenannte Gehirn-Computer-Schnittstellen (Brain-Computer-Interfaces, BCI) genauso alltäglich sein, wie es Smartphones und Tablets heutzutage sind. Ein BCI erfasst eine Gehirnreaktion, analysiert sie und wandelt sie in eine Aktion um, welche die Absicht des Benutzers widerspiegelt. Die Aktion kann ausgesprochen einfach sein (etwa das Bewegen eines Cursors über einen Computermonitor) oder aber sehr komplex (beispielsweise das Steuern eines Roboterarms, der eine Kaffeetasse an meine Lippen führt). Es gibt bereits solche Schnittstellen, die auf der EEG-Methode beruhen. Eines dieser Systeme funktioniert so: Der Benutzer sieht auf einem Display Buchstaben von A bis Z und wird aufgefordert, sich jeweils auf einen bestimmten Buchstaben zu konzentrieren. Zeilen und Spalten von Buchstaben tauchen in scheinbar willkürlicher Reihenfolge auf. Wird der Buchstabe sichtbar, den der Benutzer übermitteln will und auf den er seine Aufmerksamkeit richtet, gibt das Gehirn ein winziges elektrisches Signal ab, das gleichsam ein »Aha-Erlebnis« markiert, weil etwas Erwartetes endlich eingetreten ist. Das EEG erkennt dieses Gehirnsignal, das als »P300« bezeichnet wird, und mithilfe ausgeklügelter Software lässt sich analysieren, welcher Buchstabe genau in jenem Augenblick auftauchte, in dem das Signal abgegeben wurde. Dieser Buchstabe wird dann auf einem Monitor sichtbar. Dies ist nicht die schnellste Methode der Kommunikation – man braucht mehrere Sekunden für einen einzelnen Buchstaben –, aber mit etwas Übung kann fast jeder innerhalb weniger Minuten einen Gedanken wie »He! Ich bin bei Bewusstsein« ausbuchstabieren.[2]

Zahlreiche Hindernisse müssen noch überwunden werden, bevor Patienten im Wachkoma routinemäßig mit der Außenwelt kommunizieren können. Um das oben beschriebene Buchstabiersystem zu verwenden, muss man sich auf jeweils einen Buchstaben konzentrieren können, und dazu muss man den Blick auf eine Stelle fixieren, wozu die meisten Wachkomapatienten nicht imstande sind. Inzwischen werden aber neue Verfahren entwickelt, die nicht auf visuellen, sondern auf akustischen Auslösereizen beruhen. Man muss nach dem Buchstaben lauschen, den man übermitteln will.

Wie im letzten Kapitel dargelegt wurde, weist das EEG-Verfahren gewisse technische Begrenzungen auf, die zum Teil daher rühren, dass die vom Gehirn abgegebenen winzigen elektrischen Signale durch den Schädel und die Kopfhaut wandern müssen, bevor sie die Elektroden erreichen. Umgehen lässt sich diese Einschränkung beispielsweise, indem man die Elektroden direkt in die Oberfläche des Gehirns einpflanzt. Dies ist natürlich eine komplexe neurochirurgische Prozedur, die aber zu unglaublichen Ergebnissen führen kann. Ein Beispiel ist die 43-jährige Cathy Hutchinson, die 15 Jahre lang weder Arme noch Beine bewegen konnte und am Brown Institute for Brain Science in Providence, Rhode Island, behandelt wurde. Man brachte ihr bei, mit ihrem Gehirn einen Roboterarm zu steuern. Ein Sensor, der in ihr Gehirn eingepflanzt und mit einem Decoder verbunden wurde, wandelte ihre Gedanken in Instruktionen zur Bewegung des Roboterarms um. Cathy, eine alleinerziehende Mutter zweier Kinder, hatte 1996 einen verhängnisvollen Hirnschlag erlitten und konnte seither ihre Gliedmaßen nicht mehr bewegen und nicht mehr sprechen. Durch das hochentwickelte BCI wurde Cathy jedoch in die Lage versetzt, einen Roboterarm zu steuern, der eine Flasche ergriff und an ihren Mund führte.[3]

In nicht allzu ferner Zukunft wird es diese neue Technologie Wachkomapatienten vielleicht ermöglichen, sich zu unterhalten, E-Mails zu schreiben, Internetkurse zu belegen und ihre innersten Gefühle auszudrücken. Einige Hindernisse, sowohl technische als auch ethische, bestehen noch. Chirurgische Eingriffe im Gehirn sind riskant, und das Einpflanzen von Elektroden in die Oberfläche des Gehirns sollte nicht ohne sorgfältiges Überlegen und Abwägen erfolgen. Cathy Hutchinson konnte ihre Augen steuern und war mithilfe intelligenter Technik imstande, auf einer Tastatur einen

Buchstaben nach dem anderen auszuwählen; auf diese Weise konnte sie kundtun, dass sie bei Bewusstsein war und in die Operation einwilligte. Nach 15 Jahren ohne Beweglichkeit in den Armen und Beinen schien sie bereit zu sein, dieses Risiko einzugehen.

Was könnten diese technischen Möglichkeiten für Wachkomapatienten beziehungsweise Patienten in fortgeschrittenen Stadien von Alzheimer oder Parkinson bedeuten? Es wird nicht mehr lange dauern, bis Patienten, die jahrzehntelang ihre Wünsche und Bedürfnisse nicht mitteilen konnten, aufgrund von eingepflanzten Hirnelektroden wieder selbständig leben und ihr Schicksal in die eigene Hand nehmen können. Wer ohne Stimme war, wird wieder sprechen, wer gelähmt war, wird sich wieder bewegen, und wer schon nicht mehr unter den Lebenden gewähnt wurde, kehrt ins Hier und Jetzt zurück und kann sein Recht geltend machen, als wirklicher *Mensch* mit eigenen Erinnerungen an die Vergangenheit und eigenen Plänen für die Zukunft behandelt zu werden.

Das »Gedankenlesen« im Rahmen der Wachkomatechnologie fand eine faszinierende Anwendung in einem überraschenden Bereich – der Kriminaltechnik. Im Jahr 2015 stieß mein Team auf einen 25-jährigen Mann namens Dan, der in Sarnia, Ontario, durch einen Kopfschuss schwer verletzt und in einer örtlichen Klinik künstlich am Leben gehalten wurde. Es war ein höchst seltener Vorfall; Sarnia ist im Allgemeinen sicher und friedlich. Dan trug eine verhängnisvolle Hirnverletzung davon; er war nicht tot, aber reaktionslos. Die Kugel war direkt zwischen den Augen in seine Stirn eingedrungen und zwischen Parietalcortex und Temporallappen ausgetreten. Niemand wusste, wer auf Dan geschossen hatte. Also dachten wir uns: Wie wäre es, wenn wir ihn scannten und nachwiesen, dass er tatsächlich bei Bewusstsein war, und dann fragten, wer die Tat begangen habe?

In einer der letzten Folgen der amerikanischen Krimiserie *Perception*, die vom Kabelsender TNT produziert wurde, beruhte der Handlungsstrang auf unserer Forschungsarbeit und folgte fast genau diesem Szenarium.[4] Die entsprechende Technologie existiert. Ein komatöses Verbrechensopfer kann tatsächlich auf diese Weise befragt werden. Es würde wahrscheinlich etwas länger dauern als in der genannten Krimisendung, und die Hauptfiguren wären vermutlich nicht ganz so glamourös, aber wenn das Opfer die verlässlichste Informationsquelle ist und die Umstände entsprechend geeignet sind, lässt sich mittels fMRT feststellen, wer ein solch abscheuliches Verbrechen begangen hat.

Kam Dan für solch ein Experiment in Frage? Umgehend holten wir die Genehmigung ein, ihn zu scannen. Dabei waren große ethische Hürden zu überwinden. Warum wollten wir ihn scannen? Es standen offensichtlich nicht reine Forschungsabsichten dahinter. Und das Vorhaben diente auch nicht klinischen Zwecken. Es ging darum, ein Verbrechen aufzuklären. Wie konnten wir die Ethikkommission dazu bringen, uns grünes Licht zu geben? Wer sollte die Einwilligung geben? Wer war Dans Vorsorgebevollmächtigter? Was wäre, wenn der Bevollmächtigte das Verbrechen begangen hatte? Wie ließ sich das feststellen?

Unser zugegebenermaßen vager Plan sah vor, eine Liste mit den Namen jener Leute zu beschaffen, mit denen Dan Umgang hatte, und ihn im Scanner mithilfe des imaginären Tennisspiels zunächst zu fragen, ob er wisse, wer ihm das angetan hatte. Falls er mit »Ja« antwortete, wollten wir die Namensliste durchgehen. »War es Johnny? Stellen Sie sich vor, Sie spielen Tennis, wenn die Antwort Ja lautet. Stellen Sie sich vor, Sie gehen durch Ihr Haus, wenn die Antwort Nein lautet.« Dann kam der nächste Name dran. Und so weiter. Wir waren schon richtig aufgeregt. Die Sache konnte funktionieren. Mithilfe unserer Forschungsmethoden ließ sich möglicherweise ein Verbrechen aufklären.

Ein paar Tage nachdem wir mit unseren Überlegungen begonnen hatten, besserte sich Dans Zustand. Er kam wieder zu Bewusstsein und konnte auf Anweisung seine Hand heben. Somit verpassten wir die Chance, per Technologie Kontakt mit seinem Bewusstsein aufzunehmen und herauszufinden, was er uns allein durch seine Gehirnaktivität mitteilen konnte. Für Dan war dies eine glückliche Wendung. Ich war insgeheim jedoch ein wenig enttäuscht.

Dan war also nicht derjenige gewesen, der uns zeigte, dass die funktionelle Magnetresonanztomographie zur Kriminaltechnik beitragen kann, aber früher oder später wird sich bei einem anderen Patienten die Gelegenheit ergeben. Irgendwann werden wir es mit jemanden zu tun haben, der nicht mit normalen Mitteln kommunizieren kann, dessen Gedanken sich aber mit unserer immer ausgefeilteren Technologie »lesen« lassen werden. Es ist uns noch nicht gelungen, aber der Tag ist nicht mehr fern.

Die Antworten, die wir in der Wachkomaforschung gefunden haben, und die Technologien, die wir entwickelt haben, eröffneten ganz neue Forschungsmöglichkeiten. Unsere Versuche mit dem Hitchcock-Film könnten weitere Antworten darauf liefern, was im Gehirn von Patienten mit kognitiv beeinträchtigenden neurodegenerativen Erkrankungen wie Alzheimer vor sich geht. Erleben Alzheimer-Patienten genau dasselbe wie du und ich, wenn sie einen Thriller des Meisters der Spannung sehen? Oder nehmen sie den Film eher wahr wie ein Kleinkind – Geräusche und visuelle Eindrücke lösen Reaktionen im Gehirn aus, aber die subtilen Wendungen der

Handlung werden nicht registriert? Können wir unterstützende Technologien und Therapien entwickeln, die auf die tatsächliche Umgebungserfahrung jedes einzelnen Patienten zugeschnitten sind und nicht auf das Erleben, das sie unserer Meinung nach haben müssen, wenn wir sie von außen als Beobachter betrachten? Der Dokumentarfilm *Alive Inside*, der 2014 beim Sundance Film Festival den Publikumspreis gewann, schildert die erstaunliche Geschichte mehrerer Alzheimer-Patienten, deren Leben sich vollkommen änderte, sobald man ihnen Musik vorspielte, die sie kannten und liebten. Jeder Patient stellte eine persönliche Verbindung zu *seiner* Musik und *seiner* Vergangenheit her – mit irgendeinem Aspekt des eigenen Seins, das nach Auffassung der Angehörigen verlorengegangen war. Der Film zeigt auf wunderbare Weise, wie Musik unser Bewusstsein wiedererwecken und die tiefsten Schichten unseres Menschseins freilegen kann.[5]

Nicht nur die Erforschung des Bewusstseinsschwunds bei Krankheiten wie Alzheimer ist spannend. Vielversprechende Ansätze werden auch in einem Bereich verfolgt, den einige als »Tierbewusstsein« bezeichnen. Haben Tiere überhaupt ein Bewusstsein? Die meisten Menschen scheinen davon auszugehen, dass Hunde, Menschenaffen und andere höhere Primaten eine Form von Bewusstsein besitzen, wenn auch nicht genau die gleiche wie der Mensch. Wir wissen, dass bei Tieren das Grundgerüst eines Bewusstseins angelegt ist, doch die Bausteine sind nicht so weit entwickelt und integriert wie im menschlichen Gehirn. Koko, der Westliche Flachlandgorilla, der im Zoo von San Francisco zur Welt kam, konnte die Bedeutung tausender Handzeichen sowie zahlreicher englischer Wörter lernen. Die meisten Experten stimmen jedoch darin überein, dass das Gorilla-Weibchen keine Grammatik beziehungsweise Syntax verwendet und seine sprachlichen Fähigkeiten nicht über die eines menschlichen Kleinkindes hinausgehen. Viele Tiere, so auch Hunde, lassen sich komplexe Handlungsabfolgen beibringen, die sie auf Befehl ausführen, doch ihr Verhalten ist später an die erlernte Abfolge gebunden; sie können das Muster nicht spontan erweitern oder ändern (beispielsweise indem sie die Sequenz in umgekehrter Reihenfolge ausführen), so wie ein Mensch es kann.

Während Tim, Axel, Sid und ich bei unserem denkwürdigen Abendessen zusammensaßen, dachten wir intensiv über das Verhältnis zwischen den Bewusstseinsformen bei Tieren, erwachsenen Menschen, Kleinkindern und Maschinen nach. Es erstaunt mich immer wieder, dass die meisten Wissenschaftler, egal wie gut sie sich mit der Bewusstseinsforschung auskennen, auf ihre eigenen Haustiere zurückgreifen, wenn sie über das »Bewusstsein« von Tieren diskutieren. Diese Viecher sind häufig zu viel komplexeren Leistungen imstande, als man denken würde.

Andere biologische Arten sind vielleicht zu rudimentären Formen des Denkens einschließlich der Täuschung fähig, doch die reifen Ausprägungen dieser Phänomene scheinen dem Menschen vorbehalten zu sein. Können die Vertreter anderer Spezies so über ihr eigenes Bewusstsein nachdenken, wie wir es tun – in der Zeit zurückreisen, um über ihre Vergangenheit nachzudenken, oder vorausschauen, um ihre Zukunft zu planen? Auch wenn wir es nicht mit Sicherheit sagen können, würden wir wohl alle darin übereinstimmen, dass emotionales Erleben nicht allein dem Menschen vorbehalten ist. Nur wenige Hundebesitzer würden sagen, dass ihre Tiere nicht starke Gefühle ausdrücken. Aber die Komplexität menschlicher Emotionen und unsere Fähigkeit, Gefühle mittels Kunst oder Musik mitzuteilen, ist sicherlich einzigartig. Und bei anderen Spezies scheint das Bewusstsein nicht so stark mit einem geistigen Austausch unter den Artgenossen einherzugehen. Vom Kleinkindalter an investieren wir sehr viel Zeit und Energie, um herauszufinden, was andere denken oder beabsichtigen, ob sie einen lieben oder nicht und was sie wohl als Nächstes tun. Ob wir uns dessen gewahr sind oder nicht: Wir verbringen einen Großteil unseres Lebens damit, die Bewusstseinszustände anderer Menschen verstehen zu wollen und unseren eigenen Bewusstseinszustand kundzutun – oder zu verbergen.

In der Entwicklung befindliche Technologien werden es uns eines Tages zweifellos ermöglichen, die Gedanken anderer zu *lesen*. Dies wird weit über die rudimentäre Weise hinausgehen, in der wir dies bereits jetzt tun, etwa indem wir per fMRT Veränderungen von Hirnaktivitäten als »Ja« oder »Nein« decodieren. Wir werden allein aufgrund des Datenoutputs eines Gehirns genau interpretieren und verstehen, was ein anderer Mensch denkt. Dies wird schwierige ethische Fragen mit sich bringen, nicht zuletzt für Politik, Ökonomie und Marketing. Es wird eine unersättliche (und bisweilen diabolische) Gier nach Zugang zu den Gedanken anderer herrschen. Die Art, wie die Welt funktioniert, wird sich radikal ändern, so wie sie sich seit dem Aufkommen des Internets gewandelt hat. Aber wir werden uns als Spezies anpassen, und diese Veränderungen werden irgendwann als ganz normal empfunden werden; diese neuen Technologien werden unseren Kindern von klein an vertraut sein und künftigen Generationen als Blaupause dienen.

Das Aufkommen zunehmend autonomer Maschinen, die eigene Handlungsweisen einleiten können, wird es unumgänglich machen, dass diese Maschinen mit einer Art moralischer Verantwortung ausgestattet werden, die unserer eigenen in vielerlei Hinsicht überlegen ist. Der Mensch hat die ungewöhnliche (und bisweilen nervenzermürbende) Gabe, etwas zu tun, *bloß weil er es will.* Was er tut, mag falsch, unmoralisch, illegal oder unlogisch sein, aber trotzdem muss es durchgezogen werden. Welcher Teil unseres Erbgutes bringt uns dazu, über das logisch Richtige hinauszugehen und das offenkundig Falsche zu tun? Wenn wir den Ursprung dieser eigenwilligen Tendenz in uns entdecken, können wir uns vielleicht gegen entsprechende Impulse bei Maschinen absichern.

Das Wesen des Bewusstseins und die Fähigkeit, Gedanken in Handlungen umzusetzen (die vielen Wachkomapatienten fehlt), stellt uns bereits vor zahlreiche komplexe Fragen, aber in diesem Zusammenhang ist es angebracht, auch über diesen Aspekt nachzudenken: Verfügen wir über einen freien Willen? Viele kluge Köpfe haben sich mit diesem heiklen Problem herumgeschlagen, doch die Antwort könnte noch viel komplexer ausfallen, als wir denken. Winifred und Leonard haben uns gezeigt, wie menschliches Bewusstsein gleichsam auf das Leben eines anderen übergreift. Selten können wir uns vollständig beschreiben oder verstehen, ohne unsere Beziehungen und unseren Einfluss auf unsere Umgebung einzubeziehen. Was den einzelnen Menschen ausmacht, ist nicht nur sein Gehirn, es sind auch seine Erinnerungen, Gefühle, Haltungen und Meinungen, die auf andere abfärben. Und selbst nach dem Tod kann ein Mensch das Leben seiner Hinterbliebenen weiterhin prägen und beflügeln.

Der vielleicht deutlichste Ausdruck für dieses Phänomen ist das sogenannte »kollektive Bewusstsein«. Wir leben in sozialen Gruppierungen wie Familien, Gemeinden und Nationen. Andere Gruppierungen überschneiden sich mit diesen Einheiten, etwa Religionsgemeinschaften oder Sportverbände. Weil die einzelnen Individuen in jeder dieser Zellen unablässig aufeinander einwirken und einander beeinflussen, besitzen diese Gruppierungen eine Art kollektiver Handlungsfähigkeit, aufgrund derer sie denken, urteilen, entscheiden und agieren. Sie können sogar über ihre Rolle als Handlungsträger nachdenken und verfügen über eine Art »Willen« in Form gemeinsamer Sitten und Bräuche, Überzeugungen und moralischer Gesinnungen.

Das kollektive Bewusstsein entsteht aus den Wechselwirkungen zwischen all den einzelnen Gehirnen und verfestigt sich in sozialen Verbänden, von der Familie über die Gemeinde bis zur Nation. Das kollektive Bewusstsein ist ein entscheidender Aspekt des Menschseins. Es vermittelt ein Seinsgefühl über das Dasein als abgespaltenes Individuum hinaus. Umgekehrt prägt es Glaubensvorstellungen und nährt Vorurteile. Es bildet die Grundlage gemeinsamer bewusster Erfahrungen, von der beiderseitigen Verzückung durch die erfüllende Verbindung mit einem Sexualpartner bis zum spontanen, synchronisierten Verhalten tausender gleichgesinnter Individuen, die eine Stadionwelle ausführen.

Das kollektive Bewusstsein hat einiges mit dem gemeinsam, was bisweilen als »universelles« oder »kosmisches Bewusstsein« bezeichnet wird. Darunter verstehen einige »einen unendlichen, ewigen Ozean intelligenter Energie. Jeder von uns, jede Seele, jeder einzelne Bewusstseinspunkt ist ein Tropfen in diesem Ozean. Wo ein Tropfen aufhört und ein anderer beginnt, lässt sich unmöglich bestimmen, weil in dem vereinten Energiefeld keine Trennung besteht.«[6]

Als Metapher hat diese Beschreibung eine gewisse Zugkraft: Das Bewusstsein, das jeder von uns besitzt, gleicht einem »Tropfen« in einem riesigen Ozean. Wie genau jeder Einzelne zum großen Ganzen beiträgt, lässt sich keineswegs bestimmen, vor allem weil sich das Leben weitgehend in einer Weise entfaltet, die weit über den Beitrag des Einzelnen hinausgeht. Das Leben ist eine verwirrende Improvisation. Wir gestalten es *kollektiv*, nach und nach. Das macht das Leben so interessant.

Während ich mein Glas auf die Zukunft der Wachkomaforschung erhob, fiel mir auf, dass sich selbst der Verlauf einer lebhaften Unterhaltung von vier Freunden in einem Pariser Restaurant unmöglich vorhersagen ließ. Jeder bewusste Geist beeinflusst auf subtile Weise die Gesinnung der Gruppe. Ideen keimen auf und werden verändert oder verbessert, angenommen oder verworfen. Die Möglichkeiten multiplizieren sich und strahlen in die Zukunft aus; sie erschaffen und reagieren auf eine Welt, die unnachgiebig *im Werden* ist.

Meiner Meinung nach brauchen wir keine Begriffe wie »vereinte Energiefelder« oder »unendliche, ewige Ozeane«, um das Entstehen von Bewusstsein zu erklären. Dafür reicht allein das Gehirn. Jede einzelne unserer hundert Milliarden Nervenzellen spielt eine Rolle. Jedes unserer Neuronen ist nicht nur ein Schalter oder ein Transistor. Die Nervenzelle ist eine winzige Maschine der Entscheidungsfindung; sie »entscheidet«, wann sie feuert und wann nicht. Zahllose Entscheidungen werden im menschlichen Inneren getroffen, jeden Augenblick. Wie wir gesehen haben, kann ein Neuron im Gyrus fusiformis auf ein bestimmtes Gesicht reagieren, auf ein anderes dagegen nicht. Eine Zelle im Gyrus parahippocampalis kann auf eine bestimmte Örtlichkeit reagieren, nicht aber auf eine andere. Und manchmal reagieren Neuronen im Hirnstamm oder im Thalamus gar nicht. Dann wird aus der bunten, offenen Welt nichts als eine Grauzone.

Wir vier, die wir in jenem Pariser Restaurant zusammensaßen, und zahlreiche Kollegen in aller Welt sind davon überzeugt, dass diese kleinen Entscheidungsträger mit ihren hunderten Milliarden Vernetzungen die Grundlage für das Entstehen von Bewusstsein in Form von Gedanken, Gefühlen, Erinnerungen und Planungen sind. Jedes Neuron ist ein Teil des Grundgerüsts unseres Bewusstseins, so wie jeder Mensch Teil der Gesellschaft ist. Einige tragen mehr bei als andere.

Aber die Arbeit mit Wachkomapatienten hat mir klargemacht, dass wir eines nicht vergessen dürfen: Allein durch das *Sein* trägt jeder von uns zum Entstehen des Ganzen bei.

Ich bin davon überzeugt, dass sich das Bewusstsein auf die Verbindungen zwischen feuernden Neuronen reduzieren lässt. In seiner ausgereiftesten Form bildet es jedoch den Teil des menschlichen Seins, den wir am meisten schätzen – unser Ich-Erleben, unsere Handlungsfähigkeit und das Gefühl, etwas zu sein. Es ist kein Wunder, dass es so schwer zu begreifen ist. Meine Erforschung der Zwischenwelten hat mich gelehrt, dass das Bewusstsein nichts Unerklärliches, Mystisches oder Metaphysisches ist. Es ist vielleicht ein wenig mysteriös oder sogar magisch – besonders in der Weise, wie es von einem Menschen auf den anderen übergreift. Das Bewusstsein ist größer als jeder Einzelne und führt uns in einem endlosen Fluss an Ziele, die wir nicht einmal ansatzweise verstehen können.

Vor 20 Jahren bekrittelten viele Forscher unsere abenteuerlichen Versuche, die Gedanken von Wachkomapatienten lesen zu wollen. Aber schon bald wird solches Decodieren ganz alltäglich sein und Millionen Menschen in aller Welt zugutekommen. Darin liegt die Magie der Wissenschaft: Aus einstiger Zukunftsmusik wird rasch Schnee von gestern, und an jedem Problem wird herumgetüftelt, bis ungeahnte Fortschritte erzielt werden. Die Wachkomaforschung hat seit dem Jahr 1997, in dem wir Kate erstmals scannten, eine ungeheure Entwicklung durchgemacht. Letztendlich verspricht sie, die Geheimnisse jenes Universums zu offenbaren, das jeder von uns – so unvorstellbar es sein mag – in seinem Kopf beherbergt.

Epilog

Das erste Kapitel meines Vorstoßes in die Zwischenwelten fand im Mai 2015 ein seltsames und unerwartetes Ende, als Maureen recht plötzlich starb. Ich war mit Phil in Kontakt geblieben; zuletzt gesehen hatte ich ihn sieben Monate zuvor in einem Pub in Edinburgh. Damals erzählte er mir, Maureens Zustand sei stabil, sie wohne noch in dem Pflegeheim und werde von ihren Angehörigen liebevoll umsorgt. An dem Tag, als sie starb, flog ich nach New York, um mit Verlagen über dieses Buch zu sprechen. Phil kontaktierte mich am selben Tag über Facebook: »Maureen ist heute Morgen um 9.20 Uhr gestorben, nachdem sie zwei Tage lang mit einer Brustkorbinfektion rang. Es ging rasch zu Ende. … Dachte, das solltest du wissen.«

»Unheimlich« war das Wort, das mir einfiel, als ich über den Zeitpunkt ihres Todes nachdachte. Bei den Verlagen musste ich immer wieder erklären, dass Maureen zufälligerweise gerade verstorben sei. Ich fühlte mich in die gruselige Ballade *Der alte Matrose* von Samuel Taylor Coleridge versetzt. Maureens Schatten hatte dieses Werk von Anbeginn begleitet, so wie sie fast zwei Jahrzehnte lang durch mein Leben gegeistert war, aber indem sie genau zu diesem Zeitpunkt die Grauzone verließ, tat sie das, was sie immer getan hatte – sie beeinflusste mein Leben auf sonderbare und unvorhersehbare Weise, tat ihre Meinung kund und hatte wie immer das letzte Wort.

Ich hatte Maureen seit mehr als 20 Jahren nicht gesehen, aber dennoch machte mich ihr Tod zutiefst betroffen. Ich spürte ganz intensiv, wie sehr sie über zwei Jahrzehnte den Lauf meines Lebens geprägt hatte, auch wenn ich mir selbst dies selten explizit eingestanden hatte. Ihr Einfluss war schwer zu messen und noch schwerer zu erklären gewesen; zweifellos hatte meine widersprüchliche Sicht auf unsere Beziehung einen klaren Blick verhindert. Der alte Groll war längst verflogen, aber mir wurde klar, dass ich in gewisser Weise immer noch auf ihr Insistieren reagierte, Pflege und Fürsorge sollten an erster Stelle stehen.

Der wahre Kern der Wachkomaforschung liegt jenseits der ausgeklügelten Experimente und der verblüffenden Technologie. Es geht darum, scheinbar »verlorengegangene« Menschen wiederzufinden und mit ihren Angehörigen in Verbindung zu bringen. Jede dieser Kontaktaufnahmen erscheint mir immer noch wie ein Wunder. Ich höre Maureen lachen, während ich dies schreibe. *Ich habe es dir ja gesagt*, würde sie mir versichern. *Siehst du, es geht um Fürsorge*. Und sie hätte recht. Was vor mehr als 20 Jahren als Forschungsreise begann – als Suche nach dem Schlüssel für die Geheimnisse des menschlichen Gehirns –, entwickelte sich im Lauf der Zeit in eine ganz andere Art von Expedition: das Bemühen, Menschen aus dem Nichts emporzuholen, sie aus der Grauzone zurückzubringen, damit sie wieder ihren Platz unter uns im Reich der Lebenden einnehmen können.

Dank

Ich habe in meinem Leben bereits hunderte Danksagungen verfasst, allerdings immer nur routinemäßig und stets an gesichtslose Fördereinrichtungen (was nicht heißen soll, dass ich undankbar bin, aber ich weiß einfach nie genau, wem ich danke). Viel befriedigender ist es, die Beiträge von Menschen zu würdigen, die man kennt.

Als Erstes danke ich den wahren Helden dieser Geschichte, den hunderten Patienten und Familien, die mir und meinem Forschungsteam im Lauf der Jahre so viel von sich gegeben haben. Einige der Fallgeschichten wurden in dieses Buch aufgenommen, andere dagegen nicht, aber all diese Menschen haben ausnahmslos zur wissenschaftlichen Erkenntnis beigetragen, und dafür bin ich ihnen zutiefst dankbar. Besonderen Dank schulde ich Kate, Paul und seinem Sohn Jeff, Winifred und ihrem Mann Leonard sowie Margarita und ihrem Sohn Juan, die sich in ihrem komplizierten Leben Zeit nahmen, um mir ihre Geschichte in ihren eigenen Worten zu erzählen. Ich hätte dieses Buch ohne all diese Menschen nicht schreiben können und hoffe, dass ich ihnen gerecht geworden bin.

Mein Dank gilt auch Maureens Eltern und ihrem Bruder Phil, die mich darin bestärkten, Maureens Fallgeschichte in dieses Buch aufzunehmen. Anfangs zögerte ich, aber die Geschichte meiner eigenen Entdeckungsreise wäre ohne sie nicht vollständig. Maureens großzügiger Geist lebt in allen dreien fort.

Im Lauf der Jahre hatte ich das Glück, mit einem kleinen Heer von Forschungsassistenten, Technikern, Doktoranden und Postdoktoranden zusammenzuarbeiten, die alle in unterschiedlicher Weise zum Erfolg dieses wissenschaftlichen Abenteuers beitrugen. Ich könnte sie gar nicht alle nennen. Meinen herzlichen Dank möchte ich aber jenen Mitarbeitern meines Labors aussprechen, die den Forschungsbetrieb zum Erfolg geführt haben. Dies sind, in willkürlicher Reihenfolge: Tristan Bekinschtein, Martin Monti, Davinia Fernández-Espejo, Damian Cruse, Srivas Chennu, Lorina Naci, Loretta Norton, Raechelle Gibson, Laura Gonzalez-Lara, Andrew Peterson und Beth Parkin. Ich hoffe, ihr hattet ebenso viel Spaß wie ich.

Dasselbe gilt für die zahllosen wunderbaren Kollegen, mit denen ich im Rahmen der hier beschriebenen Projekte zusammengearbeitet habe. Auch sie kann ich nicht vollständig aufzählen. Mein aufrichtiger Dank gilt jedoch David Menon, Steven Laureys und Melanie Boly, deren wesentliche Beiträge zur Forschungsgeschichte in diesem Buch eingehend geschildert wurden. Auch viele andere Wissenschaftler haben entscheidend mitgewirkt; besonders dankbar bin ich Ingrid Johnsrude, Matt Davis, Jenni Rodd, John Pickard, Bryan Young, Martin Coleman, Charles Weijer, Rhodri Cusack und Andrea Soddu. Roger Highfield arbeitete an einem ersten Exposé für dieses Buch mit mir zusammen und verdient besondere Erwähnung; ohne diesen ersten Anschub wäre dieses Buch vielleicht nie zustande gekommen.

Dank schulde ich auch meiner unermüdlichen Assistentin Dawn, die mir gerade häufig genug versichert, sie liebe ihre Arbeit, dass ich ihr dies glaube, aber wiederum nicht so häufig, dass ich es ihr nicht mehr abnehme. Dieses Buchprojekt und viele andere Projekte hätte ich ohne sie niemals verwirklichen können.

Mein aufrichtiger Dank gilt auch Kenneth Wapner, der mir in allen Stadien der Manuskriptentwicklung half, dem hier Dargelegten eine klare Form und inhaltliche Tiefe zu verleihen. Ken, es war eine Freude und ein Privileg für mich, mit dir zusammenzuarbeiten, und ich hoffe, es ergibt sich bald eine weitere Gelegenheit. Dankbar bin ich ferner meiner Agentin Gail Ross, die mich entgegen innerer Zweifel und besserer Einsicht ermutigte, *Zwischenwelten* zu schreiben, sowie meinem Lektor Rick Horgan, dessen Federführung sehr viel ausmachte.

Und jenen Lesern, die aus der Widmung dieses Buches an meinen Sohn Jackson vielleicht eine versteckte Bedeutung herauszulesen versuchen, sei schließlich versichert, dass ich nicht kurz vor dem Ableben stehe (und dies auch nicht fürchte). Aber wenn man an der hauchdünnen Grenze zwischen Leben und Tod arbeitet, lässt sich die unglaubliche Zerbrechlichkeit jedes einzelnen Menschlebens manchmal nur schwer übersehen.

Adrian Owen, Februar 2017

Anmerkungen

Bei den meisten Fällen, die in diesem Buch beschrieben sind, konnte ich mich auf die wertvolle Mitwirkung der Patienten und ihrer Familien stützen, für die ich sehr dankbar bin. In anderen Fällen musste ich auf die Zusammenarbeit mit den Betroffenen verzichten, bisweilen aus offenkundigen Gründen. Bei diesen wenigen Beispielen habe ich zum Schutz der Privatsphäre Namen, Daten und weitere unwesentliche Details abgeändert. Nur wenn es unbedingt erforderlich war, habe ich verschiedene Fälle zu einem Beispiel zusammengefasst.

Prolog

1 Zu weiteren Details siehe M. M. Monti, A. Vanhaudenhuyse, M. R. Coleman, M. Boly, J. D. Pickard, J.-F. L. Tshibanda, A. M. Owen und S. Laureys, »Willful Modulation of Brain Activity and Communication in Disorders of Consciousness«, *New England Journal of Medicine*, Bd. 362, 2010, S. 579–589, sowie D. Cruse, S. Chennu, C. Chatelle, T. A. Bekinschtein, D. Fernandez-Espejo, D. J. Pickard, S. Laureys und A. M. Owen, »Bedside Detection of Awareness in the Vegetative State«, *The Lancet*, Nr. 378 (9809), 2011, S. 2088–2094.

2 Jean-Dominique Bauby, *Schmetterling und Taucherglocke*, deutsche Übersetzung Uli Aumüller, Wien: Paul Zsolnay Verlag, 1997. Dieses faszinierende und bewegende Buch kann ich dem Leser begeistert empfehlen; ich habe es im Lauf der Jahre mehrfach gelesen.

1
Der Dämon, der mich verfolgt

1 Verschiedene Versionen einiger Gedächtnistests, die wir zu jener Zeit entwickelten, sind inzwischen über das Internet zugänglich; siehe www.cambridgebrainsciences.com

2 Einige frühe Beispiele von Patienten, die Schädigungen dieses Areals erlitten und daraufhin Schwierigkeiten mit der Gesichtserkennung hatten, schildert J. C. Meadows, »The Anatomical Basis of Prosopagnosia«, *Journal of Neurology, Neurosurgery, and Psychiatry*, 1974, Bd. 37, S. 489–501.

3 Zu weiteren Details siehe A. M. Owen, A. C. Evans und M. Petrides, »Evidence for a Two-Stage Model of Spatial Working Memory Processing Within the Lateral Frontal Cortex: A Positron Emission Tomography Study«, *Cerebral Cortex*, 1996, Bd. 6, Nr. 1, S. 31–38, sowie A. M. Owen, »The Functional Organization of Working Memory Processes Within Human Lateral Frontal Cortex: The Contribution of Functional Neuroimaging«, *European Journal of Neuroscience*, 1997, Bd. 9, Nr. 7, S. 1329–1339.

4 Einige der Tests zum Arbeitsgedächtnis, die wir damals bei unseren PET-Aktivierungsstudien einsetzten, können inzwischen im Internet absolviert werden: www.cambridgebrainsciences.com

5 Zu weiteren Details siehe A. M. Owen, J. Doyon, A. Dagher, A. Sadikot und A. C. Evans, »Abnormal Basal-Ganglia Outflow in Parkinson's Disease Identified with Positron Emission Tomography: Implications for Higher Cortical Functions«, *Brain*, 1998, Bd. 121, (Pt 5), S. 949–965.

2
Der erste Kontakt

1 D. K. Menon, A. M. Owen, E. Williams, P. S. Minhas, C. M. C. Allen, S. Boniface und J. D. Pickard, »Cortical Processing in the Persistent Vegetative State«, *The Lancet*, 1998, 352, Nr. 9123, S. 200.

2 Aus dem Fall Kate zog ich meine ersten Erfahrungen auf diesem Gebiet, und ich denke, alle Kollegen gingen damals sofort davon aus, dass eine positive Gehirnreaktion im Scanner auf eine mögliche

Besserung hindeuten könnte. Erst zwölf Jahre später konnten wir in der britischen Fachzeitschrift für Neurologie *Brain* Befunde vieler Patienten wie Kate veröffentlichen, die belegten, dass eine positive Gehirnreaktion im Scanner ein gutes Zeichen ist, das eine bestimmte Besserung ankündigen kann und somit ein wertvolles prognostisches Instrument darstellt. Zu weiteren Details siehe M. R. Coleman, M. H. Davis, J. M. Rodd, T. Robson, A. Ali, J. D. Pickard und A. M. Owen, »Towards the Routine Use of Brain Imaging to Aid the Clinical Diagnosis of Disorders of Consciousness«, *Brain*, 2009, Bd. 132, S. 2541–2552.

3
Die Abteilung

1 Wer wissen möchte, wie viele Zahlen er sich merken kann, hat die Möglichkeit, sein Zahlenreihengedächtnis in Internet zu testen: www.cambridgebrainsciences.com

2 Siehe D. Bor, J. Duncan und A. M. Owen, »The Role of Spatial Configuration in Tests of Working Memory Explored with Functional Neuroimaging«, *Journal of Scandinavian Psychology*, Bd. 42, Nr. 3, 2001, S. 217–224; D. Bor, J. Duncan, R. J. Wiseman und A. M. Owen, »Encoding Strategies Dissociates Prefrontal Activity from Working Memory Demand«, *Neuron*, Bd. 37. Nr. 2, 2003, S. 361–367; D. Bor., N. Cumming, C. E. M. Scott und A. M. Owen, »Prefrontal Cortical Involvement in Verbal Encoding Strategies«, *European Journal of Neuroscience*, Bd. 19, Nr. 12, 2004, S. 3365–3370; D. Bor und A. M. Owen, »A Common Prefrontal-parietal Network for Mnemonic and Mathematical Recoding Strategies within Working Memory«, *Cerebral Cortex*, Bd. 17, 2007, S. 778–786.

4
Halbwertszeit

1 Der Begriff »Halbwertszeit« im Zusammenhang mit einem Radioisotop wie ^{15}O bezieht sich auf die Zeit, die es dauert, bis die Hälfte der radioaktiven Atomkerne zerfallen sind. Somit hat sich ein Be-

stand an ^{15}O nach zwei Halbwertszeiten (in diesem Fall 244,48 Sekunden) auf ein Viertel der ursprünglichen Menge verringert und so weiter.

2 Zu weiteren Details siehe A. M. Owen, D. K. Menon, I. S. Johnsrude, D. Bor, S. K. Scott, T. Manly, E. J. Williams, C. Mummery und J. D. Pickard, »Detecting Residual Cognitive Function in Persistent Vegetative State (PVS)«, *Neurocase*, 2002, Bd. 8, Nr. 5, S. 394–403.

3 Zu weiteren Details siehe N. D. Schiff, U. Ribary, F. Plum und R. Llinas, »Words Without Mind«, *Journal of Cognitive Neuroscience*, 1999, Bd. 11, S. 650–656.

4 Fred Plum prägte die Begriffe *persistent vegetative state* (andauernder vegetativer Zustand) und *locked-in syndrome* (Syndrom des Eingeschlossenseins). Sein Buch *The Diagnosis of Stupor and Coma*, das 1966 erschien, ist bis heute die Bibel der Komaforscher. Zu weiteren Details siehe F. Plum und J. B. Posner, *Diagnosis of Stupor and Coma*, Philadelphia: F. A. Davis, 1966. Die neueste Ausgabe ist J. B. Posner, C. B. Saper, N. D. Schiff und F. Plum, *Plum and Posner's Diagnosis of Stupor and Coma*, 4. Auflage, Oxford: Oxford University Press, 2007.

5 Siehe S. Laureys, S. Goldman, C. Phillips, P. Van Bogaert, J. Aerts, A. Luxen, G. Franck und P. Maquet, »Impaired Effective Cortical Connectivity in Vegetative State: Preliminary Investigation Using PET«, *NeuroImage*, Bd. 9, 1999, S. 377–382.

6 Zu weiteren Details siehe J. T. Giacino, S. Ashwal, N. Childs, R. Cranford, B. Jennett, D. I. Katz, J. P. Kelly, J. H. Rosenberg, J. Whyte, R. D. Zafonte und N. D. Zasler, »The Minimally Conscious State: Definition and Diagnostic Criteria«, *Neurology*, 2002, Bd. 58, Nr. 3, S. 349–353.

5
Grundbausteine des Bewusstseins

1 Daniel Bor, *The Ravenous Brain: How the New Science of Consciousness Explains Our Insatiable Search for Meaning*, New York: Basic Books, 2012.

2 Francis Crick, *Was die Seele wirklich ist. Die naturwissenschaftliche Erforschung des Bewusstseins*, München: Artemis und Winkler, 1994.

6
Psychogeschwafel

1 Zu weiteren Details siehe M. H. Davis und I. S. Johnsrude, »Hierarchical Processing in Spoken Language Comprehension«, *Journal of Neuroscience*, 2003, Bd. 23, Nr. 8, S. 3423–3431.

2 Zu weiteren Details siehe A. M. Owen, M. R. Coleman, D. K. Menon, I. S. Johnsrude, J. M. Rodd, M. H. Davis, K. Taylor und J. D. Pickard, »Residual Auditory Function in Persistent Vegetative State: A Combined PET and fMRI Study«, *Neuropsychological Rehabilitation*, 2005, Bd. 15, Nr. 3–4, S. 290–306.

3 Zu weiteren Details siehe J. M. Rodd, M. H. Davis und I. S. Johnsrude, »The Neural Mechanisms of Speech Comprehension: fMRI Studies of Semantic Ambiguity«, *Cerebral Cortex*, 2005, Bd. 15, S. 1261–1269.

4 Zu weiteren Details siehe A. M. Owen, M. R. Coleman, D. K. Menon, I. S. Johnsrude, J. M. Rodd, M. H. Davis, K. Taylor und J. D. Pickard, »Residual Auditory Function in Persistent Vegetative State: A Combined PET and fMRI Study«, *Neuropsychological Rehabilitation*, 2005, Bd. 15, Nr. 3–4, S. 290–306.

7
Die Welt als Wille

1 Diesen Ausdruck (*»Neurons that fire together, wire together«* – Neuronen, die gleichzeitig feuern, verdrahten sich), oder zumindest eine Abwandlung davon, verwendeten erstmals Siegrid Löwel und Wolf Singer in einem Artikel, der 1992 in der Fachzeitschrift *Science* erschien (S. Löwel und W. Singer, »Selection of Intrinsic Horizontal Connections in the Visual Cortex by Correlated Neuronal Activity«, *Science*, 1992, Bd. 255, S. 209–212). Die beiden Autoren paraphrasierten jedoch eine These des kanadischen Neuropsychologen Donald Hebb, der für seine Arbeit auf dem Gebiet des assoziativen Lernens bekannt geworden war. Hebb hatte bereits 1949 geschrieben: »Wenn ein Axon der Zelle A […] Zelle B erregt und wiederholt und dauerhaft zur Erzeugung von Aktionspotentialen in Zelle B beiträgt, so resultiert dies in Wachstumsprozessen oder metaboli-

schen Veränderungen in einer oder in beiden Zellen, die bewirken, dass die Effizienz von Zelle A in Bezug auf die Erzeugung eines Aktionspotentials in B größer wird.« Dieses Postulat wurde als Hebbsche Lernregel bekannt. Zu weiteren Details siehe D. O. Hebb, *The Organization of Behavior*, New York: Wiley & Sons, 1949.

2 Zu weiteren Details siehe A. M. Owen, B. J. Sahakian, J. Semple, C. E. Polkey und T. W. Robbins, »Visuo-Spatial Short Term Recognition Memory and Learning After Temporal Lobe Excisions, Frontal Lobe Excisions or Amygdalo-Hippocampectomy in Man«, *Neuropsychologia*, 1995, Bd. 33, Nr. 1, S. 1–24.

3 Im Lauf der Jahre habe ich mit meinem Team spezielle kognitive Tests entwickelt, um zu messen, wie gut der dorsolaterale frontale Cortex funktioniert. Einige dieser Tests sind im Internet zugänglich: www.cambridgebrainsciences.com. Wer seinen dorsolateralen frontalen Cortex prüfen möchte, versuche es mit dem Test »Token Search«.

4 Zu weiteren Details siehe J. Duncan, R. J. Seitz, J. Kolodny, D. Bor, H. Herzog, A. Ahmed, F. N. Newell und H. Emslie, »A Neural Basis for General Intelligence«, *Science*, 2000, Bd. 289, S. 457–460, sowie A. Hampshire, R. Highfield, B. Parkin und A. M. Owen, »Fractioning Human Intelligence«, *Neuron*, 2012, Bd. 76, Nr. 6, S. 1225–1237.

5 Zu weiteren Details siehe A. Dove, M. Brett, R. Cusack und A. M. Owen, »Dissociable Contributions of the Mid-Ventrolateral Frontal Cortex and the Medial Temporal-Lobe System to Human Memory«, *NeuroImage*, 2006, Bd. 31, Nr. 4, S. 1790–1801.

8
»Irgendjemand Lust auf Tennis?«

1 Zu weiteren Details siehe J. O'Keefe und J. Dostrovsky, »The Hippocampus as a Spatial Map. Preliminary Evidence from Unit Activity in the Freely-Moving Rat«, *Brain Research*, 1971, Bd. 34, Nr. 1, S. 171–175.

2 Die Funktionen dieser Hirnregion wurden erst 1998 von meinen Kollegen Russell Epstein und Nancy Kanwisher nach fMRT-Experimenten an Menschen detailliert beschrieben. Eine fMRT-Studie, die zwei Jahre zuvor von Geoffrey Aguirre und seinen Kollegen an

der University of Pennsylvania durchgeführt worden war, hatte bereits darauf hingewiesen, dass dieser Teil des Gehirns eine potenzielle Rolle für die »mentale Landkarte« im Gehirn spielt. In jener Studie sollten sich die freiwilligen Probanden mental durch ein Labyrinth bewegen, das sie sich zuvor mithilfe eines Virtual-Reality-Systems innerhalb des Scanners eingeprägt hatten. Es wurde festgestellt, dass allein die Vorstellung, sich durch die inzwischen vertraute Umgebung zu bewegen, den Gyrus parahippocampalis aktivierte. Zu weiteren Details siehe G. K. Aguirre, J. A. Detre, D. C. Alsop und M. D'Esposito, »The Parahippocampus Subserves Topographical Learning in Man«, *Cerebral Cortex*, 1996, Bd. 6, Nr. 6, S. 823–829; sowie R. Epstein, A. Harris, D. Stanley und N. Kanwisher, »The Parahippocampal Place Area: Recognition, Navigation, or Encoding?«, *Neuron*, 1999, Bd. 23, S. 115–125.

3 Siehe M. Boly, M. R. Coleman, M. H. Davis, A. Hampshire, D. Bor, G. Moonen, P. A. Maquet, J. D. Pickard, S. Laureys und A. M. Owen, »When Thoughts Become Actions: An fMRI Paradigm to Study Volitional Brain Activity in Non-Communicative Brain Injured Patients«, *NeuroImage*, Bd. 36, Nr. 3, 2007, S. 979–992.

4 Zu weiteren Details siehe A. M. Owen, M. R. Coleman, M. H. Davis, M. Boly, S. Laureys und J. D. Pickard, »Detecting Awareness in the Vegetative State«, *Science*, 2006, Bd. 313, S. 1402.

5 Siehe R. P. Clauss, W. M. Güldenpfennig, H. W. Nel, M. M. Sathekge und R. R. Venkannagari, »Extraordinary Arousal from Semi-Comatose State on Zolpidem«, *South African Medical Journal*, Bd. 90, Nr. 1, 2000, S. 68–72.

6 Zu weiteren Details siehe M. Thonnard, O. Gosseries, A. Demertzi, Z. Lugo, A. Vanhaudenhuyse, M. Bruno, C. Chatelle, A. Thibaut, V. Charland-Verville, D. Habbal, C. Schnakers und S. Laureys, »Effect of Zolpidem in Chronic Disorders of Consciousness: A Prospective Open-Label Study«, *Functional Neurology*, 2013, Bd. 28, Nr. 4, S. 259–264.

9
Ja und nein

1 In den Vereinigten Staaten leben schätzungsweise rund 5,3 Millionen Menschen mit einer Behinderung, die mit einer traumatischen Hirnschädigung zusammenhängt. In Europa liegt die Zahl bei knapp 7,7 Millionen. Der Weltgesundheitsorganisation (WHO) zufolge tragen viele der jährlich 15 Millionen Menschen, die einen Schlaganfall erleiden, langfristige kognitive und körperliche Behinderungen davon. Verbesserungen in der Unfall- und Intensivmedizin haben dazu geführt, dass mehr Menschen massive Hirnschädigungen überleben und weiterleben, allerdings ohne Hinweis auf ein aktives Bewusstsein. Solche Patienten finden sich praktisch in jeder Groß- und Kleinstadt mit einer qualifizierten Pflegeeinrichtung.

2 Siehe A. M. Owen und L. Naci, »Decoding Thoughts in Behaviourally Non-Responsive Patients«, in Sinnott-Armstrong (Hrsg.), *Finding Consciousness*, Oxford University Press, 2016, S. 100–121.

3 Zu weiteren Details siehe http://jewinthecity.com/2014/09/can-you-ever-pull-the-plug-life-support-jewish-law.

4 Zu weiteren Details siehe D. J. Palombo, C. Alain, H. Södurland, W. Khuu und B. Levine, »Severely Deficient Autobiographical Memory (SDAM) in Healthy Adults: A New Mnemonic Syndrome«, *Neuropsychologia*, 2015, Bd. 72, S. 105–118.

5 Zu weiteren Details siehe M. M. Monti, A. Vanhaudenhuyse, M. R. Coleman, M. Boly, J. D. Pickard, J.-F. L. Tshibanda, A. M. Owen und S. Laureys, »Willful Modulation of Brain Activity and Communication in Disorders of Consciousness«, *New England Journal of Medicine*, 2010, Bd. 362, S. 579–589.

10
»Hast du Schmerzen?«

1 Das Video findet sich im Internet unter dem Link www.intothegrayzone.com/mindreader.

2 Wie so viele der interessantesten Fallgeschichten, die ich im Lauf der letzten Jahre mitbekommen habe, erfuhr ich auch diese Episode von meiner hochbegabten Studentin Loretta Norton.

3 Siehe D. Fernandez Espejo und A. M. Owen, »Detecting Awareness after Severe Brain Injury«, *Nature Reviews Neuroscience*, Bd. 14, Nr. 11. 2013, S. 801–809.

4 Zu weiteren Details siehe W. B. Scoville und B. Milner, *Journal of Neurology, Neurosurgery and Psychiatry*, 1957, Bd. 20, S. 11–21.

11
Leben oder sterben lassen?

1 Dieses Zitat stammt von dem antiken Arzt Hippokrates; siehe *Apologie des Hippokrates und seiner Grundsätze*, übersetzt und herausgegeben von Kurt Sprengel, Leipzig: Schwickert, 1792, Band 2.

2 Den Begriff »Pie vegetative« verwendeten M. Arnaud, R. Vigouroux und M. Vigouroux in ihrem Aufsatz, »États frontières entre la vie et la mort en neuro-traumatologie«, *Neurochirurgia* (Stuttgart: Thieme), 1963, Bd. 6, S. 1–21. Von »Vegetative Survival« sprachen M. Valpalahti und H. Troupp in »Prognosis for patients with severe brain injuries«, *British Medical Journal*, 1971, Bd. 3, Nr. 5771, S. 404–407. Der klassische Aufsatz von Bryan Jennett und Fred Plum erschien unter dem Titel »Persistent Vegetative State After Brain Damage: A Syndrome in Search of a Name«, *The Lancet*, 1972, Bd. 299, Nr. 7753, S. 734–737.

3 Die von meinem Kollegen Mel Goodale und mir geleitete Konferenz war eine der ersten im Rahmen des CIFAR-Azrieli-Programms für Gehirn, Geist und Bewusstsein. Der Titel der Veranstaltung an der Royal Society in London lautete »Biomarker des Bewusstseins«. Die 1660 gegründete Royal Society fördert seit Jahrhunderten die Wissenschaften und deren Leistungen, berät die Politik in wissenschaftlichen Fragen und unterstützt auf internationaler und globaler Ebene Zusammenarbeit, Bildung sowie öffentliches Engagement. Zum Mitglied dieser ehrwürdigen Institution ernannt zu werden gehört zu den höchsten Ehrungen, die einem Wissenschaftler weltweit zuteilwerden kann.

4 Meinem jahrelangen Freund und Kollegen Dr. John Duncan von der MRC Cognition and Brain Sciences Unit in Cambridge muss ich dafür danken, dass er diese lebhafte Debatte angestoßen hat. John war einer unserer Gäste bei der Konferenz an der Royal Society,

und ich bin mir ziemlich sicher, dass er die Diskussion mit genau diesem Satz einleitete.

5 Beim Locked-in-Syndrom ist der Patient bei vollem Bewusstsein, kann sich aber aufgrund einer Querschnittslähmung und Anarthrie nicht bewegen und sprachlich ausdrücken. Das Syndrom gilt im Allgemeinen nicht als »Störung des Bewusstseins«, wird aber häufig mit solchen Störungen verwechselt. Wenn Anzeichen von Bewusstsein fehlen (etwa Augenbewegungen oder Blinzeln), können Locked-In-Patienten fälschlicherweise für reaktionslos oder minimalbewusst gehalten werden. Zu weiteren Details siehe M. A. Bruno, J. Bernheim, D. Ledoux, F. Pellas, A. Demertzi und S. Laureys, »A Survey on Self-Assessed Wellbeing in a Cohort of Chronic Locked-In Syndrome Patients: Happy Majority, Miserable Minority«, *British Medical Journal Open*, 2011; 1:e000039. doi:10.1136/bmjopen-2010-000039.

12
Alfred Hitchcock präsentiert

1 M. M. Monti, J. D. Pickard und A. M. Owen, »Visual Cognition in Disorders of Consciousness: From V1 to Top-Down Attention«, *Human Brain Mapping*, Bd. 34, Nr. 6, 2012, S. 1245–1253.

2 Siehe U. Hasson, Y. Nir, I. Levy, G. Fuhrmann und R. Malach, »Intersubject Synchronization of Cortical Activity During Natural Vision«, *Science*, Bd. 303, 2004, S. 1634–1640.

3 Zu weiteren Details siehe S. Baron-Cohen, A. M. Leslie und U. Frith, »Does the Autistic Child Have a ›Theory of Mind‹?«, *Cognition*, 1985, Bd. 21, Nr. 1, S. 37–46.

4 Zu weiteren Details siehe L. Naci, R. Cusack, M. Anello und A. M. Owen, »A Common Neural Code for Similar Conscious Experiences in Different Individuals«, *Proceedings of the National Academy of Sciences*, 2014, Bd. 111, Nr. 39, S. 14277–14282.

13
Aus dem Jenseits zurückgekehrt

1 Zu weiteren Details siehe A. M. Owen, M. James, P. N. Leigh, B. A. Summers, C. D. Marsden, N. P. Quinn, K. W. Lange und T. W. Robbins, »Fronto-Striatal Cognitive Deficits at Different Stages of Parkinson's Disease«, *Brain*, 1992, Bd. 115, Pt. 6, S. 1727–1751.

14
Bring mich nach Hause

1 Im Jahr 2012 veröffentlichten wir einen Fachartikel, in dem wir den Begriff der »allgemeinen Intelligenz« (»IQ«) in Frage stellten und eine Methode beschrieben, die Unterschiede bei Gehirnfunktionen in Hinsicht auf Denken, Erinnern und Sprachfähigkeit verständlich zu machen. Wir rekrutierten mehr als 44 000 Teilnehmer aus der Allgemeinbevölkerung und analysierten deren Abschneiden bei vielfältigen kognitiven Tests. Wer diese Untersuchungen selbst durchlaufen möchte, findet die Tests im Internet unter www.cambridge brainsciences.com. Zu weiteren Einzelheiten siehe A. Hampshire, R. Highfield, B. Parkin und A. M. Owen, »Fractioning Human Intelligence«, *Neuron*, Bd. 76, Nr. 6, 2012, S. 1225–1237.

2 S. Beukema, L. E. Gonzalez-Lara, P. Finoia, E. Kamau, J. Allanson, S. Chennu, R. M. Gibson, J. D. Pickard, A. M. Owen und D. Cruse, »A Hierarchy of Event-Related Potential Markers of Auditory Processing in Disorders of Consciousness«, *NeuroImage: Clinical*, Bd. 12, 2016, S. 359–371.

15
Gedanken lesen

1 Zu weiteren Details siehe T. Bayne, A. Cleeremans und P. Wilken, *The Oxford Companion to Consciousness*, New York: Oxford University Press, 2009.

2 Zu weiteren Details siehe L. A. Farwell und E. Donchin, »Talking Off the Top of Your Head: Toward a Mental Prosthesis Utilizing

Event-Related Brain Potentials«, *Electroencephalography and Clinical Neurophysiology*, 1988, Bd. 70, S. 510–523.

3 Zu weiteren Details siehe L. R. Hochberg, D. Bacher, B. Jarosiewicz, N. Y. Masse, J. D. Simeral, J. Vogel, S. Haddadin, J. Liu, S. S. Cash, P. van der Smagt und J. P. Donoghue, »Reach and Grasp by People with Tetraplegia Using a Neurally Controlled Robotic Arm«, *Nature*, 2012, Bd. 485, S. 372–375.

4 Fernsehserie *Perception*, erste Staffel, vierte Folge »Cipher«, 2012, Regie Deran Serafian, Drehbuch Jerry Shandy, Produzent Turner Network Television TNT. Die entsprechende Szene kann auch im Internet angesehen werden: www.intothegrayzone.com/perception

5 *Alive Inside: A Story of Music and Memory*, 2014, Drehbuch und Regie Michael Rossato-Bennett, Produzenten Projector Media und The Shelley & Donald Rubin Foundation.

6 http://www.loveorabove.com/blog/universal-consciousness/
Der kanadische Psychiater Richard Maurice Bucke (1837–1902) war ein Pionier der Erforschung mysthischer Erfahrungen. 1901 publizierte er sein Hauptwerk *Cosmic Consciousness: A Study in the Evolution of the Human Mind.*